일상의
상념들

in 세계 일주

일상의 상념들 in 세계 일주

발행일 2016년 10월 28일

지은이 임 효 선
펴낸이 손 형 국
펴낸곳 (주)북랩
편집인 선일영 편집 이종무, 권유선, 안은찬, 김송이
디자인 이현수, 이정아, 김민하, 한수희 제작 박기성, 황동현, 구성우
마케팅 김회란, 박진관
출판등록 2004. 12. 1(제2012-000051호)
주소 서울시 금천구 가산디지털 1로 168, 우림라이온스밸리 B동 B113, 114호
홈페이지 www.book.co.kr
전화번호 (02)2026-5777 팩스 (02)2026-5747

ISBN 979-11-5987-242-6 03980 (종이책)
979-11-5987-243-3 05980 (전자책)

이 도서의 국립중앙도서관 출판예정도서목록(CIP)은 서지정보유통지원시스템 홈페이지(http://seoji.nl.go.kr)와 국가자료공동목록시스템(http://www.nl.go.kr/kolisnet)에서 이용하실 수 있습니다.
(CIP제어번호 : CIP2016025650)

일상의 상념들

in 세계 일주

사진/글 임효선

북랩book Lab

• 프롤로그 •

인생은 B와 D사이의 C다

무슨 일인가 일어나고, 그 순간 우리가 예전의 자신으로 되돌아갈 수 없게 된다는 점에서 인생은 신비롭다. 그런 탓에 우리는 살아가면서 몇 번이나 다른 삶 속으로 빠져들게 된다.

- 김연수, 『네가 누구든 얼마나 외롭든』 중에서

인생은 Birth(탄생)와 Death(죽음) 사이의 Choice(선택)라고 한다. 프랑스의 철학자 장 폴 사르트르의 말이다.

사르트르의 말처럼 우리의 인생은 선택으로 이루어졌다고 해도 과언이 아니다. 선택의 순간들을 모아 놓으면 하나의 인생이 된다고 한다. 선택의 순간에 어떤 길을 택하느냐에 따라서 운명은 달라지기도 한다.

그렇다면 과연 어떻게 해야 인생의 갈림길에서 더 좋은 선택을 할 수 있을까? 인생을 더 살기 전에 가장 먼저 해야 할 일은 선택의 능력을 키우는 것이 아닌가 싶었다.

그 결론은 독서였다. 독서를 통한 다양한 간접 경험의 축적이야말로 운명의 갈림길에서 보다 현명한 의사 결정 능력을 발휘할 수 있는 유일한 안내원이라고 생각했다. 그래서 십 년간 천 권을 목표로 연 백 권씩 책 읽기를 진행해 오고 있었다.

하지만 어느 시점에 다다르자 '백문이 불여일견'이라는 생각이 더해졌다. 언어와 관념에 의해 축적된 사고는 현장감이 배제된 탁상공론에 불과하다는 생각이 들었다. 또 독서를 통해 간접 경험을 축적시키는 이유가 종국에는 직접 경험에서 지혜를 꽃피우기 위한 수단에 불과한 것이 아닌가도 싶어졌다. 이런 생각들이 인생을 더 살기 전에 다른 무엇보다도 가장 먼저 세상을 직접 보고 공부해야겠다는 다짐의 시발점이었다.

낯선 것과의 조우를 통해 이성이 시작된다

여행은 사람을 성장시킨다고 한다. 하지만 얼마나, 어떻게 성장시킬까. 단순히 견문을 넓히기 위해 2년간 적지 않은 돈을 들여 세계 일주를 하기에는 계획을 한 뒤에도 결심이 주저되고 있었다. 그래서 이 부분을 좀 더 명확하게 해 두고 싶었다.

어떤 방식으로 여행을 해야 내가 원하는 방향대로 나를 성장시킬 수 있을까? 그 방법이 도통 떠오르질 않았다. 답을 구하기 위해서는 역시나 직접 길을 나서지 않고는 얻을 수 없다는 결론이었다.

독일의 철학자 하이데거는 "낯선 것과의 조우를 통해 이성이 시작된다."고 했다. 하이데거의 말처럼 여행을 떠나 낯선 타국 땅을 접하기 시작하자 내 안에 잠자고 있던 이성들이 수면 위로 떠오르기 시작했다.

그렇게 꽃펴 나는 이성의 자각들에 집중하고 있다 보니, 몸은 일상을 벗어나 이상이라는 낯선 타국 땅을 떠돌고 있으면서도 내 안에 떠오르는 생각과 사고의 틀은 여전히 일상의 범주를 벗어나지 못하고 있다는 점을 발견했다.

무라카미 하루키는 "변경(邊境)이 소멸한 시대에 여행기란 일상으로부터 떨어져 있으면서도 동시에 어느 정도 일상에 인접해 있는가 하는 것을 복합적으로 밝혀 나가는 것."이라고 이야기했다. 여행과 일상이 결코 분리될 수 없다는 하루키의 말처럼 몸은 여행이라는 이상의 공간을 누비고 있었지만 내 안의 생각들은 여전히 일상이라는 공간에 잔존하며 일상과 끊임없이 대화를 나누고 있었다. 이 점이 이 책의 제목을 『일상의 상념들』로 이끈 주된 이유이다.

이렇듯 이 책은 세계 일주 동안 낯선 세상과의 조우를 통해 되살아난 나의 호기심과 궁금증들을 이야기로 가공한 책이다. 또 여행이 사람의 사고를 어떻게 성장시키는지에 대해 예시를 제시하고 싶어서 쓴 책이다. 그리고 한편으론 새로운 삶을 꿈꾸고 있는 누군가에게 자기만의 생각에 집중하는 것이 나를 가장 나답게 성장시키는 방법이라는 걸 증명해 보고픈 마음에서 쓴 책이기도 하다.

CONTENTS

SINGAPORE

1
싱가포르

#01 - 첫날의 촌스러움

텐트는 여인숙, 비닐하우스는 여관, 창고는 모텔, 마을 회관은 호텔이라는 잠자리 공식이 통용되던 군 시절이 있었다.

비트는 '비밀 아지트'가 줄어든 군사 용어로 간첩 활동 따위의 활동을 하는 사람이 숨어 지내는 곳을 말한다. 원칙은 산에서 비트를 파고 은거해야 하나 때로는 예상치 못한 폭우와 폭설 등의 악천후로 비트 이용이 안전을 위협해 올 때가 있었다. 그럴 때면 작전 지역 주변에 군용 텐트를 치거나 사태의 정도에 따라서 근처 마을로 내려가 비닐하우스, 창고, 마을 회관 같은 곳을 협조받아 대피하고는 했었다.

나는 불과 여행 출발 석 달 전까지만 하더라도 이런 생활을 하던 사람이었다. 그래서 게스트 하우스에서 자는 게 마치 5성급 호텔에서 자는 것처럼 감지덕지일 줄 알았다.

하지만 역시나 사람은 그렇게 단순한 동물이 아니었다. 막상 게스트 하우스의 8인실 도미토리 중 침대 하나를 예약하려고 하니 왜 그렇게 마음이 내키지 않던지.

'게스트 하우스에서 생판 모르는 사람들과 잠을 잔다는 건 어떤 기분일까? 옆에 있는 사람들이 신경 쓰여 잠이 오기나 할까? 1박에 만 원이면 청결 상태와 서비스가 너무 형편없진 않을까?'

예상과는 달리 별의별 걱정들이 다 들며 낯선 게스트 하우스에서의 하룻밤이 익숙한 군대 내무반에서의 하룻밤보다 더 불편할 것 같았다.

게스트 하우스 홈페이지를 통해 분갱 역 앞에서 버스로 환승하라는 안내를 확인했고, 싱가포르 창이 공항에 도착 후 분갱 역으로 찾아가기로 했다.

하지만 한 가지 이상한 점이 있었다. 홈페이지를 몇 차례나 다시 확인해 보아도 분갱 역 앞에서 갈아타라고 하는 버스의 번호가 너무나 긴 것이었다.

버스 번호가 무려 여덟 자리! 삼천백팔십오만 칠천구백팔십오 번……? 분명 분갱 역 앞에서 '31857985번' 버스를 타라고 적혀 있었다.

처음 알아볼 때만 해도 당연히 뭔가 잘못됐을 거라고 생각했다. 하지만 아무리 재차 홈페이지를 확인해 보아도 뭐가 잘못된 건지 달리 확인할 길이 없었다. 버스 번호 하나 확인하자고 싱가포르까지 국제 전화를 걸 수도 없는 노릇이었고. 그때는 그렇게 일단 현장에 가면 답이 나오겠지 싶어 덮어 두고 있었다.

'어떻게 버스 번호가 이렇게 길지? 싱가포르 사람들이 머리가 좋은가? 그래서 싱가포르가 잘 사는 건가? 아, 싱가포르는 원래 이렇게 버스 번호가 긴 걸지도 몰라. 그래서 버스 번호 안에 지역 번호라든가 노선을 구분 짓는 숫자 체계가 포함되어 있는 게 아닐까?'

호스텔을 예약하고 분갱 역까지 오는 일주일 내내 버스 번호 안에 숨겨진 의문의 다빈치 코드를 풀기 위해 온갖 상상의 나래를 다 펼쳐 보았다. 그러나 의문은 쉽게 풀리지 않았다.

분갱 역 앞에 도착하자마자 얼른 게시판의 버스 번호부터 확인해 보았다. 하지만 아니나 다를까, 여덟 자리나 되는 긴 숫자를 가진 버스는 단 한 대도 없었다. 주변 사람들에게 물어보아도 그런 롱 넘버를 가진 버스는 아무도 모른다고만 하는 것이었다.

이제 어떻게 해야 하나. 일단은 버스 정류장에 앉아 그곳에 정차하는 버스들을 유심히 관찰하기 시작했다.

관찰 10분 경과, 여덟 자리 버스 번호에 숨겨진 수수께끼를 풀 수 있을 것만 같은 결정적 단서 하나가 포착되었다. 버스 한 대가 정차했는데 번호가 985번인 것이다. 985번을 본 순간 형사 콜롬보 같은 촉이 왔다. 985번이 있다면 분명 나머지 31857의 숫자를 가진 버스들도 있을 것이라는.

예상은 적중했다. 곧 31번 버스가 나타난 것이었다. 이제 857과 관련된 버스만 오면 모든 게임은 끝난다. 8번, 5번, 7번, 85번, 57번 또는 857번! 남은 경우의 수는 여섯 가지뿐이었다. 여섯 가지 경우의 수 중 한 대만 등장하면 버스 번호 안에 숨겨진 다빈치 코드는 모두 풀린다고 생각하던 찰나였다. 857번이 등장했다. 게스트 하우스까지 가는 버스는 31857985번 한 대가 아니라 31번, 857번, 985번, 이렇게 3대였다.

1박에 만 원밖에 하지 않는 게스트 하우스가 좋아 봤자 얼마나 좋겠냐며 당연히 많은 기대를 하지는 않았다. 이면도로 모퉁이 1층에는 식당과 미니 슈퍼가 있고 그 위 2층 가정집을 개조해서 만든 게스트 하우스였다.

별 기대가 없던 것보다도 더 초라하게 생긴 쪽문 앞에 서서 초인종을 눌렀다. 게스트 하우스의 허름함에 실망했지만 여기까지 찾아온 게 어디냐며 위안했다. 리셉션이 따로 있을 리 만무했다. 하지만 신발을 벗고 거실로 들어선 순간 집을 떠나 여기까지 오면서 꼭꼭 감춰 두려고 애써 왔던 첫날의 촌스러움이 막 튀어나오려 했다.

여행도 첫날, 싱가포르도 첫날, 게스트 하우스도 첫날이었다. 모든 것이 생소하게 느껴져 안 그래도 속으로 바짝 긴장을 하고 있었는데, 웬걸. 거실 테이블에 웬 흑인 두 명이 떡하니 앉아서 나를 빤히 쳐다보고 있는 것이 아닌가!

'대체 저 흑인들은 누구지? 아프리카에서 온 불법 이민자들인가? 그럼 그렇지, 1박에 만 원짜리 게스트 하우스에 누가 와서 잠을 자겠어! 혹시 여기가 얼마 전에 뉴스에서 본 그런 곳인가? 여행자들을 붙잡아 돈을 갈취하고 조용히 매장시킨다는 거기?'

공포감까지 엄습해 오던 중 이내 방에서 주인아주머니가 나오셨다. 숙박 준수 사항들을 확인하는 체크인 절차가 진행되었지만 온갖 신경은 그 흑인 둘에게만 쏠려 있었다. 나는 연신 그들이 앉아 있는 테이블 쪽을 힐끔거리며 '대체 저 두 명은 누구지? 편안한 차림새로 보아 여행자 같진 않는데, 그럼 여기서 일하는 직원들인가? 당분간 신변의 안전을 위해 저 둘의 동태를 잘 살펴야겠다!' 같은 걱정을 했다.

저녁에 그들과 정식으로 인사를 나누면서 알게 되었다. 한 친구는 케냐에서, 또 한 친구는 프랑스에서 싱가포르 대학으로 경제학을 공부하러 온 교환학생들이었다는 사실을.

돌이켜 생각해 보면 그들이 불량한 태도로 테이블에 앉아 있었다거나(그들은 각자의 노트북을 펼쳐 놓고 열심히 무언가를 하고 있었다.) 나를 향해서 인상을 찌푸렸다거나(나도 그 자리에 앉아 보니 누가 문을 열고 들어올 때마다 쳐다보게 되더라.) 일말의 위협을 느낄 만한 어떤 행동을 취한 것도 아니었다. 그런데 난 왜 그렇게 당황했던 걸까. 이래서 초보자는 아무리 감추려 해도 초보 티가 날 수밖에 없나 보다.

그리고 그날 저녁 또 한 가지의 새로운 사실을 알게 되었다. 한국인뿐만 아니라 외국인도 절대 겉모습만으로 평가해서는 안 된다는 사실을. 두 친구 모두 시커멓고 도둑놈같이 생긴 겉모습과는 달리 흑인 특유의 천진난만한 표정을 지으며 어찌나 귀엽고 깜찍하게 이야기를 하던지.

지금은 누가 나에게 "아프리카 위험하지 않아?"라고 물으면 "에이! 별거 없어. 사람 사는 데가 다 똑같지, 뭐!"라고 답할 정도로 호기를 부리지만, 여행을 시작하던 첫날에는 흑인만 봐도 그렇게 당황하고 긴장했었다. 어느 누군가에게도 고백한 적 없던 이 이야기가 내가 여행을 처음 시작하던 날에 대한 추억이다.

#02 - 남녀칠세부동석? 남녀 칠 명 혼숙 가능!

게스트 하우스(Guest house), 호스텔(Hostel), 백패커(Backpacker), 로지(Lodge). 모두 여행자를 위한 저렴한 숙박 시설이다. 게스트 하우스는 일반 가정집의 빈방을 손님에게 제공한다는 의미, 호스텔은 호텔보다 좀 더 저렴한 숙박 시설이라는 의미, 백패커는 여행자 중에서도 특히 배낭여행자를 위한 숙박 시설이라는 의미, 로지는 텐트를 칠 수 있는 캠핑장을 갖추고 있다는 의미가 좀 더 부각된 곳이라고 구분 지을 수 있다.

그러나 막상 2년간 전 세계의 여행자 숙소를 돌아다녀 보니 알겠다. 여행자 입장에서는 굳이 이 네 가지 용어와 의미를 구분 지어 사용할 필요가 전혀 없다. 실제로 대부분의 게스트 하우스, 호스텔, 백패커, 로지가 간판의 이름만 다를 뿐 그 안의 구성 특징들이 모두 다 혼재된 채 명확히 선 그을 수 없는 애매모호함으로 뒤섞여 있기 때문이다. 네 가지 명칭 중 호스텔이라는 호칭이 가장 널리 통용되고 있었고, 호주에서는 유독 백패커라는 간판을, 아프리카에서는 로지라는 이름을 많이 볼 수 있었다.

위 숙박 시설들은 대부분 '도미토리(Dormitory)' 또는 줄여서 '돔(Dorm)'이라고 부르는 방을 갖고 있다. 도미토리 안에는 통상 2층짜리 침대가 여러 개 있고, 크기는 시설의 규모에 따라서 4인실에서 12인실까지 다양했다. 그중에서도 단연 2층짜리 침대 4개가 놓여 있는 8인실이 가장 일반적이었다.

여행 중 경험했던 도미토리 중 가장 많은 사람이 한 방에서 생활했던 곳은 불가리아 소피아의 루프 탑을 개조해서 만든 25인실 도미토리였다. 1층짜리 침대 스물다섯 개가 일렬 횡대로 놓여 있던 곳이었는데, 전 세계 사람들이 다 모여서 정돈되지 않은 모습으로 함께 생활하는 게 마치 무슨 난민 수용소에 구금되어 있는 듯한 기분을 느끼게 했다.

이와는 반대로 손님이 없어서 커다란 8인실 방을 혼자 써야 하는 외롭던 밤들도 수없이 많이 있었고, 때로는 자리가 없어서 1인실을 8인실 가격에 이용하는 호사를 누린 적도 있었다.

숙박료는 나라별 물가 수준, 도시의 유명세, 시설과 서비스의 수준에 따라서 천차만별이었지만 대략 1박에 미화로 10불, 즉 우리 돈 만 원 정도면 전 세계 어디서나 하룻밤을 잘 수 있다고 생각해도 무방할 정도로 도미토리 문화는 대중화되어 있었다.

물론 모든 나라에서 10불로 해결할 수 있는 것은 아니었다. 가장 숙박료가 비쌌던 곳은 프랑스 파리였는데, 하룻밤 숙박료가 30유로였으니 당시 환율로 1박에 대략 4만 원 정도하는 셈이었다. (나는 다행히 현지 친구 집에 머물게 되면서 숙박료는 내지 않았지만) 노르웨이의 하룻밤 숙박료도 최소 30유로였고, 심지어 스위스는 50유로부터여서 애당초 여행을 포기하기도 했었다.

반면 숙박료가 가장 저렴했던 나라는 캄보디아, 태국, 베트남이었고 하룻밤에 1~3불 정도였다. 그 다음은 필리핀, 인도, 니카라과, 볼리비아, 불가리아, 세르비아, 보스니아 헤르체고비나였고 대략 4~6불 정도였다. 특히 여행자가 붐비는 중남미의 숙소들은 하룻밤 숙박비가 10불을 넘지 않으면서도 아침 식사까지 포함된 곳이 많았다.

그중 멕시코의 메리다와 아르헨티나의 멘도사 호스텔에서 제공한 아침 식사는 잊으려야 잊을 수가 없다. 아침마다 다양한 열대 과일과 직접 갈아 만든 주스, 요거트, 우유, 커피, 각종 시리얼에 쿠키, 직접 구운 빵까지! 마치 호텔 뷔페식 식사를 방불케 했다.

프랑스 파리에서는 저렴한 현지 호스텔이 없어서 한인 민박집을 이용했다. 한인 민박집을 찾아간 이유는 이랬다. 비록 가격은 현지 숙박 시설에 비해 비싸더라도 아침과 저녁 식사로 한식을 제공해 준다는 메리트와 함께 현지 사정에 정통한 한국인 사장님을 통해 필요한 정보를 모국어로 속 시원하게 얻을 수 있다는 장점이 있기 때문이었다. 그리고 무엇보다도 한국인 여

(행)자들과 손쉽게 교류할 수 있다는 장점이 있었다.

여행자 숙소 중에는 공동 주방을 갖추고 있는 곳도 많이 있었다. 여행 전만 해도 요리에 별 관심도 없고 할 줄도 모르니 싸고 간편한 길거리 음식으로 끼니를 해결하겠다는 심산이었다. 하지만 여행 시작 후 석 달을 그렇게 때우다 보니 이러다 영양실조에 걸릴지도 모르겠다는 위기감이 찾아왔다. 또 배고픔이란 무엇인지에 대해서 진지하게 성찰해 볼 시간들이 찾아올 정도로 항상 배가 고팠다.

그래서 '서당 개 삼 년이면 풍월을 읊는다.'라는 말처럼 나는 서당 개의 심정으로 주방을 기웃거리며 사람들이 어떤 재료를 사는지, 야채를 어떻게 손질하는지, 토마토소스는 어떻게 만드는지, 파스타는 어떻게 삶는지 등을 눈여겨보았다. 그러고는 마트에 가서 똑같이 장을 본 후 하나씩 요리를 따라하기 시작했다. 이제 걸음마를 떼었으니 잘해 봤자 얼마나 잘하겠냐마는, 요리가 결코 쉬운 게 아니라는 사실만큼은 확실하게 알게 되었다.

여행은 나에게 요리를 시작하게 만들었을 뿐만 아니라 맛있고 영양가 있는 음식을 직접 만들어서 먹는다는 것이 얼마나 큰 행복인지, 손수 음식을 만들어서 주변 사람들과 나누어 먹는 것이 얼마나 큰 기쁨인지를 알게 했다. 어느 셰프 못지않은 깨달음이었다.

근 2년간 전 세계의 여행자 숙소를 떠돌며 얻은 가장 큰 성취는 뭐니 뭐니 해도 단연 이것이 아닐까 싶다. 여성을 여자로 바라보기 이전에 먼저 동등한 인류로서 바라보며 자연스럽게 인간적인 교류를 싹틔울 수 있는 이성적 관념과 행동적 준칙들을 확립하게 된 것이다.

여행자 숙소는 나에게 전 세계의 여성들과 한집에서 생활해 볼 수 있는 기회를 제공해 주었고, 군인에서 민간인으로 재사회화시켜 주는 교육의 장이자 대안 학교를 방불케 하는 교육 기관 같은 곳이었다.

여행 초창기에는 여행자 숙소 생활을 하며 서양 여성들의 오픈 마인드에

깜짝깜짝 놀랐던 적이 한두 번이 아니었다. 아무렇지도 않게 속옷을 침대 위에 방치해 두거나(이건 꼭 당혹스러웠다기보다는 눈이 즐겁기도 했다.) 빨래 후 속옷을 침대에 널어놓거나(세상에 그렇게 큰 브래지어가 있는 줄 처음 알았다.) 갈아입을 속옷을 챙겨서 샤워를 하러 가던 중 거실에서 만난 남자와 아무렇지도 않게 대화를 나누는 모습을 보면서 남녀칠세부동석의 유교 국가 출신인 나는 그동안 머릿속에 탑재되어 있던 사상적 관념을 새롭게 업그레이드하지 않고서는 현실에 적응할 수 없다는 사실에 직면했던 것이다.

특히 남자들 중 팬티만 입고 잠을 자는 사람이 많다는 건 익히 듣고 보아서 잘 알고 있었지만, 남녀가 함께 생활하는 도미토리 안에서 여자들도 팬티만 입고 잠을 잘 거라고는! (물론 여자들의 경우 티셔츠는 입고 있었다.) 이 또한 처음에는 정말 화끈한 문화 충격이 아닐 수 없었다.

하지만 이런 쇼킹함도 자주 접해 더 이상 신선한 충격으로 다가오지 않을 때쯤이 되니 생각이 달라졌다. 남자와 똑같이 당당하고 자연스럽게 행동하는 서양의 여자들을 보면서, 이런 모습이야말로 어려서부터 남녀평등 사상 교육을 철저히 받아 온 것이 몸에 배인 자연스러운 결과가 아닐까란 생각이 들었다.

이런 사람들 앞에서 나는 마치 누드 비치나 남녀 혼탕에라도 와 있는 듯한 부끄러움에 사로잡혀 시선을 어디다 둬야 할지 몰라 당혹스러운 표정을 연출하고 있었으니.

이렇게 2년간의 여행자 숙소 생활은 나를 '남녀칠세부동석'이 아닌 '남녀칠 명 혼숙 가능'이라는 혁신 자유주의적 개방 사상으로 업그레이드시켜 주었다.

#03 - 여행이란 담벼락 너머의 세상을 보기 위한 것

싱가포르에 도착한 지 열흘째. 어느덧 여행이 시작되고 열흘의 시간이 흘렀다. 잠이 오질 않아 깨어 보니 아직 새벽 4시였다. 요 며칠 도통 잠이 오지 않았다. 여행은 시작되었지만 앞으로 이 여행을 어떻게 끌고 나가야 할지 고민이 가득한 탓이었다. 이 여행을 위해서 지난 4년 동안 꽤 많은 준비를 했다고 자부했는데 막상 뚜껑을 열고 보니 하나도 준비한 게 없다는 생각이 들었다.

'어떻게 하면 인생에 있어 두 번 다시 얻기 힘든 이 시간을 더 알차게, 후회 없이 보낼 수 있을까?'

이런 저런 궁리들을 하고 있다 보니 어느덧 시계 바늘은 6시를 향하고 있었다. 하지만 창밖에는 아직 어둠이 가시질 않았다. 그 어둠 속에서도 1인당 국민 소득 5만 불다운 위용을 드러내듯 정원에 풀장까지 갖춘 고급 맨션이 우뚝 솟아 있는 것이 보였다. 인기척에 시선을 돌려 맨션의 담벼락 밖을 내려다보니 이른 아침이지만 사람들이 분주하게 움직이고 있었다. 토요일 아침인데도 불구하고 인도계 노동자들은 어디론가 일을 하러 가는 듯 트럭 뒤칸에 나란히 웅크리고 앉아 있었다.

담벼락 하나를 사이에 두고 펼쳐지는 두 광경이 너무나 대조적이었다. 고급 맨션의 모습과는 달리 낡은 트럭 뒤 칸에 올라타 있는 노동자들의 모습에서는 국민 소득 5만 불다운 위용은 찾아볼 수가 없었다. 그 상반된 광경을 바라보고 있으니 '여행이란 저 담벼락에 가리어져 보지 못하는 세상을 보기 위한 것이 아닌가?'라는 생각이 스쳤다.

그러고 보니 난 이제 고작 저 담벼락 하나를 넘었을 뿐이다. 앞으로 50개의 담벼락을 더 넘고 그 세상을 다 보아야 이 여행이 끝나는 것이다. 그러니 지금 내가 머리를 쥐어짠다고 해서 원하는 답이 나오지 않는 건 너무나 당연했다.

아는 선배의 말이 떠올랐다.

"힘들 땐 그냥 여행에 몸을 맡겨!"

분명 가다 보면 또 다른 세상을 보게 될 것이고, 생각이 더해지고 더해져서 현재의 고민에 대한 답들이 구체화될 날이 올 것이라는 생각이 들었다.

그렇게 여행은 시작되고 있었다.

INDONESIA

2
인도네시아

#01 - 핑키의 하우스

인도네시아는 인도라는 의미의 '인도스(Indos)'에 섬이라는 뜻의 그리스어 '네소스(Nesos)'가 붙은 말로, 1850년 영국인들에 의해 처음 불리어졌다고 한다. 제국주의 열강 시절 네덜란드인들이 인도네시아를 최초로 발견했을 때만 하더라도 인도의 일부라고 착각했었다. 그래서 인도라고 칭하다가 아닌 것이 알려지면서 인도네시아라고 명명하게 된 것이다.

인도네시아는 동서로 길게 뻗은 수많은 섬들로 이루어진 국가이다. 그중 대표적인 다섯 섬인 수마트라, 자바, 보르네오, 슬라웨시, 뉴기니를 중심으로 종교와 문화가 구분되는 특성을 가지고 있다. 역사적으로는 무려 350여 년간이나 네덜란드의 통치를 받다가 독립한 내력을 가지고 있는 나라이기도 하다.

인도네시아의 수도 자카르타 국제공항에 도착해 입국 비자를 받고 공항 라운지로 빠져나왔다. 눈앞에 펼쳐지는 정경이 내가 지금 국제공항에 와 있는 건지 시골 버스 터미널에 와 있는 건지 분간이 안 될 정도로 혼란스러웠다.

발 디딜 틈 없이 라운지를 가득 메운 사람들, 하나같이 머리에 알록달록한 히잡을 둘러 쓴 여성들, 탑승 수속을 기다리고 있는 듯 큰 짐 가방을 옆에 끼고 바닥에 철퍼덕 주저앉아 있는 사람들, 어디 단체 관광이라도 가시는지 그룹별로 단체복과 똑같은 모자를 쓰고는 줄을 서 기다리고 계시는 할아버지와 할머니들까지. 심지어 한쪽에선 가드 라인을 치고 호스로 물을 뿌려 가며 물청소를 하고 있었다.

인도네시아의 GDP 순위가 세계에서 16위이던데, 그런 나라가 이 정도라면 인도네시아보다 못사는 나라들의 공항 풍경은 도대체 어떻다는 거지?

일단 관광 지도를 구하기 위해 안내 데스크부터 찾아갔다. 공항에는 당연히 무료 관광 지도가 구비되어 있을 거라고 생각했던 것도, 안내 데스크 직원이면 당연히 영어를 구사할 거라 생각했던 것도 모두 다 고정 관념이었나 보다. 그렇지 않을 수도 있다는 현실 앞에 마주 서고 나니 그때서야 이것들이 고정 관념이었을지도 모른다는 생각이 들었다.

관광 지도 구하는 건 포기하고 와이파이를 이용할 수 있는 곳을 찾았다. 메를린에게 연락을 취해야 했기 때문이었다. 한 패스트푸드점 문 앞에 'Free Wifi'라고 적혀 있는 문구를 보고는 아침 식사도 할 겸 안으로 들어갔다.

메를린은 일주일 전 싱가포르 호스텔에서 처음 만난 미모의 인도네시아 아가씨이다. 일 년 전 학부를 졸업하고 현재는 법과 대학원에서 공부하고 있는 학생이면서, 일주일에 한 번은 학원에서 중국어를 강의하고 있는 강사이자, 싱가포르에서 중고 휴대 전화를 매입해 인도네시아의 온라인 쇼핑몰에 판매하고 있는 사업가인 메를린은 말 그대로 팔방미인인 친구였다.

메를린과는 싱가포르 호스텔에서 3일을 함께 생활했었다. 하루는 대화를 나누던 중 다음 행선지가 자카르타라는 사실을 알게 된 그녀가 말했다. 자카르타에 도착해서 자기에게 연락을 주면 머물 숙소 제공과 관광 안내를 해 주겠다고. 그래서 인도네시아에 도착하자마자 메를린에게 연락부터 취하려는 것이었다.

와이파이를 연결한 뒤 공항에서 담리 버스를 타고 판초란에 있는 스타벅스에 가서 다시 연락을 주면 그곳으로 픽업을 나오겠다는 메시지를 주고받았다.

식사를 마칠 때쯤 버스비가 얼마인지 확인해 미리 잔돈을 준비해 두어야겠다는 생각이 들었다. 주문대의 아르바이트생에게 다가가 혹시 판초란까지 가는 담리 버스 요금이 얼마인지 아냐고 물었다. 스무 살쯤 돼 보이는 여자 아르바이트생이 나를 유심히 쳐다보더니 미소를 지으며 알겠다는 표정을 지었다. 그러더니 뒤에 있던 햄버거 세트를 하나 꺼내서 쟁반에 담아 나에게 내밀었다.

분명 내 말을 제대로 알아듣지 못한 것 같아서 다시 한 번 천천히 "이게 아니라, 내가 버스를 타고 판초란까지 가고 싶은데." 하는 이런저런 부연 설명과 함께 재차 거듭해서 "How much is the Damri bus fare to Panchoran?"을 되물었다. 하지만 그녀는 도통 내 말을 이해할 수 없다는 표정을 짓더니 갑자기 뒤편에 'Only Staff'라고 적혀 있는 문 안으로 확 들어가 버렸다.

'내가 무슨 잘못을 한 건가?'

마음 졸이던 찰나 다행히 그녀가 다시 문을 열고 나왔다. 그리고 그녀의 뒤를 따라서 관리자처럼 보이는 웬 남자 직원도 함께 따라 나오는 것이었다. 검정색 유니폼에 금빛 명찰을 단 남자 직원이 나에게 다가오더니 미소를 지으며 자신이 도와주겠다는 듯한 뉘앙스의 말과 몸짓을 취했다.

그에게 다시 이런저런 부연 설명과 함께 판초란까지 가는 버스비가 얼마인지 알고 싶다는 질문을 던지자 '아!' 소리와 함께 웃으며 알겠다는 표정을 지었다. 그러더니 조금 전에 그녀와 똑같이 뒤에 있던 햄버거 세트를 하나 꺼내서 나에게 내미는 것이 아닌가. 분명 인도네시아에 "How much is the Damri bus fare to Panchoran?"이라는 햄버거 세트가 있는 건 아닐 텐데.

관광 지도에 이어 버스비를 알아보는 것도 일단 포기하고 버스 정류장으로 발걸음을 옮겼다.

버스에 올라타며 판초란에 도착하면 가르쳐 달라는 부탁을 하고는 자리에 앉았다. 한 삼십 분쯤 지나자 "판초란! 판초란!"이라고 외치는 아저씨의 육성 안내 방송이 흘러나왔다.

나를 내려 준 곳은 왕복 8차선 대로변의 한 모퉁이였다. 버스에서 내려 고개를 들고 주변 광경을 바라 본 순간 '와.' 소리와 함께 입이 떡 벌어졌다. TV의 일시 정지 기능처럼 나는 그대로 굳은 채 두 눈으로 도로 위를 가득 메운 벌떼 같은 오토바이들을 연신 바라보고만 있었다. 아마도 지금까지 살면서 봐 왔던 오토바이 수보다도 훨씬 더 많았을 것이다. 세상에, 어떻게 이렇게 오토바이들이 많을 수가 있을까!

고개를 돌려 신호 대기 중인 반대편 교차로를 바라봤더니 상황은 매한가지였다.

나중에 현지 친구들을 만나 왜 그렇게 인도네시아에 오토바이가 많은지에 대해서 물었다. 그러자 학교는 너무 먼데 대중교통은 부족해서 초등학교 때에는 자전거를 타고 다니다가 중학생이 되면서부터는 남녀 구분 없이 오토바이를 타기 시작한다고 했다. 그러다 보니 인도네시아에서는 남자든 여자든 오토바이를 탈 줄 모르는 사람이 없고, 또 경제적으로도 차를 살 수 있는 여유를 가진 사람들이 많지 않기 때문에 오토바이는 인도네시아에서 가장 유용한 교통수단이라고도 말했다.

실제 인도네시아를 여행하며 학교 앞을 지나칠 때면 아직 중학생도 안 되어 보이는 앳된 학생들이 커다란 오토바이를 몰고 다니는 모습을 어렵지 않게 볼 수 있었다. 모터사이클 전시장을 방불케 할 정도로 오토바이가 빼곡하게 들어찬 학교 주차장은 과히 진풍경이 아닐 수가 없었다.

판초란에서 메를린을 다시 만나 인사를 나누고는 그녀의 차에 올랐다. 먼저 짐을 풀 수 있도록 자기 친구 집으로 가자는 것이었다. 자카르타에 있는 동안 내가 머물 곳은 그녀의 베스트 프렌드인 핑키의 하우스라고 했다.

'핑키? 인도네시아의 남자 이름인가? 이름 한번 귀엽네!'

메를린이 나를 자기 친구 집으로 데려가는 건 내가 아무리 외국인이라도 외간 남자이다 보니 차마 자기 집으로는 데려갈 수는 없어서일 거고, 그래서 그녀와 친한 이성 친구 집으로 데려다주는 거겠지. 그렇게 생각했다.

하지만 이게 웬일인가! 나의 짐작은 조금도 들어맞지 않았다. 설마 했던 핑키는 진짜 그 설마였던 것이었다. 이래서 여행은 사람을 오픈 마인드로 만들어 준다고 하는 건가?

일단 속으로는 무척 놀랐지만 겉으로는 아무렇지도 않다는 듯 쿨한 표정을 지었다. 한국에서도 원래 남자와 여자가 친구처럼 서슴없이 한데 잘 어울려 지낸다는 횡설수설이 입으로 계속 흘러나왔다.

메를린과 핑키는 대학 신입생 때 처음 만나 학창 시절 4년을 함께 보낸 친구이자 현재는 휴대 전화 사업을 같이 하고 있는 동업자라고 했다. 두 친구 모두 인도네시아대학교 경영학과 출신으로, 우리로 치면 서울대학교 경영학과를 졸업한 최고의 엘리트들인 셈이다. 취직 대신 어떻게 창업할 결심을 하게 되었냐고 물었더니 인도네시아에서는 취직을 해도 급여가 너무 작고 큰 비전이 보이질 않아서 사업을 꿈꾸게 되었다고 했다.

핑키의 집 거실 벽에 걸려 있는 사진들은 몇 가지 새로운 정보들을 나에게 시사해 주고 있었다. 아버지와 어머니, 그리고 두 명의 남동생이 함께 살고 있다는 것과 핑키는 한때 인도네시아의 전통 의상 바틱 모델로도 활동했었다는 사실(어쩐지! 그녀는 미모가 장난이 아니었다!), 또 그녀의 아버지는 현역 공군 장군이라는 사실을. 장군님을 실제로 만나게 되면 군인처럼 거수경례를 해야 하는지 아니면 그냥 목례를 해도 괜찮은 건지를 놓고 한참을 고민했었다.

앞으로 5일간 생판 처음 본 여자 집에서, 그것도 그녀의 가족들과 함께 생활한다고 생각하니 기대감에 설레면서도 어떻게 이런 상황이 벌어질 수 있을까 싶은 생각이 머릿속에서 떠나지 않았다.

'내가 아무리 외국인이라도 처음 본 외간 남자인데 어떻게 남자 집이 아닌 여자 집으로, 그것도 친구 혼자 사는 집도 아니고 가족들과 함께 사는 집으로 초대할 수가 있는 거지!'

남녀가 유별하다는 유교 사상 아래 자라 온 조선의 사고방식으로는 상황이 쉽게만 받아들여지지가 않았다. 드라마에서나 볼 수 있음직한 비현실적인 스토리가 현실이 되어 전개되고 있다 보니 나는 마치 신인 배우가 주인공으로 캐스팅되어 발 연기를 선보이는 것처럼 어찌할 줄을 몰라 연신 어색하고 부자연스러운 표정만 연출하고 있었다.

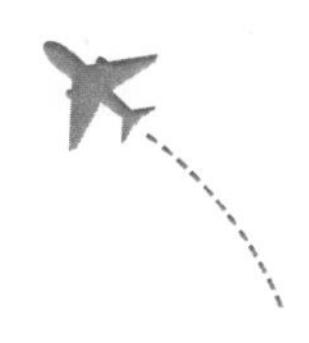

#02 - 인도네시아 청춘들과 동행

내가 애당초 계획했었던 인도네시아의 여행지는 수도 자카르타와 수라바야였다. 수라바야는 인도네시아의 제2의 도시이자 항구 도시로 대한민국의 부산 같은 곳이라고 할 수 있다. 인도네시아에 오는 대부분의 여행자들은 자카르타 시내를 이삼 일 정도 관광한 후 대표 휴양지인 발리 섬으로 이동하거나 세계 3대 불교 유적지가 있는 족자카르타로 이동하는 것이 보통의 수순이다.

나 역시도 조인성의 주먹을 머금은 눈물 연기가 일품으로 남아 있던 발리에 가면 무슨 일이 생기지 않을까란 기대에 자카르타 다음으로 발리에 가 볼까 고려하지 않았던 것은 아니다. 하지만 나의 이번 여행은 2년 후 시작할 사업을 위한 비즈니스 트립과도 같은 여행이었다. 그래서 다시 한 번 마음을 다잡아 자카르타 다음으로 아무도 찾지 않는 바람 부는 허허 벌판의 항구 도시 수라바야를 선택했던 것이었다.

공교롭게도 인도네시아와 더 깊은 인연을 맺으려고 그랬던 건지 아니면 우연이 반복되어 인연으로 이어지려고 해서 그랬던 건지는 모르겠지만, 우연찮게 핑키의 남동생 비온디가 내가 수라바야로 가는 다음 날 자신도 수라바야로 넘어간다고 했다. 지금은 방학이라 이렇게 집에 와 있는 거지만 다음 주부터는 개강을 하기 때문에 수라바야로 가야 한다고.

나는 비행기를 예약한 상태였고 비온디는 기차로 이동할 계획이라 동행하지는 못했지만 수라바야에서 다시 만나기로 약속하고는 연락처를 주고받았다. 그 덕분에 애당초 나의 굳은 의지를 투영해 계획했었던 비즈니스 트립과도 같은 인도네시아 여행 콘셉트는 온데간데없이 사라졌다. 자카르타에서는 메를린, 핑키의 친구들과 어울려 놀다가 수라바야에서는 비온디의 친구들과 한데 어울려 연일 신나게 달렸다.

메를린과 비온디의 친구들은 모두 20대 초중반으로 구성된, 한마디로 불타는 청춘들이었다. 어느덧 십 년의 격차가 벌어진 내가 그들과 함께 어울려 놀다 보니 체력이 여간 달리는 게 아니었다. 이제 숙소로 돌아가서 좀 쉬었으면 좋겠다는 생각이 매일 밤마다 들 정도로 몸은 녹초가 되어가고 있었지만, 희한하게도 그들과 함께 있으면 한국의 이십 대들과 함께할 때와는 달리 세대 차이 같은 것이 전혀 느껴지지 않았다.

왜 그런 건지에 대해 곰곰이 생각을 해 보니, 내 감각이 아직 젊은 친구들에게 뒤처지지 않을 정도로 세련되었고, 내 마음이 모든 세대를 아우를 수 있을 정도로 넓은 바다와 같아서……라기보다는 인도네시아 사람들의 의식 구조 속에는 '나이 차이'에 대한 개념이 없기 때문인 듯했다. 이런 개념 없는 친구들 같으니!

그들에게는 우리처럼 나이 차에 따른 관계 인식에 대한 부담감과 거리감 같은 심리적 작용이 전혀 작동하지 않는 것처럼 보였다. 그러니 고작 열 살 터울인 나를 대할 때뿐만이 아니라 친구의 부모님들께도 스스럼없이 다가가 대화하며 함께 어울려 놀 수 있는 것이 아닐까.

그리고 또한 그들의 의식 구조 속에는 아직 우리보다 더 촌스러운 생각들이 많이 남아 있는 것 같았다. 생활과 사회 인프라 수준뿐만 아니라 패션과 문화에 걸친 전반적인 수준이 언뜻 보기에도 대한민국보다 최소 10년에서 많게는 20년 정도 뒤처져 있는 것처럼 느껴졌다.

일단 나와 함께 어울렸던 친구들이 현재 인도네시아 내에서 가장 선진화된 사상을 견지하고 있고, 최신 문화를 선도하고 있는 연령대의 친구들이라는 점을 감안해 본다. 그럼에도 그들의 말과 행동, 친구들 사이에서 뿜어져 나오는 연대 의식 등을 살펴보면 그들은 정말 올드 피플 같았다. 마치 대한민국의 1980년대나 1990년대를 살아가고 있는 사람들처럼 말이다. 그들은 분명 현대의 우리보다는 더 순수하고 덜 도시화된 듯 보이는 목가적 정서나 서정적 감성, 문화적 분위기를 풍기고 있었다.

그들은 모두 8090 팝을 마치 무슨 최신 유행가처럼 즐겨 들었다. 하루는 차를 타고 함께 이동하면서 여느 때처럼 8090 팝을 틀어 놓고 즐겁게 따라 부르길래 혹시 이 노래가 최근에서야 인도네시아에 들어온 게 아닌가 하는 의구심이 들어 물어보았다. 그런데 그건 아니란다. 그들도 그 노래들이 지난 1980~1990년대에 유행했던 올드 팝인 줄은 정확히 알고 있었다. 다만 그들의 감성과 정서가 올드 팝을 즐겨 듣고 따라 부르게 만들고 있을 뿐이었다.

그렇다고 이들의 문화나 의식 수준이 모두 다 우리에 비해 뒤처져 있는 건 분명 아니었다. 나를 핑키의 집에 초대해 준 메를린이나 나를 아무렇지도 않게 받아 준 핑키네 가족들의 모습에서 짐작할 수 있듯이, 인도네시아 사람들은 우리보다 훨씬 더 개방적이고 서구적인 사고방식을 견지한 사람들처럼 보였다.

같은 아시아권이라고 하더라도 유교 사상에 정신적 뿌리를 두고 있는 한·중·일과는 확연히 다른 문화권의 모습을 형성하고 있던 것이었다.

#03 - 생각의 확장 공사

자카르타에 온 지 3일째. 핑키와 함께 외출을 하고 집으로 돌아오던 토요일 저녁, 집에 돌아가면 출장 가셨던 아버지가 돌아와 계실 테니 함께 대화를 나눠 보라고 핑키가 말했다. 그 이야기를 듣고 나서부터 왜 그렇게 많은 고민을 했던 걸까. 전역을 한 지 어느덧 5개월이 지났지만 분명 아직도 민간인으로서 완전체가 아니었던 것이다.

현역 장군님이신 핑키 아버지를 뵙게 되면 어떻게 행동해야 할지, 이제 민간인이 되었으니까 목례를 하고 편안하게 친구 아버지를 대하듯이 행동해야 할지, 그래도 장교 출신으로서 군의 상급 지휘관을 대하듯이 예를 다하는 것이 맞는 건지, 어떻게 해야 할지 몰라 결론을 내리지 못하고 있었다.

장고 끝에 악수 둔다고, 고심 끝에 내린 결론은 '핑키 아버지가 아직 현역이시니까 반은 군대에서 상급 지휘관을 대하듯 격식을 차리면서도 반은 민간인처럼 자연스럽게 행동하는 게 맞을 것 같다.'였다. 자연스럽게 앉아 있으면서도 각이 서려 있고, 편안하게 대화를 나누면서도 격이 느껴지는 '감각적 중용론'을 적용하기로 했던 것이다.

감각적 중용론은 과거 군에서 병력들에게 상급자에 대한 예절 교육을 할 때 자주 써먹던 이론이었다. 중대장의 이 지침은 일명 '엄마 좋아 아빠 좋아' 정책이자 '후라이드 반 양념 반' 전략으로써, 중국집에 가서 자장면과 짬뽕을 모두 다 맛볼 수 있는 짬짜면 전술이라고 병력들에게 농담처럼 하던 말이었다.

눈에 걸면 코걸이도 아니고 혀에 걸면 귀걸이도 아닌 이 피어싱 같은 전략은 '총성 한 발에 모든 계획은 백지화된다.'라는 군대 격언처럼 집에 들어선 순간 수포처럼 산화되고 말았다.

헐렁한 티셔츠에 반바지를 입고 작업용 장갑을 낀 채 기름칠을 해 가며 망

가진 보일러를 고치던 장군님은 그 첫인상만큼이나 상대방을 편안하게 대해 주셨다. 친구의 아버지 이상으로 나를 대하시지 않은 것이다.

장군님께서는 본인도 무슬림이라 술을 마시진 않지만 때마침 해외여행을 갔다 온 친구가 선물로 준 양주가 한 병 있다며 술을 권해 오셨다. 한 20년 전쯤 인도네시아에서 한국 공군 조종사들과 함께 연합 훈련을 한 적이 있었는데, 그때 한국 사람들이 술을 좋아한다는 사실을 처음 알게 됐고, 특히 소주 같은 독한 술을 즐겨 마신다는 것도 안다고 하셨다. 또 한국 드라마를 볼 때면 배우들이 항상 술을 마시고 있어서 "여전히 한국 사람들은 술을 즐겨 마시는구나."라고 생각했다고도 말씀하셨다.

그러더니 갑자기 나에게 라면이 먹고 싶지 않냐고 물으셨다. 내가 인도네시아에 와서만 벌써 세 번째 듣는 질문이었다. 도대체 왜 인도네시아 사람들이 나에게 라면이 먹고 싶지 않냐고 자꾸만 묻는 건지 되물어 보았더니, 한국 드라마를 볼 때면 사람들이 매일 라면을 먹고 있어서 한국에서는 라면이 주식인줄 알았다고 이야기하시는 것이 아닌가. 이탈리아의 스파게티처럼 한국 사람들은 라면을 주로 먹는 것이 아니냐고.

소주에서 라면으로, 라면에서 한국 드라마로 이어진 대화의 주제는 언제부터 한류가 인도네시아에 들어오기 시작했는지로 이어지며 한류의 원조 '겨울 연가'까지 거슬러 올라가게 되었다.

'겨울 연가' 이야기가 나오자 장군님께서 방으로 들어가시더니 갑자기 기타를 들고 나오셨다. 십 년 전 처음으로 한국 드라마 '윈터르 소나타(Winter Sonata, 『겨울 연가』의 국외 제목. 처음에 장군님이 계속 윈터르 소나타, 윈터르 소나타 하시길래 무슨 자동차 이야기를 하시는 건가 싶었다. 차마 군인 정신에 반문하지 못하고 이해하지 못한 채 한참을 헤맸었다.)'를 우연히 TV에서 보게 되면서 그때부터 한국 드라마에 빠지게 되셨단다. 특히 '겨울 연가'는 몇 차례나 다시 되돌려 본 줄 모른다며, 드라마 OST였던 류의 'My Memory'를 한국어로 연습해서 매일 기타를 치며 따라 부르기도 했었다고 하셨다.

지금은 시간이 많이 흘러 가사가 다 기억나진 않지만 그래도 한국에서 손님이 왔으니 직접 들려주시겠다며 기타 줄을 조율하셨다. 비록 수준급의 기타 실력도, 유창한 노래 실력도, 정확한 한국어 발음도 아니었고, 가사를 다 외우고 계시지도 못했지만 한국에서 온 손님인 나를 위해 한국 노래를 직접 불러 주는 장군님을 바라보면서 나는 한층 더 인도네시아 사람들의 매력 속으로 빠져들고 있었다.

인도네시아에 와서 메를린과 핑키의 가족들을 만나고, 그녀의 친구들, 비온디의 친구들과 함께 어울리고, 또 이렇게 장군님이 직접 불러 주시는 류의 'My Memory'를 들으며 마음속으로 여러 생각을 했다.

인구 2억 5천만 명 중 90%가 이슬람교 신자인 인도네시아. 그 안에서 메를린과 핑키를 포함해 만났던 사람들 모두 이슬람교도였다. 하지만 그들은 여태껏 내가 생각하고 있었던, 또 뉴스와 신문을 통해서 접했던 무슬림들과는 확연히 다른 사람들이었다. 그들은 하나같이 상냥했고 친절했으며, 언제 다시 만날 수 있을지도 모를 나를 너무나 극진하게 대접해 주고 있었다.

그날 대화의 끝자락에서 핑키의 아버지가 나에게 하신 말씀이 마음에 남아 있다. 9·11 테러를 비롯한 과격 무슬림 단체들의 무차별적인 테러에 관한 말이었다. 그런 극단적이고 무차별적인 만행에 대해서는 대부분의 무슬림들이 잘못된 행동이라고 생각하고 있고, 모든 무슬림들이 그런 생각과 마음을 품고 있는 것은 아니니 무슬림에 대한 편견을 버려 달라는 당부였다.

누구나 나처럼 따뜻한 환대를 받고 나면 그동안 품고 있던 무슬림에 대한 편견이 따스한 봄볕에 눈 녹듯 모두 다 스르르 녹아 버릴 것이다. 중요한 건 내가 그들에게 받은 융숭한 대접 때문이든 아니면 내 마음이 스스로 동해서든, 그들이 나를 대접할 때 어떤 특별한 이유와 목적이 있었던 것이 아니라는 사실이다. 그들은 그저 그들만의 삶의 방식으로 나를 대접하고 있을 뿐이었다.

이슬람 경전인 코란에도 '손님은 왕이다.'라는 구절이 있다고 한다. 나의

“너무 감사드린다.”는 인사에 그들은 그저 그들이 믿고 있는 종교 경전의 말씀에 따라 손님인 나를 귀하게 대접했을 뿐이라고 했다.

솔직히 나 역시도 9·11 테러 이후, 그리고 이어서 자행되어 온 무슬림 단체들의 테러 공격을 접하면서 무슬림 전체를 매도했던 게 사실이었다. 그런 사건들이 있을 때마다 선부터 긋고는 그들을 우리와 다른 세상 사람들처럼 여겼던 것도 사실이었다. 하지만 이렇게 무슬림들과 인연을 맺고 나니 그저 이슬람교를 믿는다는 이유 하나만으로 모든 무슬림을 똑같이 매도했었다는 사실이 부끄러웠다.

이래서 여행이 필요한 것 같다. ‘여행은 사람의 견문을 넓혀 준다.’라는 말은 여행을 통해서 좀 더 다양하고 많은 사람들과 관계를 맺고, 그로 인해 어떤 사안들이 발생했을 때 더 많고 다양한 입장에 서서 그 문제를 바라볼 수 있게 되기 때문이 아닐까?

이렇게 여행은 내가 모르던 세상과 나와의 연결 고리를 생성해 줌으로써 세상을 좀 더 다각적인 입장에서 접근할 수 있게 만들었다.

인도네시아 여행을 통해서 마음이 열리고 생각이 확장된 느낌이다. 앞으로 얼마나 더 많은 생각의 확장 공사가 예비되어 있을지 정말 기대되는 세계일주가 아닐 수 없다.

AUSTRALIA

3
호주

#01 - 이런 '씨리얼'과 '씩빵' 같은 경우를 봤나

실수는 불가피한 것일 수도 있지만, 현명하고 올바른 사람은 오류와 실수를 통해서 미래를 사는 지혜를 깨우친다.

-플루타르코스-

호주 여행을 돌이켜 보면 실수밖에 떠오르질 않는다. 아직도 지연 수수료 100불만 생각하면 피가 거꾸로 솟는 것 같고, 망할 놈의 기억은 이제 제발 좀 잊었으면 좋겠는 케냐 공항 사건(케냐에서 이집트행 비행기를 놓쳐 항공료 500불을 날렸다.)을 연상시키며 사람 뒷목을 뻣뻣하게 만들어 놓기 일쑤였다.

'실수는 병가지상사다.'라는 말이 있다. 내가 저질렀던 실수가 웃으며 회자될 수 있는 미담 사례가 되려면 플루타르코스의 명언처럼 오류와 실수를 통해 새로운 지혜를 깨우쳐야 가능한 것이 아닐까? 실수를 저지르기만 하고 아직 지혜와 기지를 발휘해 위기를 모면한 무용담까지는 탄생시키지 못해서인지 난 아직도 내 실수들만 떠올리면 속부터 쓰리다. 그런 걸 보면 나의 실수들은 아직 미담 사례로 치환되지 못한, 언젠가는 인생의 추억으로 변곡될, 아직은 살아서 꿈틀거리고 있는, 미완성의 진행형 실수들이라고 이야기할 수 있을지도 모르겠다.

호주로 가는 길은 처음부터 순탄치 않았다. 한국을 떠나기 전 미리 예약해 놓았던 인도네시아발 호주착 비행기 티켓은 첫 여행지인 싱가포르로 되돌아가 14시간 대기 후 호주로 들어가는 트랜스퍼 일정이었다.

싱가포르 공항 의자에서 하룻밤을 지새우고 다시 비행기를 타기 위해 환승 정류장으로 향했다. 티켓팅 장소에 줄을 서서 기다리고 있으니 내 차례가 돌아왔다. 내 여권을 한 장 한 장 넘겨 보던 항공사 직원이 나에게 비자는 어디 있느냐고 물었다.

'무슨 비자가 필요하다는 거지?'

그때까지 난 호주에 가려면 반드시 사전 비자를 받아야 한다는 사실을 전혀 모르고 있었다. 뿐만 아니라 호주는 무비자 여행 가능국인 줄로만 알고 있었다. 사전 비자가 없으면 항공권을 줄 수 없다는 직원과 한참을 실랑이를 벌이다가 이내 내가 잘못 알고 있었다는 사실을 인지하게 되었다. 다급해진 마음에 그럼 이제 난 어떻게 해야 하냐고 물으니 항공사 직원이 비자를 발급받을 수 있는 사무소 위치를 알려 주며 탑승까지 한 시간 남았으니 서두르라고 했다.

당장 뛰어가 싱가포르 입국 수속부터 밟았다. 그리고 ATM기를 찾았다. 호주 비자를 발급받으려면 싱가포르 달러로 50불(원화 45,000원가량)을 지불해야 한다고 했기 때문이었다.

돈을 찾고 허둥지둥 물어서 공항 내 발급 사무소로 찾아갔다. 다행히 발급 절차는 까다롭지 않았다. 그저 여권과 비용만 지불하면 끝이었다. 비자를 발급받고 다시 출국 수속을 밟은 후 창구를 향해 뛰어갔다. 창구 앞에 도착해 시간을 확인하니 탑승 시작 5분 전이었다. 하지만 티켓팅은 모두 다 끝난 상황이었다.

이제 어떻게 해야 하나 싶어 마음은 두방망이질치고 있었지만 침착하려 애를 썼다. 그리고 나에게 비자를 받아 오라고 가르쳐 줬던 항공사 직원을 찾기 시작했다. 다행히 그 직원은 사무실 내에서 나를 기다리고 있었다. 그리고 미리 발급해 놓은 내 항공권을 건네주며 탑승 게이트로 이동할 수 있도록 직원 전용 엘리베이터까지 안내해 주었다.

호주를 가기 전 비자를 받아야 한다고 왜 단 한 번도 생각해 보지 않았던 걸까. 그동안 주변 사람들로부터 호주를 여행하고 왔다는 이야기는 많이 들어 봤어도 가기 전에 사전 비자를 받아야 한다는 이야기는 들어 본 기억이 없어서였을 것이다. 또 호주는 이웃 나라 일본이나 중국처럼 너무 친숙하게 느껴져서 당연히 대한민국과 무비자 방문 협정을 체결하고 있는 150여 개국가 안에 포함되어 있을 거라는 선입견을 가지고 있었던 것 같다.

이렇게 사전 비자를 발급받아야 하는데도 수많은 여행 인파들이 몰리고 있는 걸 보면 분명 호주라는 나라가 가진 매력이 대단하긴 대단한가 보다 생각하며 호주행 비행기에 올랐다.

서부 퍼스 공항 도착. ATM기 앞에 섰다. 호주 달러 200불(원화 20만 원가량)을 찾을 생각이었다. 싱가포르 공항에서 겪은 비자 사건의 여파가 가시지 않은 탓인지 아니면 '지금 원화로 20만 원 정도를 찾는 거다.'라고 생각해서 혼동이 왔던 것인지 200이라고 입력해야 할 숫자를 20으로 잘못 입력했다. 돈을 받고 액수가 부족한 느낌이 들어서 명세표를 다시 유심히 들여다보고 있으니 찾은 금액란에 '20불'이라고 적혀 있는 것이 아닌가. 그리고 바로 밑에 적힌 수수료 5불.

아, 이런 실수를! 20불이면 2만 원. 2만 원을 찾으면서 수수료로 5천 원을 낸 셈이다. 정신 차리자며 호흡을 가다듬고는 다시 숫자판에 200을 입력했다. 확인하고 또 확인하고 또 한 번 더 확인한 후 확인 버튼을 눌렀다. 만약 누가 봤다면 저 사람 지금 한 2억쯤 찾나 보다 생각했을지도 모르겠다. 이번엔 정확히 200불을 찾았지만 역시 정확하게 5불의 수수료는 또 차감되었다.

호주에서 실수는 이뿐만이 아니었다. 1박에 25불이나 하는 퍼스의 호스텔에 일주일 동안 머물면서 숙박비에 아침 식사가 포함되어 있었다는 사실을 모르고 지내다가 마지막 날 체크아웃 하면서 알게 되었다. 어쩐지 사람들이 아침마다 하나같이 시리얼과 식빵을 먹더라니. 이런 씨리얼과 씩빵 같은 경우를 봤나!

난 당연히 각자가 준비한 식사라고 생각했다. 그래서 나도 마트에 가서 비슷하게 장을 본 후 아침마다 사람들과 둘러앉아 나의, 나에 의한, 나를 위한 시리얼과 식빵으로 식사를 했었다.

며칠 전 아침에 토스트기로 빵을 굽고 있을 때의 일이 생각났다. 갑자기 프랑스 친구가 옆에 와서는 이 빵이 공용이냐고 묻는 것이 아닌가. 난 그 친구가 아침 식사 거리를 준비하지 못해서 나에게 지금 농담 반 진담 반으로 묻는 거라고 받아들였다. 그래서 '소련에서 왔냐! 사회주의자야? 공용이 어디있냐!'라고 장난을 치려다가 참고는, 상냥하게 "내 거지만 먹어도 돼."라고 온정을 베풀었었다.

모르는 게 약이라고, 차라리 마지막까지 모르고 떠났으면 좋았을걸. 왜 하필 마지막 날 체크아웃 하면서 알게 돼 가지고 사람 속을 이렇게 뒤집어 놓는 건지! 그동안 배가 고파도 경비를 아끼기 위해 아껴 먹던 씨!리얼과 씩!빵을 생각하니 속이 쓰리다 못해 아리기 시작했다.

쓰라린 체크아웃을 마치고 아린 속을 부여잡은 채 동부의 브리즈번으로 이동하기 위해 퍼스 공항으로 향했다. 일찌감치 공항으로 이동했던 탓에 탑승 수속까지는 6시간가량이 남아 있었다. 공항에서 샤워도 하고 책도 읽으며 남은 시간을 여유롭게 보내면서 티켓팅 시간을 기다리고 있었다.

티켓팅 시작 시간이 다가오자 창구로 이동했다. 그런데 내 여권과 예약 티켓을 확인한 항공사 직원이 싱가포르 공항에서와 마찬가지로 또 표를 줄 생각은 안 하고 뭐라 장황하게 이야기를 시작하는 것이 아닌가.

비자 트라우마가 생겼는지 난 내가 또 무슨 비자를 안 받았나 싶었고, 직원이 무슨 말을 하고 있는 건지 하나도 머릿속에 들어오지 않았다. 다시 정신을 차리고 마음을 가다듬은 뒤 생각해 보았다. 국내선인데 비자가 필요할 리가.

직원의 말을 다 알아듣지는 못했다. 그러나 나에게 100불을 더 내라는 건 확실히 알아들었다. (희한하게 이런 건 또 잘 들리더라.) 무슨 상황인지도 모르고 일단 내가! 왜! 돈을 더 내야 하냐고! 따지듯 항의하니 비행기 시간이 지났다고 하는 것이 아닌가. OMG! 내가 예매한 티켓은 오늘 밤 00:35이 아니라 오늘 새벽 00:35으로 이미 떠났다고 하는 것이었다.

인도네시아에서 티켓을 예매하며 날짜란에 '13 3 14 00:35'라고 적혀 있는 걸 보고 고민했었다. 밤 12시 35분이라는 건지 새벽 00시 35분이라는 건지 헷갈려서 서너 차례나 달력을 확인하고는 최종적으로 새벽 00:35이라고 명쾌하게 결론을 내렸던 것이다. (나중에 생각해 보니 밤이나 새벽이나 똑같은 시간이었다.)

하지만 문제는 그게 아니었다. 날짜를 착각했다. 영문 표기 '13 3 14'는 우리처럼 13년 3월 14일이 아니라 14년 3월 13일로 작은 단위, 즉 날짜부터 기록한다는 걸 헷갈린 것이다.

아! 생돈 100불이 이렇게 허망하게 날아가다니!

그동안 여행 경비를 절약해 보겠다고 했던 온갖 노력들이 이 실수 한 방에 수포화된다고 생각하니 너무나 아까워 영혼이 유체 이탈되는 기분이었다. 그렇다고 230불짜리 항공권을 그냥 날릴 수도 없는 노릇이었기에 수업료라 생각하며 지연 수수료 100불을 추가로 지불했다.

비행기를 타고 나서 쓰린 속을 달래며 마음을 가라앉히려는데, 이런! 비행 날짜를 착각했다는 건 그날 이 티켓의 일정과 맞추어 연이어 예약했었던 브리즈번의 호스텔과 필리핀행 항공 티켓까지 모두 다 하루씩의 날짜 오차가 생겼다는 게 아닌가. 그 생각이 왜 하필 이때 떠오르는 건지. 침은 마르고, 동공은 풀리고, 속은 쓰리다 못해 타들어 가기 시작했다.

'실수는 성공의 어머니다! 실수는 사람을 성장시킨다!'라는 명언을 되뇌며 마음을 가라앉혀 보려 했지만 유체 이탈된 영혼은 좀처럼 돌아올 기미를 보이지 않았다. 가만, 생각해 보니 그건 실수가 아니라 실패에 대한 명언이었다. 실수는 성공의 어머니……. 어쩐지! 도통 마음이 가라앉지 않고 계속 속만 타들어 가더라니.

실수한 적이 없는 사람은 결코 새로운 일을 시도해 보지 못한 사람이다.

-앨버트 아인슈타인-

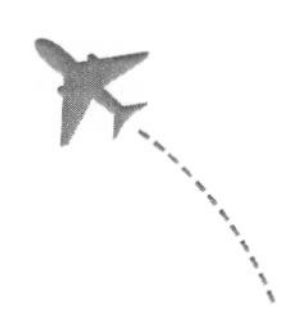

#02 - 호주에서 배워 가는 것들

호주는 오대양 육대주 중 가장 작은 대륙이다. 초기 호주 대륙에는 '에버리진(Aborigine)'이라고 불리는 선주민들이 거주하고 있었다. 17세기 네덜란드 탐험가들에 의해 처음으로 발견된 이래 18세기 영국의 식민지가 된 후 죄수의 유형지로 사용되다가 19세기 중반 대량의 금광이 발견되면서 오늘날과 같이 발전한 나라가 바로 호주이다.

하지만 호주는 수많은 유색 인종들의 골드러시로 인해 사회 혼란이 가중되자 차별 정책인 '백호주의'를 펼쳐서 국제적 비난을 받기도 했었다. 백호주의 정책으로 인해 노동력 부족이 다시 심각한 사회 문제로 대두되자 호주 정부는 1978년 백호주의 정책을 공식적으로 철폐했다.

어렸을 적 백호주의에 대해 배우며 '호주' 하면 유색 인종에 대한 차별이 심한 나라라는 인상이 각인되어 있던 탓인지, 호주에 오기 전부터 백인들에게 차별을 받거나 무시를 받으면 어쩌나 하고 걱정을 했었다. 하지만 쓸데없는 기우였다. 그들의 진짜 속마음은 어떨지 몰라도 여행에서 만났던 호주인들은 대부분 상냥하고 친절한 사람들이었다. 또 호주 내에서 아시아인을 본다는 건 백인을 만나는 것만큼이나 쉬웠다. 상당히 많은 아시아인들이 호주 내에 거주하고 있었기 때문에 여행을 하는 데에도 별 어려움이 없었다.

호주의 레스토랑이나 펍 앞을 지나칠 때면 간판이나 유리창에 맥주를 'Beer'가 아닌 'Bitter'라고 표기해 둔 것을 발견할 수 있었다. 하루는 식사를 하러 간 김에 주인에게 물었더니 맥주가 순한 맛의 라거(Lager), 씁쓸한 맛의 비터(Bitter), 강한 맛의 스타우트(Stout)로 나뉜다고 했다. 그래서 맥주를 주문할 때에는 비어를 달라고 하지 않고 맥주의 종류에 따라서 라거나 비터, 또는 스타우트를 달라고 해야 한다는 것이었다.

뿐만 아니라 맥주의 양도 우리와는 다르게(여태껏 맥주 500㎖는 전 세계 공통인 줄로만 알고 있었다.) 파인트(Pint, 568㎖)나 하프-파인트(Half-Pint, 330㎖)로 판다고 했다. 그동안 맥주를 허투루 마셨다는 반성이 들며 끊은 술도 다시 생각나게 만드는 신지식이었다.

호주 대륙의 90%는 사막 지대로 사람이 거의 살고 있지 않는 황무지이다. 그래서 호주 인구의 90%는 국토 면적 10%에 밀집해서 살아가고 있다. 이 10%에 해당하는 지역은 동그랗게 생긴 호주 대륙의 가장자리 해안가 지역이다.

미국에서 생겨난 체인이지만 음식 스타일과 내부의 분위기가 호주의 레스토랑 같아 사람들로 하여금 호주에서 만들어진 줄 착각하게 만드는 아웃백 스테이크 하우스. 이 '아웃백'이라는 말은 여기에서 탄생된 것이다. 대부분의 사람들이 내륙의 중심을 등지고 바다를 바라보며 살아가고 있다는 의미에서 '아웃백(Outback)'이라는 말이 유래되었다.

내륙 지대에는 사람 대신 수많은 소들이 그 공간을 대신 차지하고 있었다. 그 덕분에 우리보다 최소 20% 정도 물가가 비싼 호주에서도 소고기만큼은 상상을 초월할 정도로 쌌다. 마트에서 호주 달러 4~5불 정도면 두 끼 식사는 오직 소고기로만 배불리 먹을 수 있을 정도를 살 수 있었다. 그래서 호주에서는 매일같이 행복하게 소식(소고기만 먹는 식사)을 했다.

또 '호주' 하면 빼놓을 수 없는 키워드 중의 하나가 '워킹 홀리데이'이다. 호주의 호스텔에는 유독 장기 투숙객들이 많았는데, 대부분 워킹 홀리데이 비자를 받고 온 전 세계의 이십 대 청년들이었다.

하지만 요즘은 너무 많은 청년들이 호주를 찾고 있는 탓인지 호주에서도 일자리 구하기가 쉽지만은 않은 듯 보였다. 내가 머물던 호스텔에서도 많은 친구들이 일자리를 구하지 못해 고민하고 있는 모습들을 심심찮게 볼 수 있었다. 일자리를 찾아 다른 도시로 간다는 친구들이 있었는가 하면, 중도에 포기하고 고국으로 돌아간다는 친구들도 여럿 있었다.

그나마 있는 일자리 중에서 남자들이 가장 선호하는 일자리는 단연 막노동이었다. 하루만 나갔다 오면 300불 정도의 일당을 받아 왔었는데, 300불이면 호주에서도 일주일은 족히 버틸 수 있는 비용이었다.

반면 여자들의 경우는 숙식이 동시에 해결되는 베이비시터 자리를 선호하는 듯 보였다. 하지만 이 역시도 쉽게 구할 수 있는 자리가 아니었다. 그래서 대부분의 친구들은 하루에 100불씩 받고 농장에 가서 과일을 따거나, 음식점에서 서빙을 하거나, 공장이나 마트에 취직을 했다.

호주 여행이 끝나고 제일 아쉬웠던 점은 캥거루를 한 번도 보지 못했다는 것이었다. 호주에 오기 전까지만 하더라도 '캥거루의 나라인 만큼 길거리 여기저기에 캥거루들이 막 뛰어다니고 있지 않을까?'라며 기대도 했었건만. 역시 여느 나라와 마찬가지로 도심 한복판에서 야생 동물을 볼 수는 없었다. 동물원에나 가야 가능한 일이었다.

그나마 위안이 되는 건 캥거루 고기를 맛볼 수 있었다는 것이었다. 하지만 그 찝찌름한 특유의 맛을 보고는 두 번 다시 캥거루 고기가 먹고 싶지 않아졌다. 캥거루 고기는 질기기도 하지만 입에 넣었을 때 알싸하게 느껴지는 찝찌름한 맛이 불쾌해 지구상의 음식 중 내가 유일무이하게 입맛에 맞지 않은 음식 중 하나로 꼽고 있다.

동부에 위치한 브리즈번은 호주에서 멜버른과 시드니 다음 세 번째로 큰 도시이다. 그래서인지 호주의 수도는 항상 머릿속에 콕 박혀 있지 못하고 기억 속에서 자주 잊히곤 했다. (참고로 호주의 수도는 캔버라이다.)

브리즈번의 게스트 하우스는 호주의 동쪽 끝 남태평양과 접한 바닷가 마을에 위치해 있었다. 태어나서 줄곧 서울에서만 살다가 군 생활을 시작하며 전국 팔도를 다 경험해 보았어도 유독 어촌하고는 연이 닿은 적이 없었다. 그래서인지 '한 번쯤은 예쁜 바닷가 마을에서 살아 봤으면.' 하는 어촌에 대한 로망이 내게는 늘 있었다. 그리고 브리즈번의 게스트 하우스를 찾아갔던 날, 그동안 마음속으로만 꿈꿔 왔던 로망이 더 이상 노(NO)망이란 걸 직감할 수 있었다.

브리즈번 게스트 하우스 앞 바다 풍경

게스트 하우스 앞 바닷가에는 하얀색 요트들이 두둥실 떠 있었고 저 멀리에는 빨간색 등대와 한없이 펼쳐진 수평선이 있었다. 또 수평선을 이어 만들어 놓은 공원에서는 사람들이 낚시를 하거나, 벤치에 앉아 책을 읽거나, 비치 타월을 깔고 누워 일광욕을 즐기거나, 럭비공으로 캐치볼을 하거나 하며 각자만의 삶의 방식으로 평화를 만끽하고 있었다.

빠른 속도로 세상이 변해 가던 1990년대, '치타슬로(Cittaslow)'라는 슬로건을 내걸고 삶의 속도를 늦추자는 슬로 시티 운동이 이탈리아에서 처음 등장했었다. 이후 '치타슬로'는 2000년대 '웰빙'이라는 신조어를 탄생시키며 새로운 문화의 물결을 만들어 냈다.

슬로 시티 운동의 핵심은 양보다 질을, 속도보다 깊이를, 성장보다 성숙을 더 중요시 여기며 살자는 것이었다. 호주라는 나라를 들여다보고 있으면 나라 전체가 하나의 슬로시티 같다는 생각이 들었다. 어디를 가나 한가롭고 평화롭고 여유로운 분위기를 자아내고 있었기 때문이다. 이런 곳에 살고 있는 사람들의 마음속에는 어떤 행복감이 흐르고 있을지 궁금했다. 왜 그렇게 많은 사람들이 "호주 같은 나라에서 한 번만 살아 봤으면 좋겠다."고 말하는 건지 이해할 수 있을 것만 같았다.

호주의 평균 인구 밀도는 1㎢당 3명, 단위 면적당 인구가 전 세계 240여 개 나라 중 235번째로 적은 나라다. (참고로 우리나라는 1㎢당 500명으로 상위 23번째였다.) 축구장 열 개만 한 공간에 달랑 세 사람이 살고 있으니 얼마나 인적이 드문지 상상해 볼 수 있을 것이다.

호주에서 길을 걷다가 여기가 어디인지, 어디로 가야 하는지 물어보고 싶어도 사람이 없어서 묻지 못했던 적이 한두 번이 아니었다. 도심의 중심가를 벗어난 호주 거리에는 언제나 일요일 밤 같은 적막함이 흐르고 있었다.

하루는 브리즈번 시내로 나가기 위해 트레인을 탔는데, 아니나 다를까. 트레인 안에 있는 몇 안 되는 사람이 모두 다 조용히 앉은 채 책을 읽거나 휴대전화를 만지고 있었다. 역마다 타고 내리는 사람들 역시 조용한 분위기에 흠집을 내지 않으려는 듯 숨죽여서 다니고 있는 것처럼 보였다.

호주 사람들은 길에서 모르는 사람을 만나도 반갑게 인사를 나누는 풍습을 가지고 있었다. 나같이 낯선 이방인에게도 먼저 웃으며 다가와 인사를 건네는 호주 사람들이 어찌나 다정다감하게 느껴지던지. 이런 좋은 문화가 어떻게 만들어졌을까 궁금했었는데 호주에서 한 달가량을 살다 보니 그 답을 알 수 있을 것 같았다.

한참 동안 사람 한 명 나오지 않는 길을 홀로 걷고 있는데 저 멀리서 누군가 걸어오면 그렇게 반갑게 느껴질 수가 없었다. 이곳에 잠시 머물고 있는 나조차도 길에서 사람을 만나게 되면 이렇게 반가운데, 여기에서 한평생을 살아가고 있는 사람들의 마음은 오죽했겠는가? 아마도 사람 만나기가 쉽지 않는 환경이 사람들로 하여금 반가운 인사를 나누도록 만든 게 아니었을까?

어떤 연유에서 만들어진 삶의 풍습이든 처음 보는 사람과 반갑게 인사를 나누는 문화는 여행을 하며 가장 배우고 싶었던 타국의 문화 중 하나였다.

아침에 트레인 역에서 만난 아저씨의 미소를 머금은 인사에 나 역시도 미소로 화답하지 않을 수 없었다. '행복해서 웃는 것이 아니라 웃어서 행복한 거다.'라는 말처럼 누군가에게 인사를 건네기 위해 미소를 머금은 순간 마음은 따뜻해지고 행복해졌으며, 오늘 하루도 좋은 일이 생길 것만 같은 기분으로 가득 찼다.

PHILIPPINES

4
필리핀

#01 - 필리핀의 첫인상

아침 6시, 마닐라 공항 도착. 근 한 달간 호주의 살인적인 물가에 치여 먹고 싶은 것을 참고 최대한 걸어 다니며 경비를 아끼기 위해 아등바등 살았다. 그랬던 탓인지 물가가 저렴한 필리핀에 도착한 첫 느낌은 억압으로부터 해방된 자유였다. 마음은 필리핀이라는 나라에 대한 관심보다 필리핀의 물가는 얼마나 더 쌀지에 쏠리고 있었다. 때로는 이렇게 대한민국보다 물가가 저렴한 나라를 여행하며 같은 돈으로는 누릴 수 없는 호사를 누려 보는 것도 해외여행이 주는 매력 중 하나가 아닐까 싶다.

필리핀에 도착하면 호주에서 사용하고 남은 호주 달러 100불부터 환전해야겠다고 생각하고 있던 차였다. 출국 수속을 마치고 환전소가 어디에 있는지 주변을 둘러보자 경찰이 나를 부르는 것이었다. 내가 뭘 잘못했나 싶은 마음에 긴장하면서도 한편으론 경계 태세를 갖추며 다가갔다. 일부 나라들에서 종종 경찰을 사칭해 신원 조회를 한다며 여권과 신용 카드를 빼앗아 달아나는 사례가 있으니 주의하라는 이야기가 떠올랐기 때문이다.

무엇을 찾고 있냐고 묻길래 환전소를 찾고 있다고 대답했다. 얼마를 환전하려고 하냐길래 호주 달러 100불을 환전하려 한다고 했다. 경찰이 자기 휴대전화에 3,500을 찍어서 보여 주며 지금은 너무 이른 시간이라 문을 연 환전소가 없으니 자기가 환전을 해 주겠다고 했다. 당시 환율로 호주 달러 100불은 최소 4,000 필리핀 페소 이상의 교환 비율이었다. 경찰에게 4,000페소가 아니면 환전할 의사가 없다고 전하자 협상은 결렬되었다.

차선책으로 ATM기를 이용해서 돈을 찾으려고 시도해 보았다. 그러나 웬일인지 출금이 되지 않는 것이다. 다른 은행의 ATM기들도 번갈아 시도해 보았지만 역시나 마찬가지였다. 난감했다. 이대로 돈 한 푼 없이 공항을 빠져나가기에는 아직 아무것도 모르는 필리핀이라는 나라를 어떻게 헤쳐 나가야 할지 막막했기 때문이다.

어떻게 해야 하나 고민을 하고 서 있으니 어느새 또 한 명의 경찰이 옆으로 다가왔다. 두 번째 경찰도 마찬가지로 환전을 제의해 왔다. 핸드폰에 3,700을 찍어서 보여 주길래 거절했다. 다시 3,800을 찍는 것을 보고 4,000페소가 아니면 환전을 하지 않겠다고 전했다. 그렇게 두 번째 협상도 결렬되었다.

더 이상 여기서 고민하고 있어 봤자 달리 해결책이 없을 것 같았다. 용기를 내어 공항 밖으로 나가기로 마음을 먹었다. 설마 이곳도 사람 사는 곳인데 은행이나 환전소 한 곳 없겠냐며 일단 행동으로 현 상황을 타개하자며 공항 문을 열고 나갔다. 그러고는 사람들이 많이 가는 방향으로 따라 걸어갔다.

그런데 앞 건물 1층을 통과해서 맞은편 출구로 빠져나오니 바로 환전소가 있는 것이 아닌가. 가서 호주 달러 100불에 대한 환전 비율을 물어보니 4,000페소가 조금 넘었다.

2분만 걸으면 환전소가 있다는 사실을 분명 필리핀 경찰들도 알고 있었을 텐데 가르쳐 주지는 않고 자신의 사욕들만 챙기려 했다니. 일반인도 아닌 경찰들이 그러면, 그것도 공항에서부터 그러면 도대체 필리핀이라는 나라에 대해서 어떤 첫인상을 받으라는 건지. 도무지 이해하기 어려운 필리핀 경찰들의 행태였다.

공항 밖 도로로 나와 호스텔 방향으로 향하는 지프니(Jeepney)에 올라탔다. 지프니는 필리핀의 대표적인 대중교통 수단으로 제2차 세계 대전 이후 남겨진 미군용 지프차를 개조해서 만든 미니버스다. 삼십여 분가량 지프니를 타고 달리며 바라본 필리핀 마닐라의 첫 풍경은 지난 한 달간 호주에서 봐 왔던 풍경들과는 달라도 너무 달랐다.

여기저기서 끊임없이 울려대는 시끄러운 경적 소리, 오래된 차량들이 내뿜어 대는 시커먼 매연 먼지, 온갖 쓰레기들로 뒤범벅되어 검은 물줄기가 흐르는 시궁창 같은 하천 바닥, 굶주림으로 비쩍 마르고 피부병이 전신에 도져 있는 유기견들, 낯선 이방인인 나를 향해 차갑게 내던지는 필리피노들의 날

선 눈빛. 필리핀에서도 잘 적응할 수 있을지, 무사히 여행을 마칠 수 있을지 걱정부터 앞서기 시작했다.

지프니에서 내려 호스텔로 찾아가던 중에 거리 좌판에 밑반찬을 진열해 놓고 밥을 파는 식당 하나가 눈에 띄었다. 배도 고팠을 뿐더러 필리핀 물가는 어느 정도 수준인지 확인도 해 볼 겸 식당 안으로 들어갔다.

한국식 식탁이 너무나 그리워져 있던 터라 오랜만에 보는 밑반찬들이 여간 반갑게 느껴지는 것이 아니었다. 들뜬 마음으로 고기와 야채를 섞어서 세 가지 반찬과 음료수를 한 병 주문했다. 한국 사람으로서는 지극히 평범한 한 끼 식사량이었지만 나의 주문에 놀란 듯 웃고 있는 아주머니의 표정에서 내가 뭔가 엉뚱하게 행동하고 있다는 낌새를 알 수 있었다. 하지만 그냥 그러려니 했다.

한 3일 정도 필리핀에서 생활해 보니 왜 첫날 식당 아주머니가 나의 주문에 웃었던 건지 그 이유를 알 수 있을 것 같았다. 보통 필리피노들은 식사할 때 한 가지 찬으로 식사를 하는데 나는 그날 반찬으로 세 가지를 주문했으니 당연히 주인아주머니가 놀랄 수밖에. 그날 식사 후 120페소(원화로 3,000원 정도)를 지불했었는데, 보통 필리핀 사람들이 한 끼 식사로 40~50페소 정도를 사용하는 것과 비교해 보면 나를 보던 식당 아주머니의 표정이 밝았던 데에는 이유가 있었던 것이다.

필리핀 사람들의 식문화는 우리처럼 하루에 세 끼를 먹는 식생활이 아니었다. 인도네시아의 식문화도 이와 비슷했었는데, 필리핀 사람들은 하루에 다섯 번 나누어서 식사를 하는 생활 풍습을 가지고 있었다. 아침과 점심, 점심과 저녁 사이. 우리로 치면 간식을 먹는 시간에 옥수수나, 빵, 빙수, 튀김 등으로 요기를 하는 식문화였다.

우리의 간식 시간과 비교해서 크게 다를 것은 없었지만 그들은 이 간식 시간을 하루에 할당되어 있는 한 끼의 식사 시간이라고 생각한다는 것과 하루 다섯 번의 식사 타임이 있다 보니 한 끼에 많은 양을 먹지 않는다는 것이 우리와의 차이였다.

필리핀의 식당 이야기가 나왔으니 말이다. 한번은 밥을 먹으러 식당에 갔는데 주인아저씨가 나를 보더니 따갈로그어(필리핀어)로 말을 거는 것이었다. 내가 필리핀 사람이 아니라고 말을 했더니 "You look like Filipino!"라고 하는 것이 아닌가. 필리핀에 와서 벌써 세 번째 듣는 말이었다.

여행 전에는 최대한 현지인처럼 보이도록 노력해서 그들과 동화되어 가능한 깊숙한 현지의 문화를 배워 오겠다고 다짐도 했었다. 하지만 그 말을 들을 때마다 왜 그렇게 마음이 씁쓸해지던지. 내가 추구했던 현지화 전략에는 분명 부합된 성과를 나타내는 칭찬 같아 보였지만, 자꾸만 그 말이 칭찬처럼 들리진 않고 욕처럼 들리는 건 무슨 연유 때문일까. 혹시 현지화 전략, 뭐 이런 여행을 계획하고 있다면 다시 한 번 잘 생각해 보길 바란다.

#02 - 미국인들에게 'What a small world!(세상 좁다!)' 란?

하룻밤에 5불도 채 하지 않는 저렴한 게스트 하우스였지만 사람이 없었다. 필리핀에 도착하고 나서 3일째 8인실 방에서 혼자 지내고 있었다. 여행을 시작하고 항상 사람들 사이에서 지내다가 모처럼 갖게 된 혼자만의 시간과 공간이었다. 하루이틀은 좋았다. 그러나 삼 일간 지속되니 괜스레 방 안이 공허하게 느껴지며 외로움이 찾아들었다.

이럴 땐 아무 말도 하지 않아도 좋으니 그저 누군가 옆에 있어 주기만 해도 위안이 될 것 같다고 생각하던 찰나 새로운 게스트 한 명이 찾아왔다. 미국 포틀랜드에서 온 넥이라고 했다. 잠시 인사를 나눈 후 그가 아직 저녁 식사를 하지 못했으니 슈퍼마켓에 다녀오겠다며 밖으로 나갔다. 그리고 그 사이 또 한 명의 미국인 여자 게스트가 찾아왔다. 이름은 헤더이고 오르건 주 출신이라고 했다.

짐을 푸는 헤더와 잠시 대화를 나누고 있자 먹을 것을 사러 갔던 넥이 돌아왔다. 넥과 헤더도 인사를 나눴다. 그들은 같은 미국인임을 확인하더니 서로 어디 출신인지 물었다. 그러더니 갑자기 "What a small world! Wow! Small world!"를 연발하는 것이 아닌가.

둘이 부둥켜안은 채 세상 정말 좁다며, 동네 사람을 만났다고 너무나 반가워하는 것이었다. 헤더가 사는 오르건 주는 미국 서부의 캘리포니아 북부에 위치한 주인데 포틀랜드는 그 오르건 주 안에 있는 도시라고 했다. 너무나 반가워하고 있는 그들에게 "서로 집이 얼마나 가까워?"라고 물었더니 "3시간 거리."라고 답을 한다.

'엥? 3시간? 역시 미국 싸람은 다르구나. 걸어서 3시간 거리의 사람도 동네 사람으로 치고!'

이걸 영어로 어떻게 표현할까 머릿속에서 문장화하고 있던 찰나였다. "자동차로 3시간 거리."라고 덧붙이는 것이 아닌가.

'자동차로 3시간? 차로 3시간 거리의 사람이 동네 사람이라고라고라? 대전에서 차로 3시간이면 전국 팔도를 다 갈 수 있을 텐데, 그럼 미국 싸람을 대전에 데려다 놓으면 대한민국 전 국민이 다 그들의 동네 사람이 되는 건가?'

이뿐만이 아니었다. 헤더는 뉴질랜드에서 1년간 베이비시터로 워킹 홀리데이를 마치고 집으로 돌아가기 전에 아시아를 여행하고 있는 중이라고 하며 이런 표현을 썼다.

"뉴질랜드는 너무 작은 나라라서……."

세계 지도에서 얼핏 봐도 뉴질랜드가 대한민국보다 3배는 큰 것 같던데, 그런 뉴질랜드를 너무 작은 나라라고 표현하다니! 역시 대륙에 사는 사람들은 생각의 스케일이 달랐다. 차로 3시간 거리의 사람도 동네 사람이라고 치고, 한국보다 3배나 큰 뉴질랜드를 너무 작은 나라라고 느끼는 사람들이 바라보고 있는 이 세계는 과연 얼마만 한 크기일까? 내가 느끼고 있는 '세상은 넓다.'라는 말과 그들이 느끼고 있는 '세상은 넓다.'라는 말의 '넓다'는 결코 같은 기준이 될 수 없겠다는 생각이 들었다.

국토 크기에 따라서 사람의 기준 잣대가 이렇게 달라지고, 그에 따라서 심리적 거리가 달라질 수 있을 뿐만 아니라 더 나아가 생각의 넓이까지도 천차만별로 달라질 수 있겠다는 생각을 해 보게 된 필리핀에서의 하룻밤이었다.

#03 - 홀스터 할아버지와의 만남, 그리고 악몽의 시작

마닐라에 온 지 열흘쯤 되던 날, 호스텔을 옮겼다. 전에 머물던 호스텔보다 원화로 치면 1박에 500원 정도 비싼 곳이었다. 매일 지하철을 타기 위해 지프니를 타고 지하철역까지 이동했었는데 생각을 해 보니 조금 더 비싸더라도 지하철 역 근방의 호스텔이 경제적으로나 시간적으로 더 합리적일 거 같다는 판단이 들었다. 괜히 사람들이 집을 구할 때 '역세권! 역세권!' 하는 게 아니었다.

새로 옮긴 호스텔의 도미토리에는 마빈이라는 필리피노가 한 명 있었다. 우리 아버지 세대들이 1970~1980년대에 중동에 나가서 외화 벌이를 하셨던 것처럼 이제는 이 일자리들이 필리핀 같은 동남아시아의 노동력으로 대체되었나 보다. 5살 난 딸아이의 아빠인 마빈 역시 지난 2년간 사우디아라비아의 건설 현장에 나가서 돈을 벌다가 며칠 전에 귀국을 했다는 것이었다. 지금은 집에 내려가기 전 마닐라의 친구들을 만나기 위해서 잠시 머무르는 중이라고 했다.

어느 날 아침에 일어나 거실 소파에 앉아 있을 때였다. 잠을 깨고 나온 마빈이 옆에 앉더니 이런 이야기를 했다. 어제 옆방에 독일 할아버지가 새로 왔는데, 세부에서 강도를 만나 가진 돈과 여권을 모두 빼앗기는 바람에 여권 재발급을 위해 마닐라로 온 것이라고. 그러면서 나에게도 필리핀에서 혼자 다닐 때에는 특히 조심하라며 당부를 했다.

필리핀이라는 나라가 위험하다는 건 익히 들어서 잘 알고 있었지만 막상 강도를 만났다는 이야기를 직접 듣고 있으니 정말 남일 같지 않게 느껴졌다. 그러면서 마음속으로 경각심이 들면서도 한편으론 화가 치밀어 올랐다. 그동안 외국인인 나에게도 어떻게든 바가지를 씌우려 들고 불친절한 태도를 보인 필리피노들 때문에 이래저래 필리핀이라는 나라에 대해 반감이 계속해서 쌓여 가고 있었기 때문이다.

그 순간 독일 할아버지가 방에서 나왔다. 할아버지의 성함은 홀스터라고 했다. 소파에 앉은 홀스터 할아버지가 사건 전말에 대해 처음부터 자세히 이야기하기 시작했다. 세부에서 저녁 식사를 한 후 맥주를 한 병 사 들고 해안가를 산책하고 있었는데 갑자기 누군가 뒤에서 둔기로 뒤통수를 후려치더니 자신이 가지고 있던 지갑과 시계, 목걸이, 여권을 빼앗아 달아났다는 것이다.

이야기를 함께 듣고 있던 마빈이 같은 필리핀 사람으로서 자기가 대신 사과를 전한다며 지갑에서 100페소를 꺼내어 홀스터 할아버지에게 건넸다. 예상치 못했던 마빈의 행동에 나 역시도 지갑에서 100페소를 꺼내 위로가 되길 바란다며 할아버지께 건네 드렸다. 그리고 세부에서 황급히 넘어오느라 짐을 제대로 챙겨 오지 못했다며 혹시 갈아입을 옷이 있으면 좀 빌려 달라는 부탁도 흔쾌히 들어드렸다. 또 이왕 도와 드리기로 한 김에 함께 나가서 식사도 한 끼 대접했다. '사람에게 받은 상처는 사람에게 치유받아야 한다.'라는 말처럼 홀스터 할아버지가 나를 통해서 조금이나 마음의 위안을 받길 바라는 마음이었다.

다음 날 마닐라 시내에 나갔다가 돌아오는 길에 숙소 앞에서 홀스터 할아버지를 다시 만났다. 어제 처음 보았을 때보다는 한결 밝아진 표정이었다. 저녁을 먹으러 가는 길이라고 하시길래 조심히 다녀오시라는 말을 전하고는 먼저 호스텔로 돌아왔다.

평소처럼 노트북을 들고 호스텔 로비에 앉아서 이런저런 정리 작업들을 하고 있었다. 그렇게 한 시간쯤이 지났을까. 로비 문이 열리고 다소 흥분한 듯 보이는 홀스터 할아버지가 낯선 남자 두 명과 함께 들어오는 것이었다. 무슨 일이 생긴 건가 싶어서 상황을 관망하니 이내 사태가 파악되었다.

두 명의 남자는 필리핀 경찰이었다. 홀스터 할아버지가 식당 좌판 앞에 앉아 밥을 먹고 있는데 필리핀 아이들 두 명이 와서는 돈을 달라고 했단다. 없다고 하자 갑자기 뒤에서 홀스터 할아버지를 밀치고는 메고 있던 가방을 빼앗아 달아났다는 것이다. 3일 동안 2번이나 강도를 만났으니 홀스터 할아버지도 운이 참 억세게 없는 분이었다.

도대체 필리핀 아이들은 어떻게 나이 든 할아버지에게 그럴 수가 있을까 싶은 괘씸한 마음이 들었다. 밥 먹을 때는 개도 안 건드린다고 했는데 어떻게 밥을 먹고 있는 사람에게 그런 짓을 하는지. 제3자인 나 역시도 분통이 치밀어 오르는 사건이 아닐 수 없었다.

잠시 후 경찰들은 돌아갔지만 흥분이 가라앉지 않은 홀스터 할아버지가 나에게 그 식당으로 같이 좀 가 달라고 했다. 내가 같이 간다고 해서 무슨 뾰족한 수가 생기겠냐마는 그 상황에서 차마 거절할 수가 없었다.

홀스터 할아버지가 가장 분했던 건 식당에서 함께 밥을 먹고 있던 사람들 중 어느 누구도 자기를 도와주려고 하지 않았다는 것이었다. 그리고 경찰이 와서 사건을 목격한 사람이 있느냐고 물었을 때에도 주인을 포함해서 모두 다 못 봤다고 시미치를 뗐다고 했다.

다음 날, 결국 나에게도 사건이 터지고 말았다. 마빈도 가족이 있는 집으로 떠나고 그 사이 뜨내기처럼 오고가던 여행객들도 모두 다 떠나간 날이었다. 여느 때처럼 호스텔 로비의 테이블에 앉아 와이파이로 인터넷을 이용하고 있었다. 저녁 식사 때가 되어 밥을 먹으러 가기 위해 노트북을 가져다 놓으려고 방으로 돌아갔다. 오늘 아침에 모두 체크아웃을 하고 나 혼자만 남은 방이었다. 당연히 방 열쇠는 나만이 가지고 있었고 문도 잘 잠겨 있었다.

책상 위에 노트북을 두고 나오려는데 침대 위에 놓아두었던 카메라 가방이 열려 있는 게 보였다. 순간 뭔가 이상한 낌새가 느껴졌다. 아니나 다를까, 가방 안에 있어야 할 카메라가 보이질 않았다. 내가 방문을 잠그고 로비로 간 시간이 3시였고 지금이 5시이니까 그 두 시간 사이에 누군가 방문을 열고 들어왔다는 것이었다.

범인이 누구인지는 쉽게 알 수 있었다. 바로 청소하는 아주머니였다. 그 두 시간 사이 방 안의 침대 시트들이 모두 바뀌어 있었다. 그리고 무엇보다 더 심증이 갔던 건 한 삼십 분쯤 전 내가 로비에 앉아 있을 때 그 아주머니가 내 앞을 지나치며 눈을 마주친 기억이 떠올랐기 때문이다. 그 순간의 눈빛이 기억났다. 평소와는 다르게 나를 빤히 쳐다보고 있는 눈빛이 마치 무언가를 확인하기 위해서였던 것처럼 느껴졌었다.

심증은 있어도 물증이 없으니 일단 리셉션으로 찾아갔다. 방에서 카메라가 없어졌으니 CCTV를 확인해 보자고 했다. 보통 이런 일이 발생하면 호스텔 측에서 먼저 발 벗고 나서서 CCTV를 확인할 수 있도록 협조해 주는 게 순리일 거라고 생각했다. 하지만 나의 이야기를 들은 필리핀 직원들의 태도는 내 예상과는 전혀 달랐다.

지금은 사장이 보라카이로 여행을 가서 CCTV를 확인할 수 없다며 사장이 올 때까지 기다려야 한다는 것이었다. 그 말에 나는 사장이 곧 돌아오는 줄로만 알았다. 한 시간이 지나도 사장이 돌아올 기미가 보이질 않아 도대체 언제 오냐고 물었더니 그제야 사장이 언제 올지는 자기들도 모른다고 하는 게 아닌가. 사장이 오늘 오기는 오느냐고 물었더니 그것도 모른다고만 한다. 그럼 사장과 통화를 해야겠으니 전화를 연결해 달라고 해도 죄다 딴청만 피웠다. 호스텔 직원 중 어느 누구 하나 나서서 도와주는 사람이 없었다. 그럼 카메라를 숨겨 두었을 것 같은 청소 도구함을 확인해 보고 싶다고 해도 그것 역시 사장이 없으면 안 된다고만 했다.

결국 하는 수 없이 경찰에 신고를 하려고 전화를 걸어 보았지만 경찰서도 도통 전화를 받지 않았다. 하필 부활절 주간이라 가톨릭 국가인 필리핀에서는 4일간의 연휴가 이어지고 있는 중이었다. (필리핀에서의 부활절 주간은 대부분의 상점들이 문을 닫을 뿐만 아니라 지하철도 다니지 않을 정도로 대대적인 성일이다.) 옆에서 지켜보던 홀스터 할아버지가 자기도 하루 종일 사건이 어떻게 진행되고 있는지 확인해 보려고 경찰서에 전화를 걸었지만 도무지 전화를 받지 않는다며 도통 이해할 수 없는 나라라고 했다. 그러면서 나에게 맥주를 건네며 내가 지금까지 그를 위로했던 것처럼 나를 다독이기 시작했다.

홀스터 할아버지와 마신 맥주로 약간의 취기가 올랐다. 그래도 좀처럼 화가 가라앉지는 않았다. 도무지 이 상태로는 잠이 올 것 같지도 않았다. 술을 더 사기 위해 편의점에 가려고 호스텔을 나섰다. 캄캄한 골목길에서 누군가 나에게 뭐라고 말을 하는 것 같았지만 나에게 하는 소리인지 알아차리지 못하고 있었다.

그 순간 골목 모퉁이에서 누군가 나타났다. 어둠 속이었지만 총을 들고 있는 모습은 확연히 식별되었다. 그가 나에게 뭐라고 말을 했지만 듣고 싶지 않았다. 아직 카메라를 잃어버린 화와 그동안 홀스터 할아버지가 당한 사건을 비롯해서 내가 근 한 달간 필리피노들에게 겪어 왔던 악감정들이 모두 다 혼재되어 극도의 흥분 상태였다. 그런 나에게 강도의 말이 귀에 들어올 리가 없었다.

강도에게 한국말로 욕을 하며 "네가 쏠 수 있으면 쏴 봐라!"라고 소리쳤다. 아무리 강도라도 설마 사람을 향해서 총을 쏠 수 있을 거라고는 생각지 못했다. 강도가 당황한 모습을 보이는 틈을 타 차도로 달리기 시작했다. 2차선 차도를 사이에 두고 중앙에 30m 정도 되는 폭의 하천이 흐르고 있었다. 그 하천 안으로만 뛰어들면 충분히 이 위기는 모면할 수 있을 거라고 판단했다.

하천을 향해 뛰는 순간 밤하늘의 적막을 깨는 총성이 크게 울려 퍼졌다. 그 소리에 놀라서 뛰다가 그대로 자빠졌다. (나중에 돌이켜 보니 이 순간에 총을 맞았던 거였다.) 그러나 당연히 공포 사격일 거라고 생각해 곧바로 다시 일어났고 둑을 넘어 하천으로 뛰어들었다.

내가 뛰어든 하천은 우리가 흔히 생각하는 그런 하천이 아니었다. 온갖 부유물이 떠다니는 쓰레기장 같은 하천이었다. 수영을 하면서 오른쪽 다리의 느낌이 이상했지만 30m 정도 수영하는 데에는 별 무리가 없었다. 하지만 반대편 기슭에 도착해서 일어서려고 하니 오른쪽 다리가 움직이지 않았다.

그때까지만 하더라도 내가 총에 맞았을 거라고는 상상조차 못하고 있었다. 만약 내가 총에 맞았다면 그 자리에 그대로 쓰러져 있었겠지, 어떻게 점프를 해서 하천에 뛰어들고 수영까지 해서 올 수 있었겠냐는 생각이 들었기 때문이다. 넘어질 때 충격을 받았었거나 하천에 뛰어들 때 부유물에 부딪혀서 금이 간 거라고 생각하고 있었다.

가로등 하나 없는 어둡고 캄캄한 다리 밑에서, 더군다나 하천의 시커먼 오물까지 뒤집어쓰고 있던 터라 다리에 피가 흐르고 있다는 걸 육안으로 식별할 수 없었다. 손으로 더듬어 보니 뭔가 미끄덩한 느낌은 있었지만 그저 하천 오물이 묻은 거라고만 생각했다.

시계를 보니 저녁 9시가 넘어 있었다. 주머니에 있던 휴대 전화와 지갑은 (물에 젖기는 했지만) 그대로 있었다. 이대로 조용히 있다가 날이 밝으면 사람들에게 구조 요청을 해야겠다고 생각했다. 혹시나 그 강도가 내가 살려 달라고 하는 소리에 쫓아오면 어쩌나 싶었기 때문이다.

한 시간쯤 지나자 몸에 한기가 들었는지 사시나무 떨리듯 덜덜 떨려오기 시작했다. 다시 시간을 확인하니 고작 10시가 넘어 있을 뿐이었다. 아직 해가 뜨려면 8시간을 더 버텨야 하는데 이상하게도 몸은 계속 떨려오고 정신은 혼미해져 갔다. 아까 홀스터 할아버지가 준 맥주를 몇 병 마신 데다가 흥분과 긴장 속에서 하천에 뛰어들어 젖은 몸 때문에 저체온증이 오는 거라고 판단했다. 하지만 아무리 정신을 차리려고 해도 눈이 자꾸만 감겨 왔다. 그러다가 잠이 들었던 것 같다.

어렴풋이 누군가 이야기를 하며 내 몸을 만졌던 기억(나중에 정황을 살펴보니 이때 나를 만졌던 사람들이 경찰에 신고해 준 사람들이었다. 하지만 내 지갑과 휴대 전화는 그들이 가져갔다는 추리가 나왔다.)이 남아 있었고, 앰뷸런스와 함께 호스텔 직원, 호스텔에서 함께 머물던 네팔과 인도 투숙객들이 현장에 왔던 기억도 있었다.

병원에 가서야 총에 맞았다는 사실을 알게 되었다. 총알 한 발이 왼쪽 엉덩이를 스친 후 오른쪽 허벅지를 관통해서 빠져나왔다는 것이다. 그나마 다행스러운 건 생명에는 지장이 없고, 총탄이 혈관과 뼈도 건드리지 않았다는 사실이었다.

다음 날 의사 선생님께 수술을 하고 바로 퇴원을 해도 되겠냐고 물었더니 무리이지만 가능하다고 했다. 이대로 한국에 돌아갈 생각을 하니 너무나 허망했다. 보란 듯이 세상을 돌아보고 오겠다고 호언했었는데 3개월 만에 이런 모습으로 되돌아간다고 생각하니 착잡한 심정만 들 뿐이었다. 이 여행을 계획하고 준비했던 시간들이 너무나 아깝게 여겨졌다.

반면 앞으로 이 여행을 마쳐야만 도전할 수 있는 다음 단계의 목표들이 떠올라서 이대로 포기할 수만은 없다는 생각도 들었다. 그렇게 수술대에 누워 마취가 들기 전까지 한국으로 갈 것인가 멕시코로 갈 것인가를 놓고 끊임없이 고민을 했다.

수술은 잘 끝났다는 의사 선생님의 말을 듣는 순간 예정대로 멕시코행 비행기에 오르기로 결심했다. 여행 전에도 분명 한두 번은 강도를 만날 수도 있을 거라고 예상했었다. 그래서 이 시련을 그대로 여행 안에서 짊어지기로 했다. 한 달 후 나의 모습을 떠올려 봤을 때 한국에서 치료를 받고 있는 것보다 멕시코에서 치료를 받고 있는 것이 훨씬 더 나은 선택이 될 것만 같았다.

계획대로 월요일에 수술을 마쳤고 화요일에 퇴원을 해서 수요일에 예정되어 있던 멕시코행 비행기에 몸을 실었다. 비행기를 타고 나니 그제야 마음속에 있던 응어리 하나가 풀리는 기분이었다.

그때의 나에겐 한국이든 멕시코든 장소는 중요하지 않았다. 그저 하루 빨리 필리핀이라는 나라를 벗어나고 싶은 마음이 가장 간절했었다.

MEXICO

5
멕시코

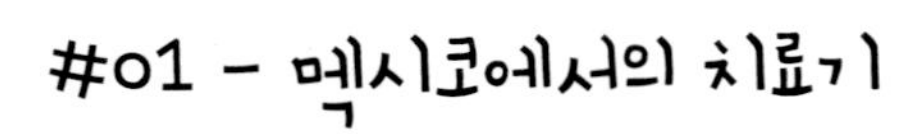

15시간 만에 태평양을 건너 LA 공항에 도착했다. 자연의 섭리상 하루가 바뀌어 있어야 했지만 아직 달력상의 날짜는 그대로였다. 도리어 도착 시간이 출발 시간보다 한 시간 더 앞당겨져 있었다. 물리적 시간으로는 하루를 더 번 셈이지만 몸 상태를 생각하면 이런 시간의 역행이 달갑지만은 않았다. 그저 하루라도 빨리 시간이 흘러가서 이 고통의 시간이 지나가기만을 바라는 마음뿐이었다.

오는 동안 붕대를 칭칭 동여매고 있던 다리에서 출혈이 계속되었다. 계속해서 피가 새어 나와 중간중간 바지를 갈아입었지만 별 소용이 없었다. 이젠 더 이상 갈아입을 바지도 남아 있지 않은 상태였다. 홀스터 할아버지에게 옷과 돈을 빌려주고 보답으로 받은 반바지가 있었는데 더 이상 선물이라고 남겨 둘 처지가 아니었다. 선물 받은 바지로 갈아입고 점퍼를 벗어서 허리춤에 둘러 묶었다. 혹시나 사람들이 보면 어쩌나 신경도 쓰였고, 또 멕시코행 비행기로 환승해야 하는데 항공사 직원들이 보고 태워 주지 않는다면 그것도 골치일 것 같았기 때문이다.

아침 8시에 LA 공항에 도착해서 저녁 7시에 다시 탈 비행기를 기다리는 중이었다. 공항 내 대기 홀 벤치에 앉아 쉬고 있었는데 출혈 탓인지 오한이 와서 몸이 계속 떨렸다. 더 이상 다른 사람들의 시선을 의식할 수가 없었다. 배낭에서 침낭을 꺼내어 그대로 자리를 펴고 누웠다. 생전 처음으로 밟아 보는 세계 초일류 국가 미국 땅이었지만 꼴이 말이 아니었다.

착륙 전 상공에서 'HOLLYWOOD'라고 적혀 있는 하얀색 대형 간판을 보면서도 카메라와 휴대 전화를 모두 잃어버린 탓에 사진 한 장 찍지 못한 것이 못내 아쉬움으로만 남아 있다. 당초 계획대로라면 지금 이 시간에 LA 시내를 한 바퀴 둘러보고 있었을 걸 생각하니 아쉬움과 후회는 배가됐다.

LA를 출발한 비행기는 무사히 멕시코시티에 안착했다. 하지만 어느덧 시간은 밤 11시가 넘어 있었다. 몸이 성한 상태로 왔어도 생면부지의 낯선 타국 땅이 두렵게 여겨졌을 텐데 한쪽 다리마저 성하지 못하니 두려움은 가중되어 오고 있었다. 시간이 너무 늦었으니 오늘밤은 공항 밖을 나가지 말자고, 내일 아침 일찍 병원으로 가는 게 좋겠다고 결정을 내렸다.

24시간 카페에 앉아 차를 주문하고는 이곳에 적응하기 위해 주변 환경과 분위기, 창밖으로 오가는 사람들을 유심히 관찰하고 있었다. 하지만 아까부터 카페를 가득 채우고 있던 고소하고 향긋한 커피 향 너머로 외면하고 싶어도 외면할 수 없는 악취가 자꾸만 코끝을 찔러 오고 있었다. 필리핀 병원을 퇴원할 때 의사 선생님께서 하루에 두 번씩 꼭 소독을 해 줘야 한다고 말씀하셨었는데 벌써 3일째 소독 한 번을 못 해 바지 안에서 피 묻은 붕대가 썩는 냄새 같았다.

고개를 떨구고 아래를 내려다보았다. 가랑이 사이로 의자 시트에 빨간색 핏물이 고여 있었다. 더 이상 지체하면 안 될 것 같다는 걱정이 엄습했다. 카페의 PC를 이용해 예약해 두었던 호스텔 주변의 병원 중 야간 응급실이 있는 병원을 검색했다. 주소를 수첩에 옮겨 적고는 곧장 택시 승강장으로 향했다.

새벽 1시에 낯선 외국인이 찾아와서 총 맞은 다리를 보여 주며 "난 여행 중인 한국인이고 3일 전에 필리핀에서 총을 맞았는데 방금 비행기를 타고 멕시코에 도착했다."라고 아무리 현재의 내 상황을 차분하고 조리 있게 설명한다고 한들, 어떤 의사가 '이게 무슨 자다가 봉창 두드리는 소리냐…….' 같은 표정을 짓지 않을 수 있을까.

내 이야기를 듣고 먼저 돈은 있냐고 물어 오는 의사에게 뭐 이런 의사가 다 있냐며 카드 여기 있으니까 빨리 치료부터 하자고 역정을 냈다. 내 여권을 확인한 뒤 병원비를 1,000 멕시코 페소(원화로 9만 원가량) 선결제하고 나서야 치료는 시작되었다.

이튿날 오전, 박테리아 감염 여부와 혈관 손상 여부 검사를 추가로 받고는 다행히 아무런 이상이 없음을 확인했다. 의사 선생님께 근처 호스텔에서 머물 테니까 통원 치료를 했으면 좋겠다고 제의했다. 그리고 허락 승인을 받았다. 아무런 보험 혜택을 받을 수 없는 상황이라 입원을 했다가는 병원비가 감당이 안 될 것만 같았다.

필리핀에서 수술비와 약값만으로도 이미 300만 원을 넘게 쓰고 왔는데, 어제 하룻밤 응급실 병원비만으로 무려 9,000페소(원화로 81만 원가량)가 넘게 청구됐다. 치료도 치료지만 앞으로 감당해야 할 병원비를 생각하니 마음이 더욱 무겁게 죄어 왔다. 여행 출발 직전 그동안 불입하고 있던 보험들도 2년 동안 유지가 곤란할 것 같아서 모두 해지를 했었고, 여행자 보험도 2년이나 들기에는 적잖은 비용이라 가입을 포기했었다. 불과 3개월도 채 되지 않아 이런 일이 생겼으니 피해도 후회도 그저 막심할 따름이었다.

혹시나 하는 마음에 주필리핀 한국 대사관에 문의를 해 보았지만 별다른 희망의 소식은 없었다. 해외에서의 총기 사고는 매년 숱하게 발생하는 사고 중 하나라 생명에 지장을 초래하지 않는 한 신문 기사 한 줄로도 나가기가 힘들다는 것이었다. 더군다나 총을 쏜 강도를 잡는다고 해도 소송을 걸려면 내가 다시 필리핀에 와야 하고, 변호사를 선임해야 하는 등의 부대비용이 현행 필리핀의 보상 시스템과 비교했을 때 승소 후 받을 보상금보다 더 많이 들 것 같다고 했다. 그러니 상심은 크겠지만 개인적으로 치료를 하고 마무리 짓는 게 가장 현명한 처사일 것 같다는 조언이었다.

강도를 만났을 때 달라는 대로 그냥 순순히 줬으면 최소한 몸은 다치지 않았을 텐데. 그랬으면 이렇게 많은 치료비용이 들지도 않았을 텐데. 현명하지 못한 선택이었다. 순간의 오판이 얼마나 큰 피해를 초래하는지 그 대가를 톡톡히 치르고 있었다.

멕시코에 올 때만 해도 일주일만 버티면 될 줄 알았다. 하지만 생각했던 일주일이 지나도 별 차도는 없었다. 먹고 있던 진통제가 다 떨어져서 다시 약국을 찾았지만 재고가 다 떨어졌다고 했다. 안 그래도 비싼 약값(진통제 12알에 원화로 5만 원 정도 했다.)인데 차라리 잘됐다 싶었다. 이참에 진통제를 끊자는 생각에 그냥 숙소로 돌아왔다.

그리고 그날 밤 확실히 알게 되었다. 내가 그동안 진통제의 힘으로 버티고 있었다는 것을. 통증으로 인해 밤새 한잠도 이룰 수가 없었다. 다음 날 병원까지 걸어가는데 한 발 한 발을 내딛을 때마다 마치 천벌을 받고 있는 듯했다. 지옥 길을 걷고 있는 것처럼 그렇게 고통스러울 수가 없었다.

또 항생제가 정말 없어서는 안 될 약이라는 사실도 확실하게 알게 되었다. 하루는 의사 선생님께서 만약 박테리아가 장기로 감염되면 패혈증에 걸려 죽을 수도 있다는 말씀을 하셨는데, 선생님의 어투가 그냥 예사로 하는 말 같지가 않았다. 그 말을 듣는 순간 이러다 정말 죽을 수도 있겠다는 불안감과 공포심이 확 엄습해 왔다.

그래서 그 후로는 항생제만큼은 절대 빼지 않고 꼬박꼬박 챙겨 먹었다. 열심히 항생제를 복용했음에도 불구하고 박테리아는 수차례나 사람을 괴롭혔다. 박테리아 감염으로 고열이 올라 끙끙 앓기를 서너 차례 반복했는데, 한 번 앓을 때마다 항생제의 강도는 한 단계 더 강한 걸로 업그레이드되었고 끝에 가서는 가장 강도가 센 주사용 항생제로 처방을 받았다. 그렇게 4주가 흘렀을 때쯤 매일 병원에 가지 않고 내가 직접 상처를 소독하고 항생제 주사를 놓으며 주 1회 내원하는 방식으로 변경되었다. 내 다리에 내가 직접 주사를 놓을 때면 마치 영화 주인공이 된 듯한 기분이 들기도 했다.

군 시절 작전 간 총상 환자가 발생하면 어떻게 조치할 것인가에 대해서 전술 토의를 할 기회들이 숱하게 많았다. 그때마다 난 "다리에 총 한 발 맞았다고 사람이 죽냐. 그냥 진통제 먹고 가는 거지, 뭐!"라며 과히 터미네이터적이고 람보적인 정신에 입각해 특전사다운 의견들을 쏟아냈었다. 하지만 몸소 겪고 나니 그때의 생각들이 얼마나 허무맹랑한 탁상공론이었는지 부끄럽기가 그지없다.

진통제 없이는 한 걸음도 못 걷겠고 항생제를 꼬박꼬박 챙겨 먹어도 수시로 고열이 나서 사람을 끙끙 앓게 만드는데 무슨 수로 작전을 계속한다고. 만약 그 전술 토의에 다시 참여할 기회가 생긴다면 무조건 일사 후퇴, 긴급 후송, 후방 전환, 의병 전역을 시켜야 한다고 강력히 주장해야겠다.

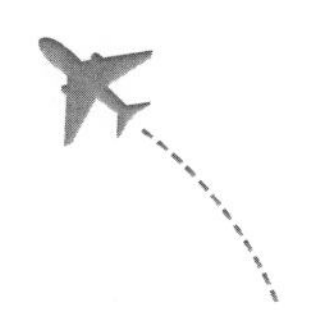

#02 - 설상가상 얼스케익

하루는 아침을 먹고 방에서 책을 읽을 때였다. 갑자기 호스텔 직원이 방문을 열고 들어오더니 다급한 목소리로 뭐라 이야기하며 손짓을 해대는 것이었다. 스페인어라 무슨 말인지 이해하진 못했지만 빨리 나와 보라고 하는 것 같았다.

무슨 일인가 싶어 방을 나와 3층 계단을 내려가려는데 갑자기 눈앞에서 세상이 흔들리며 어지럼증이 왔고 그대로 계단 밑으로 구를 뻔했다. 정말 아찔한 순간이 아닐 수 없었다. 그동안 병원비에 치여 먹는 것에 소홀했더니 현기증이 나는 것 같았다. 오늘부터는 먹는 것에도 좀 더 신경을 써야겠다고 생각하며 계단을 마저 내려갔다. 2층으로 갔지만 리셉션 홀에는 아무도 없었다. 바깥에 무슨 일이 생긴 건가 싶어서 다시 1층으로 갔다.

대문 밖을 나서려니 맨발이었다. 문을 살짝 열고 빠끔히 고개만 내밀어 밖을 내다보니 도로 한복판에 동네 사람들이 다 나와 모여 있었다. '오늘 무슨 축제일인가 보다!' 하며 호스텔 사람들에게 신발을 신고 나올 테니까 잠시만 기다려 달라고 소리쳤다. 하지만 사람들이 하나같이 나를 향해 손짓하며 그냥 빨리 나오라고만 하는 것이었다. 어디선가 종소리가 계속 들려 오길래 곧 재미있는 볼거리가 이 앞을 지나가나 보다 생각하고는 맨발로 문 밖을 나섰다. 그러고는 사람들에게 오늘이 무슨 축제길래 그러냐고 물어보았다.

사람들이 못 봤냐며, 얼스케익이라고 했다.

'얼스케익?'

이따가 방에 들어가면 검색해 봐야겠다며 이름을 까먹지 않기 위해 '얼스케익, 얼스케익.'을 되뇌었다. 주변을 둘러보니 차들은 모두 그 자리에 멈춰서 있었고, 경찰도 나와서 차량을 통제하고 있었다. 운전자들은 하나같이 차 밖으로 나와서 무언가를 기다리는 듯한 표정을 짓고 있었다.

'오늘이 멕시코의 대단한 축제날인가 보다! 역시 라티노들이야!'라고 생각하던 찰나, 웃음보단 근심이 가득해 보이는 사람들의 표정에서 뭔가 이상한 낌새를 느꼈다. 그 순간 양팔에 소름이 돋으며 'Earthquake'이라는 영어 단어가 떠올랐다. 주변의 모든 건물들이 일제히 엿가락 휘듯 좌로 갔다 우로 갔다 흔들리기 시작했다. 계단을 내려올 때 눈앞에서 세상이 흔들렸던 건 현기증이 아니라 지진이었다.

그날 멕시코시티의 지진 강도는 6.8이었다. 6.8 강도의 지진은 내가 머물렀던 5층짜리 호스텔 건물을 괘종시계 추처럼 좌우로 흔들 수 있는 괴력을 지닌 강진이었다. 호스텔 건물이 눈앞에서 좌로 갔다 우로 갔다 하는 것을 보자 무너지는 순간 잔해에 깔려 죽거나 일순간에 혼비백산된 사람들에게 치여 죽거나 어떻게든 죽음을 면할 길은 없어 보였다. 죽음을 목전에 둔 순간 내가 할 수 있는 거라고는 무너지지 않기만을 바라는 간절한 마음을 갖는 것뿐이었다. 실로 인간이 자연 앞에서 얼마나 나약한 존재인지를 확인할 수 있었던 순간이었다.

다행히 그날의 지진은 별 피해를 주지 않고 멕시코시티를 통과했다. 하지만 나에게는 지진 트라우마가 생겼다. 주변에서 조금만 이상한 소리가 들려도, 약간의 진동만 느껴져도 깜짝깜짝 놀라면서 이거 또 지진이 아닌가 싶은 불안감에 휩싸였다. 또 지진이 발생하면 어떡하나 싶은 걱정에 쉽게 잠들지 못했던 날들도 있었다.

일 년 새 3번의 죽을 고비를 넘기고 있었다. 제대 전 고별 강하를 하며 앞 강하자의 낙하산 생명 줄이 내 목을 쓸고 간 사건이 있었다. 만약 그 줄이 내 목을 휘감았거나 내 낙하산 줄에 엉켰더라면 그대로 순직했을 것이다. 두 번째는 필리핀 총기 사고, 그리고 이번 멕시코 지진까지. 이런 위태위태한 사건들 속에서도 죽지 않고 살아 있는 걸 보면 분명 '난 아직 죽을 운명은 아닌가 보다.'라는 생각과 함께 내 안에서는 삶에 대한 생명력이 피어오르고 있었다.

#03 - 수호천사의 등장

영화에서 총 맞은 주인공들을 보면 총알 빼고, 붕대 감고, 며칠 있다가 바로 복수하러 가더라. 그렇지만 영화와 현실은 분명한 간극이 있으니까 일주일은 좀 무리고, 그래도 2주일이면 다 낫지 않겠냐고 생각했었다. 그러니 굳이 한국으로 갈 필요가 있겠냐고. 모르는 게 약이라고 아마도 이렇게 멋몰랐기 때문에 멕시코행 비행기를 타겠다는 과감한 선택을 했던 것이 아니었나 싶다.

2주일이 지났지만 별 차도는 없었다. 그나마 다행스러운 건 다리의 부종이 빠졌다는 것과 출혈이 멈추었다는 것이었다. 이제 좀 살 것 같다는 마음에 안도하며 SNS에 필리핀에서 겪었던 사건의 소식을 전했다.

지인들의 반응은 아주 뜨거웠다. 대부분 걱정을 하며 안부를 물어 왔던 반면에 개중에는 거짓말하지 말라며 의심을 하는 지인들도 있었고, 내 소식을 복사해서 자신의 격투기 동호회 카페에 올리는 지인이 있었는가 하면, 그 인터넷 카페에서 내 소식을 봤다며 연락을 해 온 지인도 있었다.

그렇게 주변 사람들과 근황을 공유하며 안부를 주고받고 있던 중 소식을 들으신 모 선배 장교님으로부터 메시지가 한 통 왔다. 멕시코시티 어디에서 머물고 있냐며, 소개시켜 줄 사람이 있으니 호스텔 주소를 가르쳐 달라고.

현역 군인이시라 그런지 일사천리였다. 호스텔 주소를 보내드리자마자 소개를 해 주겠다는 멕시코 현지 교민(이분의 호칭은 앞으로 '수호천사'라고 하자.)으로부터 바로 연락이 왔고 곧 호스텔로 찾아오셨다. 멕시코에 사신 지는 십 년이 좀 넘으셨고, 다리를 놓아 주신 김 중령님하고는 십 년 전 선배님이 멕시코 무관으로 근무할 당시 한인 교회에서 인연을 맺어 막역한 사이가 되었다고 하셨다.

이렇게 SNS에 근황을 전하고 수호천사님과 만나 인사를 나눌 때만 하더라도 이제 나는 다 나았다고 생각하고 있었다. 붓기도 빠지고 출혈도 멈췄으니 상처만 아물면 곧 이곳을 떠날 수 있을 거란 생각이었다. 그래서 수호천사님을 처음 뵈었을 때만 하더라도 찾아 주신 것만으로도 감사드린다고, 이제 다 나아서 괜찮다고, 혹시 필요한 일이 생기면 연락을 드리겠다고 일요일에 한 번 더 뵙기로 약속을 하고는 그냥 헤어졌었다.

아마도 수호천사님과 인연이 맺어지려고 해서 그랬던 걸까. 수호천사님과 만나고 헤어졌던 그날 밤 다시 열이 오르고 오한이 들더니 밤새 끙끙 앓게 되었다. 의사 선생님께서 한 번만 더 열이 오르면 박테리아 감염일 수 있으니 재수술을 할 마음의 준비를 하고 있으라고 말씀하셨던 기억이 났다.

다음 날 아침 몸을 추스르고 최근에 소개받은 한인 병원의 의사 선생님을 찾아가 보았다. 체온을 재니 정확히 40도였다. 40도가 찍힌 체온계는 생전 처음 본 순간이었다. 의사 선생님께서는 패혈증이 의심되니 전에 다니던 멕시코 현지 병원으로 다시 가서 정밀 검사를 받아보는 게 좋겠다고 하셨다. 회복되고 있는 줄로만 알았었는데 다시 현지 병원으로 가서 재검사를 받아야 한다니. 원점으로 돌아간 기분이 들어 낙심한 마음을 달랠 길이 없었다.

현지 병원에 가기 전에 먼저 숙소에 들러 입원까지 고려해 짐을 싸기 시작했다. 왠지 오늘 병원에 가게 되면 며칠은 병원 신세를 져야만 할 것 같았기 때문이다. 병원에 입원하게 되면 연락을 할 수도 없어 안 그래도 많은 걱정을 하고 있는 한국의 가족과 지인들, 그리고 일요일에 다시 뵙기로 했었던 수호천사님께도 약속을 지키기 어려울 것 같다는 메시지를 남겨드렸다.

전에 다니던 현지 병원을 다시 찾아가 응급실 침대에 누워 진찰 및 검사를 다시 받고 있던 중이었다. 나를 둘러싸고 의사들이 어떻게 해야 할지 상의하는 사이로 반가운 얼굴이 나타났다. 메시지를 확인하신 수호천사님께서 직접 병원으로 찾아오신 것이었다.

한편으로는 일부러 여기까지 오시게 만든 것 같아서 죄송한 마음이 들었지만 속으로는 그렇게 반가울 수가 없었다. 마치 하늘에서 나를 돕기 위해 진짜 수호천사를 보내 준 것만 같은 기분이었다. 말 한마디 할 기운도 없는 상태에서 스페인어 억양이 강하게 섞인 멕시코 의사들과 영어로 대화하려니 소통의 진통이 다리의 통증보다 더 크게 다가오고 있었다. 이럴 때 나를 도와줄 누군가가 옆에 있다는 게 얼마나 마음에 위안이 되던지.

수호천사님의 통역 덕분에 모든 검사를 편히 마칠 수 있었다. 그리고 검사 결과 아직 염증이 심하지 않으니 며칠간 상태를 더 지켜보자는 진단을 받고는 퇴원할 수 있었다. 오는 길에 수호천사님과 함께 약국과 청과 시장에 들렀다. 아플 때에는 과일을 먹어야 빨리 낫는다며 과일도 한 아름 선물로 사 주셨다.

숙소로 돌아와 감사함을 어떻게 보답해 드려야 할지 생각하고 있는데 다시 수호천사님으로부터 연락이 왔다. 저녁 식사 약속이 있는데 모임의 지인들에게 허락을 받았으니 같이 가자는 것이었다. 그러면서 다시 호스텔 앞으로 데리러 오셨다.

모임 장소는 한인 식당이었다. 오랜만에 보는 한식에 눈물이 날 것만 같았다. 마음 같아서는 그동안 먹지 못했던 몫까지 다 소급해서 먹고는 얼른 기운을 차리고 싶었지만 몸이 따라 주질 않았다. 막상 식당에 도착하니 의자에 앉아 있는 것조차도 버겁게만 느껴졌다. 빨리 숙소로 돌아가서 이불을 뒤집어쓰고 드러눕고 싶은 마음뿐이었다. 결국 동석하신 분들께 양해를 구한 뒤 먼저 자리에서 일어났다. 그리고 호스텔로 돌아와서는 바로 잠이 들었다.

이른 새벽에 깨어 보니 침대 옆에 한 보따리의 옷이 놓여 있었다. 출혈로 인해 가지고 있던 옷들을 모두 다 버릴 수밖에 없었다는 이야기를 들은 수호천사님께서 나와 체격이 비슷한 지인들에게 부탁해 가져다 놓으셨다는 것이다.

타지에서 아프면 서럽다는 말마따나 그동안 혼자서 많이도 서러워했었다. 하지만 수호천사님 덕분에 그 서러움의 자리는 점차 사그라지고 있었다. 그리고 그 서러움이 사그라진 자리는 하루 빨리 회복해서 베풀어 주신 은혜에 보답해야겠다는 결초보은의 마음으로 채워지고 있었다.

#04 - The nomadic life begins again

멕시코에 온 지 벌써 한 달하고도 열흘이 지나가고 있었다. 볼 때마다 징그럽게만 여겨지던 총탄의 상흔도 어느덧 아무는 중이었다. 고열이 나거나 진통제 없이 잠을 못 이루던 시간들도 더 이상은 찾아오지 않았다. 비록 예상보다 오랜 시일이 걸리기는 했지만 모든 것이 다시 정상 궤도로 돌아오고 있다는 생각에 마음속에서는 벅찬 감격들이 물밀듯 차올랐다. 그렇게 멕시코시티에서의 40여 일이 지나고 의사 선생님으로부터 이제 더 이상 병원에 오지 않아도 되겠다는 이야기를 들었다.

숙소로 돌아오던 길, 힘든 시간을 이겨낸 감격스러움과 그동안 치료를 받으며 고통스러웠던 순간들이 주마등처럼 스쳐 가서 나도 모르게 눈물이 흘렀다. 하루 빨리 회복해서 이곳을 떠나고 싶었지만 막상 마지막이라고 생각하니 마음 한편이 숙연해졌다. 그동안 집처럼 편안하게 머물렀던 멕시코시티의 호스텔. 아마도 이번 여행에서 최장 기간 숙박을 한 호스텔이 되지 않을까 싶다. 가기 싫을 정도로 지겨웠던 병원들도 분명 그리워질 것 같아서 다시 찾아가 사진을 찍었다.

악몽 같던 시간들은 모두 끝나고 다시 세상을 마음껏 누빌 수 있는 자유로운 영혼이 되었다. 한동안은 이곳저곳 정처 없이 떠도는 유목민이 되고 싶었다. 그렇게 멕시코시티를 떠나 세계 7대 불가사의 중 하나인 치첸이트사를 보고 과테말라로 가겠다는 3,000㎞의 이동 계획을 세웠다.

어느덧 여행을 시작한 지 4개월째, 길을 가다가 한글 간판만 보아도 예전과는 다른 감격이 전해 오고 있었다. 그렇게 여행은 이전과는 다른 나의 모습으로 나를 바꾸어 가고 있었다.

GUATEMALA

6

과테말라

#01 - 3,000km의 행보, 과테말라 이동기

멕시코에서 많은 도움을 주신 수호천사님께서 과테말라에 잘 아는 후배(P 팀장님)가 있다며 다리를 놓아 주셨다. P 팀장님은 국내의 모 NGO 단체 소속으로 과테말라에서 일하고 계시는 분이었다.

멕시코시티를 떠나기 전 P 팀장님께 먼저 연락을 드렸다. 메리다의 치첸이트사를 보고 과테말라로 내려갈 계획인데 그곳 NGO 단체에서 잠시 봉사 활동을 할 수 있는 기회를 얻는다면 너무나 영광스러울 것 같다고. 이내 환영한다는 메시지와 함께 찾아갈 주소지와 연락처를 받았다.

멕시코시티에서 먼저 1,500km 떨어진 유카탄 반도의 메리다로 이동, 메리다에서 다시 100km 떨어진 치첸이트사를 보고 다시 메리다로 되돌아와 과테말라로 내려갈 계획이었다. 하지만 정확히 언제 과테말라에 도착할 수 있을지는 예측하기가 어려웠다. 이동 거리가 무려 3,000km에 달했을 뿐만 아니라 이동 간 어떠한 변수들이 생길지 모를 일이기 때문이었다. 또 내 예상대로 버스들이 배차되어 있을지도 직접 가 보지 않고서는 확인하기 어려운 상황이었다. 인터넷과 지도를 통해 살펴본 대로라면 빨라야 3일 후인 토요일 오전쯤에나 과테말라시티에 도착할 수 있을 것 같았다. 그래서 P 팀장님께도 그렇게 답을 드렸다.

멕시코시티에서 탄 버스는 26시간 만에 메리다에 도착했다. 난생 처음으로 꼬박 하루 넘게 버스를 타 본 경험이라 몸은 녹다운이 되었지만 다음 일정 때문에 지체할 여유가 없었다. 바로 새 버스표를 끊고는 치첸이트사로 향하는 버스에 올라탔다. 비록 폐장 한 시간을 남겨 두고 도착하기는 했지만 세계 7대 불가사의인 치첸이트사를 둘러보는 데에는 별 무리가 없었다. 그리고 다시 메리다로 돌아가는 버스에 올라탔다.

일은 계획대로 순조롭게 진행되고 있었다. 이대로 7시 안에 메리다에 도착해서 7시 반에 있는 투파출라행 야간 버스에만 올라탄다면 아무런 문제가 없을 것 같았다. 그러고는 이내 잠이 들었다.

한 시간쯤 지나서 깨어나 창밖을 내다보니 그 사이 잿빛이었던 하늘이 흙빛이 되어 굵은 빗방울이 둔탁하게 떨어지기 시작했다. 지나가는 소나기일 거라고 생각했지만 비는 좀처럼 그치지 않았다. 내리는 비의 양과 시간이 증가할수록 버스의 속도는 점점 더 느려지고만 있었다.

흙빛 하늘처럼 어느새 내 마음에도 어두움의 농도가 짙게 드리워지고 있었다. 7시까지 메리다로 되돌아가겠다던 계획도 점점 더 실현 가능성이 희박해 보였다. 오늘 야간 버스를 타지 못한다면 메리다에서 하룻밤을 머물러야 하는데 메리다에 대한 아무런 사전 정보가 없었다. 어두운 밤 낯선 도시에 홀로 떨구어지는 상황만큼은 제발 생기지 않게 해 달라고 바라고 바랐었건만 현재 사태로 봐서는 달리 피할 길이 없어 보였다.

버스는 예정 시간보다 한 시간 반이나 늦게 메리다에 도착했다. 추적추적 내리는 빗속에서 이제 어떻게 해야 할지 그저 난감할 따름이었다. 와이파이를 이용할 수 있는 카페라도 있으면 들어가서 호스텔을 검색해 보려 했지만 터미널 주변에는 그런 카페 하나 보이지 않았다. 비도 오고, 야간이고, 다리도 완쾌되지 않은 상태라 쉽사리 터미널 밖으로 나가지도 못했다. 그저 의자에 앉아서 어떻게 해야 하나, 여기서 이대로 밤을 지새워야 하나 고민하고 있었다.

그 순간 어디선가 강렬한 라이트 불빛이 두 눈을 찔렀다. 버스 한 대가 터미널로 들어오는 중이었다. 어디에서 오는 버스인지는 알 수 없었으나 그 안에서 배낭을 메거나 여행용 캐리어를 끄는 사람들이 우르르 내리는 것이었다. 순간 '이렇게 많은 여행객들이 찾는 곳이라면 분명 이곳에도 호스텔이 있지 않을까?'라는 생각이 스쳤다. 여행객처럼 보이는 사람들에게 다가가 어디에서 숙박을 하냐고, 혹시 주변에 싸고 괜찮은 호스텔을 알고 있으면 추천해 줄 수 있겠냐고 묻기 시작했다.

운이 좋았다. 한 스페인 가족이 나에게 추천해 줄 호스텔이 있다며 자기네를 따라오라고 하는 것이었다. 메리다에서 유명한 호스텔인데 일박에 150페소(원화로 12,000원 정도)로 가격도 저렴하고 시설도 좋다고 했다.

결국 의도치 않게 하룻밤을 지체하게 되면서 과테말라에 계신 P 팀장님께도 다시 연락을 드렸다. 죄송하지만 비로 인해 버스를 놓쳐서 하루 늦게, 일요일 오전쯤에나 과테말라시티에 도착할 수 있을 것 같다고.

멕시코와 과테말라 국경 부근의 도시인 투파출라까지 가는 버스는 하루에 한 대, 저녁 7시 반에 있다는 걸 미리 확인했다. 2시간이면 충분할 거라는 계산으로 오후 5시쯤 호스텔을 나와 버스 터미널로 향했다.

하지만 또 다시 예상치 못한 변수가 발생했다. 투파출라행 버스표가 모두 매진이라는 것이었다. 난감했다. 나 혼자만의 일정이라면 별 상관없겠지만 과테말라에서 기다리고 계시는 P 팀장님께 당최 면목이 서질 않았다. 아직 얼굴 한번 뵌 적 없는 분인데 나에 대해서 어떤 첫인상을 갖게 되실지. 아무리 생각해도 좋은 이미지는 아닐 것 같았다. 하는 수 없이 다음 날 버스표를 예매하고는 다시 호스텔로 되돌아왔다. 그러고는 다시 과테말라에 죄송하지만 또 하루가 늦어질 것 같다고 메시지를 보냈다.

이튿날에는 차질 없이 투파출라행 버스에 올랐다. 그리고 16시간을 이동, 투파출라에서 과테말라시티행 인터내셔널 버스로 갈아탔다. 도착 예상 시간을 물으니 내일 새벽 5시쯤으로 아직 10시간은 더 가야 한다고 했다. 쉼 없이 달려왔는데도 아직 하룻밤을 더 가야 한다니! 과히 한국에서는 상상할 수 없던 대륙적인 스케일의 이동이었다.

승무원이 실내등을 켜고 승객들을 깨우기 시작했다. 눈을 떠서 시계를 보니 어느덧 새벽 1시였다. 과테말라 국경 앞에 도착했다는 것이다. 2003년에 금강산 육로 관광을 가며 DMZ를 버스로 통과했던 경험이 있었으니 공식적으로는 육로를 이용한 두 번째 국경 통과였다. 하지만 긴장감은 처음 국경을 넘어 북한에 갈 때보다도 더 가중되어 있었다. 과테말라에 대해 하도 흉흉한 소식들을 많이 들어서인지 국경 절차를 밟는 내내 긴장의 끈을 놓을 수가 없었다.

드디어 멕시코 국경을 통과해 과테말라로 들어섰고, 버스는 월요일 새벽 4시에 최종 목적지인 과테말라시티에 도착했다. 예정보다 일찍 도착한 터라 일단은 터미널 의자에 앉아서 동이 트기만을 기다렸다.

5시 반쯤이 되자 날이 환해지기 시작했다. 터미널의 문을 열고 나오자 손님을 기다리고 있던 택시 기사가 어디까지 가냐고 물었다. 택시비나 확인해 볼 겸 들고 있던 쪽지를 내보이며 여기까지 간다고 했더니 택시 기사가 자기가 잘 아는 곳이라며 타란다. 내가 지금 과테말라 케찰이 하나도 없다고 하자 괜찮다며, 미국 달러가 있으면 달라고 했다.

비상용 달러가 있긴 했지만 남은 멕시코 페소를 먼저 써 버리고 싶은 마음에 지금은 달러도 없으니 멕시코 100페소를 줄 테니까 가겠냐고 물었다. 기사가 200페소를 요구해 왔지만, 내가 100페소가 아니면 안 탈 거라고 하자 결국 알겠다며 타라고 했다. 일단 숙소 근처로 이동해서 근방의 카페나 은행을 찾아보는 것도 나쁘지 않을 것 같아서 그대로 택시에 올라탔다.

월요일 아침 6시도 안 된 시간이라 거리와 차도는 모두 한산했다. 15분도 채 지나지 않아 목적지에 다다르고 있다는 걸 알 수 있었다. 창밖으로 내다보이는 아파트의 이름이 내가 가지고 있던 주소지의 이름과 똑같았기 때문이었다.

택시에서 내리기 전, 배낭을 챙겨 기사에게 멕시코 100페소를 건네주려고 하는데 택시 기사가 전화 통화를 하고 있었다. 급한 통화가 있나 보다 싶어 잠시 기다렸다. 스페인어로 이뤄지는 통화 내용을 들으면서도 설마 P 팀장님과 통화하고 있을 거라고는 상상치도 못했다. 하지만 택시 기사가 직접 전화를 건 것이었다. 출발하기 전 주소지가 적혀 있는 쪽지를 보고, 거기에 적혀 있던 전화번호로. 그것도 월요일 아침 6시에! 손님을 태우고 왔는데 차비가 없으니 돈을 가지고 나오라고! OMG! 민폐도 보통 민폐가 아니었다. 오면서 도착 날짜를 두 번씩이나 미뤘던 탓에 어떻게 얼굴을 뵈어야 하나 민망하기가 그지없었는데, 거기다가 택시비를 가지고 나오라고 월요일 아침부터 전화를 걸다니!

이렇게 P 팀장님과는 월요일 아침 6시에 왕 민폐를 끼치며 처음 인사를 나누게 되었다.

#02 - '좋은 이웃'과 동행

P 팀장님이 일하고 계시는 NGO 단체(앞으로 '좋은 이웃'이라고 칭하기로 한다.)를 처음 알게 된 건 내가 소위로 임관해서 첫 월급을 받던 때였다. 앞으로 3년간은 이 금액 이상의 돈이 꼬박꼬박 통장으로 들어올 텐데 어떻게 관리하면 좋을까 하며 고민하고 있던 시기였다. 부모님께 빨간 내복을 사 드려야 한다는 행동 강령이 무색해진 시대에 첫 월급을 받고 나서 무엇을 하면 좋을지, 우리 시대의 의미 있는 행동 강령은 무엇이 있을지에 대해서 고민하며 찾고 있던 시기이기도 했다.

그러던 중 노블레스 오블리주(Noblesse oblige)라는 용어를 처음 배웠던 중학교 2학년 때가 떠올랐다. '노블레스 오블리주'란 사회적 신분에 상응하는 도덕적 의무를 다하는 것이라는 설명을 들으면서 열다섯 어린 마음에 '나중에 서른 살이 되면 꼭 노블레스 오블리주를 실천하는 어른이 되어야겠다.'고 마음먹었던 기억이 떠올랐다. 그러면서 자연스럽게 '이제 안정적으로 월급을 받기 시작했으니 노블레스 오블리주를 실천하는 삶을 살아야겠다.'라는 생각으로 이어지게 된 것이었다.

그럼 어떻게 노블레스 오블리주를 실천할 수 있을까 하다가 가장 먼저 떠올린 생각이 아프리카의 아이들을 후원하는 것이었다. 하지만 아프리카 후원은 무언가 채워지지 않는 아쉬움이 남을 것 같았다. 왜냐면 내가 받는 봉급은 국민의 세금으로부터 나오는 것인 만큼 조금 더 그 의미에 부합하는 실천 방안이 없을까를 찾고 있었기 때문이다. 당시 이런저런 고심 끝에 내린 결론이 바로 북한 아이를 돕는 것이었다.

내가 대학생이던 2003년에는 통일 정책의 일환으로 대학생들에게 금강산 육로 관광 경비를 지원해 주는 국가 시책이 시행되고 있었다. 2박 3일 일정, 총 경비 21만 원 중 70%를 국가에서 지원해 주고 나머지 30%만 개인이 부담했던 기억이 난다. 덕분에 저렴한 비용으로 한반도의 가장 아름다운 명산인 금강산을 관광할 수 있었다.

당시 금강산 관광에서 얻은 가장 소중한 자산은 금강산에 오르며 북한 동포들과 직접 대화를 나눠 볼 수 있었다는 것이었다. (물론 그 북한 동포들은 철저하게 사상 교육이 완성된, 등산객으로 가장된 사람들이라는 사실을 당시에도 모르지 않을 정도로 나 같은 대학생들은 영악했었다.) 남한에 대해서 얼마나 알고 있는지, 통일에 대해선 어떤 마음을 품고 있는지 등 그들에게 질문들을 던져 보았다. 대화를 나누는 내내 나의 관심사는 북한 사람이 뭐라고 답변할지보다 남과 북의 사람들이 아무런 소통의 장벽 없이 대화를 나눌 수 있다는 사실 자체였다. 비록 십 분도 되지 않는 짧은 대화였지만 난 이미 모든 정신을 빼앗겨 버린 상태였다. 마치 남과 북의 사람들이 같은 언어를 사용하고 있다는 사실을 이전에는 전혀 모르고 있었던 것처럼 말이다.

그리고 마음속으로 생각했다. 이렇게 같은 언어를 사용하는 민족인데, 중국이나 일본 사람들처럼 생김새만 비슷한 게 아니라 말이 잘 통하는 사람들인데, 왜 우리는 둘로 나누어져 살아가야 하는 걸까. 언제까지 이렇게 분단되어 살아가야 하는 걸지 진지하게 곱씹어보며 깊은 사색에 빠졌다……까지만 쓸까 고민했다. 양심상 차마 그러진 못하겠고 진솔히 고백을 하자면 그때의 난 그렇게 개념 있는 대학생이 아니었다.

당시 난 도착 첫날부터 밤새 술을 마시고 게임을 하며 놀다가 둘째 날 금강산 산행에도 따라가지 못했을 뿐만 아니라, 그 다음 날에도 말술을 해서 3일째에는 차 안에서 잠만 잤었다는 사실을 차마 감추지 못하고 양심선언 하는 바이다.

하지만 이렇게 양심선언을 하면서까지 이야기 소재로 쓰려고 말을 꺼낸 이유가 있다. 비록 개차반 같은 모습으로 다녀왔던 금강산 관광이었다 할지라도 그렇게나마 다녀온 덕분에, 또 그때 잠시나마 북한 사람을 만나서 대화를 나눌 수 있었던 덕분에, 그 순간 우리가 같은 언어를 사용하고 있는 민족이라는 사실을 체험으로 인지한 덕분에, 진정 남과 북이 한민족이고 언젠가 반드시 통일이 되어야 한다는 생각을 할 수 있었다. 또 통일이 하루라도 더 빨리 올 수 있도록 우리 모두가 노력을 아끼지 않아야 한다는 염원의 나무가 내 마음속에 심어졌다는 것도 이야기하고 싶다. 아마 그때 심어진 통일을 향한 염원의 나무가 자라난 덕분에 어떻게 노블레스 오블리주를 실천할 수 있을까에 대한 고민 앞에서 북한 아이들을 떠올릴 수 있었던 게 아닌가 싶다.

이데올로기에 의해 갈라선 분단의 현실 앞에서 비록 북한을 주적으로 삼고 그들의 심장을 향해 총부리를 겨누고 있는 군인의 신분이지만, 마음속 한편에서는 통일의 미래를 꿈꾸며 적군의 아이들에게 사랑의 손길을 내미는 군인. 이런 의미를 내 스스로에게 부여하니 꽤나 근사하게 느껴졌다. 그래서 첫 월급을 받고 어떻게 하면 북한 아이들을 도울 수 있을까를 찾던 중 알게 된 후원 단체가 바로 P 팀장님이 근무하시는 '좋은 이웃'이었다.

개인적으로는 사회적 기업에 관심을 갖고 있었다. 이 여행은 십 년 후 미국으로 사회적 기업에 대해 제대로 공부하러 가기 위한 초석이라고, 이 여행 후에는 하나의 사회적 기업의 모델을 만들어서 사업을 성공시켜 보겠다고, 그래서 이 여행 중에는 선진국과 후진국이 공생할 수 있는 무역 기반의 사업 아이템을 찾는 데 관심을 두고 세상을 보겠다고, 그리고 여행에서 얻은 아이디어를 바탕으로 창업하게 된 사업 이야기를 십 년 후 미국 학교에 들어가기 위한 입학 에세이의 서두에 쓸 거라고 구상을 하던 중이었다. 이런 인생 설계도를 가지고 있다 보니 멕시코에서 수호천사님이 NGO 단체에서 일하고 있는 후배를 소개시켜 주시겠다고 하셨을 때 속으로 얼마나 기뻤었는지 모른다.

해외에서 NGO 단체들이 어떤 활동을 하고 있는지, 어떤 후원 사업을 진행시키고 있는지 잠시나마 어깨너머로 배울 수 있다는 사실에 이 여행의 시간이 더욱 값진 의미로 격상되는 것만 같았다. 여행 중 의도해서 이런 인연을 찾으려고 해도 쉽지 않을 텐데 굴러온 복을 마다할 이유가 내겐 하등 없었던 것이다. 그렇게 과테말라에서는 '좋은 이웃'과 인연이 되어 NGO 단체에 대해 배워 볼 시간을 갖게 되었다.

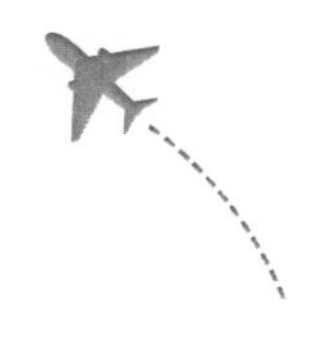

#03 - 내 몸이 기억하고 있다는 건 '정점'을 찍었다는 것

6월, 방학 시작과 함께 열 명의 대학생이 한국에서 3주간 봉사 활동을 올 거라고 했다. '좋은 이웃'과 결연을 맺은 단체로, 매년 과테말라에 와서 산골 학교를 찾아가 아이들을 위해 레크리에이션을 해 주고, 벽화도 그려 주고, 집을 지어 주는 등의 활동을 하고 돌아간다는 것이었다. 이 봉사팀의 경비도 70%는 향우회 선배님들로부터 지원을 받고 30%는 자비라고 하니 내가 대학 때 금강산에 다녀왔던 시스템과 비슷한 듯했다.

봉사팀 친구들 중에는 금강산에 갈 때의 나처럼 아무 생각 없이 참여한 사람은 없을 테지만 혹시 있다 하더라도 별 상관이 없을 것 같았다. 꼭 지금 당장은 아니더라도 언젠가는 과테말라의 봉사 활동이 그들의 삶 속에서 재해석되고 재발견되어 중요한 의미로 부각될 날들이 분명 있을 거라는 확신이 들었기 때문이다.

NGO 단체라고 하면 비록 월급은 박봉이더라도 일반 영리 기업들처럼 격무에 시달리거나 스트레스가 많이 따르지는 않을 것 같았다. 하지만 마찬가지였다. 여러 가지 사업 프로젝트들을 동시에 풀어내기 위해서 고군분투하는 모습이 일반 영리 기업들과 다르지 않았다.

모든 직원들이 이리 뛰고 저리 뛰고 바쁘게 뛰어다니는 와중에 난 특별한 임무 없이 2주간을 '좋은 이웃' 사무실에 출근하여 커피를 주면 커피를 마시고, 밥을 주면 밥을 먹다가, 아주 가끔씩 드물게 일을 주면 일을 하는 신선 봉사 놀음을 하고 있었다. 그렇게 처음 머물기로 예정되어 있던 2주의 시간이 끝나가고 있었다.

그런데 그동안 너무 잘 먹고, 잘 쉬며, 많은 배움을 얻었던 것에 비해 정작 아무런 도움도 드리지 못하고 떠난다고 생각하니 사람 된 도리로써 이건 아니다 싶은 생각이 들었다. 그때 마침 한국에서 오는 대학생 봉사 활동 담당 파트에서 봉고 차량을 운전할 사람이 부족하다는 이야기를 듣게 되었다. 괜찮다면 그 일을 도와드리고 싶다는 의사를 전했고 흔쾌히 승낙을 받을 수 있었다.

정확히 십 년 전인 2004년에 휴학계를 내고 배달민족 전선에 뛰어든 적이 있었다. 졸업 후 학사 장교로 3년간 복무를 마치면 바로 착수할 사업 준비의 일환이었다. 6개월간 유통업에 대한 경험을 쌓으며 돈을 모은 후 동유럽으로 소시지 사업에 대한 시장 조사를 다녀올 계획이었다.

이런 사업 구상 속에서 난 1톤 냉동 탑차의 운전법을 익히고 유통업에 대한 경험을 쌓아야 한다고 생각했다. 운전면허를 따고 아버지 차를 이용해 수동 변속기 차량 운전법은 익혔지만 봉고차나 트럭, 냉동 탑차 같은 큰 차량을 운전해 본 경험은 없었다. 그래서 6개월간 후탑이 있는 1톤 트럭을 빌려 물건을 싣고 방방곳곳으로 배달을 하러 다녔다. 그 일을 하는 6개월 동안 무려 살이 12㎏이나 빠졌을 정도로 매일 새벽에 나가 밤늦게 돌아오는 강행군이 반복됐었다.

하지만 처음 계획했던 6개월이 끝나가고 있었음에도 남는 돈이 하나도 없었다. 대형 사고를 낸 적은 없었지만 자잘한 사고들이 끊이지 않았기 때문이었다. 후진을 하다가 아파트 단지의 화단을 무너뜨려서 돈을 물어줘야 했고, 지하 주차장으로 들어가는데 통행 차단기가 내 차량 상단에 걸려 부러지는 바람에 변상을 해 줬고, 좁은 골목길에서 가게의 간판이 내 차량 후탑에 걸려 찢어지는 바람에 수리비를 물어 줘야만 했었다.

그렇게 6개월이 지나 약속했던 대로 주인에게 차를 되돌려 주면서 차량 정비비까지 공제하고 나니 동유럽으로 시장 조사를 갈 비용은커녕 수중에 남는 돈이 하나도 없었다. 결국 운전 경험 부족이 내 발목을 잡은 것이다. 당시는 6개월간 쉬지 않고 밤낮으로 열심히 뛰기만 했던 터라 상심도 컸었다. 왜 이렇게 인생이 뜻대로 되지 않냐며 한탄의 술도 많이 들이켰었다.

'좋은 이웃'의 봉사활동 중 과테말라의 아이들과

그 이후 꼬박 10년 만에 다시 화물 차량 운전대를 잡았다. 도와드리겠다고 말을 하긴 했지만 속으로는 아직 운전 감이 그대로 남아 있을지 내심 불안했던 것도 사실이었다. 하지만 신기하게도 몸은 모든 것을 기억하고 있었다.

무언가가 시간이 지나도 내 몸에 그대로 남아 있는 건 '정점'을 찍었기 때문이라던 어느 지인의 말이 떠올랐다. 그런 의미에서 본다면 비록 10년 전의 난 원하는 뜻을 다 이루지는 못했지만 화물 차량 운전에 대해서만큼은 정점을 찍었던 것이 틀림없었다. 그때의 경험이 이렇게 10년 후에 유용하게 쓰일 줄 누가 알았겠는가. "인생에 무의미한 시간은 하나도 없었다."라는 어느 스님의 마지막 말처럼 당시의 경험들은 마치 이번 봉사 활동을 위해서 예비되었던 것처럼 새로운 의미로 재해석되고 있었다.

여행 오기 전에 먼저 세계 일주를 했던 사람들의 후기를 살펴보니 국제 면허증을 발급받았어도 쓸 일이 없었다는 사람들이 의외로 많았다. 나도 발급받을까 말까 고민하다가 그래도 혹시나 하는 마음에 받아 놓았는데 그것도 이렇게 유용하게 쓰이게 된 것이다.

그렇게 3주간은 한국에서 온 대학생 봉사 단원들을 태우고 아침저녁으로, 때로는 지방으로, 때로는 관광지로 날라다 주는 기사 아저씨가 되어 인생에서 가장 가슴 따뜻한 여름으로 기억될 7월 한 달을 보내고 있었다.

#04 - 봉사는 머리로 하는 것이 아니라 마음으로 하는 것

이번 대학생 봉사 활동의 총책임자 격인 과테말라의 현지 직원 H. 그는 국비로 러시아 유학까지 다녀왔을 정도로 능력이 출중한 엘리트 직원이었다. 과테말라에 와서 새롭게 알게 된 사실이 있는데 조직 내의 수직적인 위계질서 체계는 유교 사상에 근간을 두고 있는 한·중·일 세 나라에만 존재하는 문화가 아니라는 것이었다. 과테말라 조직 내 서열에 따른 위계질서 문화는 한국의 조직 사회보다도 더욱 엄격했다.

누구나 그렇듯 나 역시 시작은 열정으로 가득 차 있었다. 기왕 도와드리기로 했으니 사랑과 정열을 다해야겠다는 마음으로 어떤 사안들이 발생할 때마다 이런저런 의견들을 제시하며 적극적으로 참여했었다. 하지만 내가 의견을 낼 때마다 총책임자인 H가 사사건건 반대의 입장을 고수하는 것이었다.

처음에는 그럴 수도 있겠거니 하며 흘렸지만 마일리지가 쌓일수록 마음속에서 그냥 흘려보내지지가 않았다. 지금은 공생애를 위한 봉사 활동을 하고 있는 중이니 정결치 못한 마음을 품으면 안 된다며 겉으로 아무렇지 않게 보이려고 애를 쓰면서도, 속으로는 이미 적개심의 활화산이 걷잡을 수 없을 정도로 활활 불타오르고 있었다.

이런 뜨끈뜨끈한 마음으로 봉사 활동에 참여하고 있던 어느 날 '아차!' 싶은 생각이 들었다. 내가 아무리 한국 사람이고 팀장님이라는 명품 백을 등에 업고 온 낙하산 봉사자라고 할지라도 이곳은 엄연히 위계질서가 존재하는 조직 사회 아닌가. 그동안 이 부분을 너무 간과했었다는 생각이 퍼뜩 드는 것이었다.

안 그래도 한국 사회 못지않게 조직의 위계질서를 중요시하는 과테말라 사람들인데 그동안 한 번도 H를 나의 상급자라고 생각해 본 적 없었다는 사

종교 행사급의 심리 치유 기능을 지닌 아띠뜰란 호수에서

실이 그 순간 자각되었다. 마음속으로조차 H가 상급자라는 인식을 해 본 적이 없었으니 그간 H를 대하던 나의 행동은 어떠했겠는가? 굳이 서열을 따지자면 난 총책임자인 H에게는 비할 수조차 없다. 말단 신입 직원보다도 못한, 정식 봉사자보다도 못한, 비정규직 봉사자보다도 못한, 비공식 임시 체험 낙하산 봉사자일 뿐. 그런 내가 내 위치를 알지도 못한 채 총책임자인 H에게 친구처럼 다가가 이렇게 하는 게 어떻겠느냐, 저렇게 하는 게 어떻겠느냐 하며 의견들을 제시했으니…….

3주간의 대학생 봉사 일정에는 과테말라의 유명 관광지를 둘러보는 시간들이 포함되어 있었다. 덕분에 나 역시도 과테말라 대부분의 관광지들을 둘러볼 수 있는 행운을 누릴 수 있었다.

그렇게 하루는 과테말라가 자랑하는 아름다운 호수 아띠뜰란을 찾았다. 아띠뜰란 호수는 해발 2,000m의 화산이 폭발하여 만들어 낸 칼데라호로, 배낭여행객들 사이에서 바이블로 섬겨지는 유명 여행 안내서 『론리 플래닛(Lonely Planet)』이 세상에서 가장 아름다운 호수라고 추천하고 있는 곳 중 하나다. 라틴아메리카의 혁명 영웅 체 게바라도 이 아띠뜰란을 보고 여기서는 잠시 혁명을 내려놓고 쉬고 싶다 말했었다고 한다.

나 역시도 아띠뜰란의 아름다움에 흠뻑 빠졌다. 그래서 그 아름다움을 어떻게 말하면 좋을지 고민하다 생각난 것이 '바라만 보고 있어도 사람의 마음을 정결하게 만들어 주는 종교 행사급의 심리 치유 기능을 지닌 호수'라는 표현이었다.

전 세계의 수많은 관광객들이 몰려드는 곳인 만큼 아띠뜰란 호수 주변에는 외국인들에게 구애하는 걸인들도 많이 있었다. 걸인들도 너무 자주 찾아오면 연민보다는 귀찮기 마련이다. 그래서 결국 외면하게 되는 게 보통 사람들의 수순이다. 나를 포함해 스태프와 봉사 단원이 대략 스무 명 정도였는데 모두들 처음에는 찾아오는 걸인들에게 인도주의적인 태도를 보이다가 나중에는 외면하기 바빴다.

그런데 유독 H만이 걸인들이 다가올 때마다 일일이 동전 하나라도 건네주며 끝가지 연민의 마음으로 자비를 베풀어 주는 것이었다. 그날 난 그런 H의 모습을 보면서 새로운 사실 하나를 깨닫게 됐다.

> 사랑은 신의 마음이 행동으로 나타난 것이다. 사랑은 일반적으로 착한 일을 의미한다. 또한 사랑은 말로 그쳐서는 안 된다. 행동과 실천이 따라야 한다. 어떤 사람이 미래에 사회 복지와 봉사에 힘쓰겠다고 다짐을 했다. 하지만 오늘 당장 길에서 만난 불우한 이웃을 돕지 않았다면 그는 자기 외에 아무도 사랑하고 있지 않은 것이다. 사랑에는 앞으로의 사랑이란 게 있을 수 없다. 오로지 지금 이 순간만 있을 뿐이다. 지금 사랑을 실천하지 않는 사람은 사랑이 메마른 사람이다.
>
> -톨스토이-

그동안 속으로 많이도 미워했던 H의 새로운 면모를 보게 되면서 순간 '봉사는 머리로 하는 것이 아니라 마음으로 하는 것'이라는 생각이 들었다. 봉사 활동 역시 사람이 하는 일이다 보니 업무 처리를 하다 보면 당연히 진통이 따를 수밖에 없기 마련이다. 아무리 인도주의적 가치와 인류애의 선의를 품고 입사했던 NGO 단체의 직원들이라 할지라도 업무 계선 속에서 이리 치이고 저리 치이다가 자신이 뜻하지 않았던 방향으로 흘러갈 때가 왜 없겠는가. 사람이 모여 있는 조직과 사회에서 관계 속의 마찰이 없기를 바라는 사람이 있다면 오히려 그 사람이 현실과 이상을 분간하지 못하고 있는 것일지도 모른다. 나보다 더 어렵고 힘든 사람들을 돕기 위해 지금 내가 여기에 와 있는 것이라는 목적의 본질만큼은 잊지 말았어야 했는데, 한동안 빡빡한 일정에 치이고 사람들과의 관계 속에서 꼬이다 보니 중요한 부분을 간과하고 있었다.

이렇게 유능한 엘리트 직원 H는 낙하산 봉사자인 나에게 '봉사는 머리로 하는 것이 아니라 마음으로 하는 것'이라는 깨달음을 주는 직무 수행 능력까지 발휘하고 있었다.

> 인생의 의의는 자기완성과 사회의 조화를 위해 다른 어려운 사람을 돕는 데 있다. 우리는 이 세상을 사는 동안 어떠한 분야든 봉사를 통해서 자신을 완성시킬 수 있다. 자기가 아닌 다른 사람을 위한 희생이야말로 자기를 완성시키는 지름길이다.
>
> -톨스토이-

EL SALVADOR

7

엘살바도르

#01 - 추억앓이

과테말라의 모든 봉사 일정이 끝나고 다시 혼자만의 여행이 시작되었다. 이번에는 '엘살바도르'다. (무슨 요정 이름 같다.) 수도의 이름도 돌림자를 썼는지 '산살바도르'라고 한다.

엘살바도르에 대해서 자료를 찾던 중 재미있는 사실을 발견했다. 엘살바도르는 중미에서 국토가 가장 작지만 인구수는 600만 명으로 과테말라에 이어 두 번째로 많은 나라라는 것이었다. 600만 명이라……. 서울 인구의 절반밖에 안 되는 인구수가 많은 축에 속하는 거라니. 여행 전에는 대한민국의 인구수가 많은 편인지 적은 편인지 별 관심도 없이 무심했는데 여행을 시작하고 다른 나라들의 자료를 조사할 때마다 대한민국의 5천만 인구수는 과히 적은 게 아니라는 걸 새롭게 인식하게 된다.

과테말라의 '좋은 이웃'에 머무는 동안 인연을 맺었던 본부장님께서 엘살바도르에 가게 되면 도움을 받으라며 KOICA(Korea International Cooperation Agency, 한국 국제 협력단) 직원을 소개시켜 주셨다.

여행 전에는 현지의 문화를 있는 그대로 배우고 이해하려면 가급적 한국사람을 멀리하고 현지인들을 더 많이 만나야 한다고 생각했었다. 하지만 멕시코와 과테말라에서 현지의 한국인들을 만나 보고 나니 생각이 바뀌었다. 잠시 머물다 떠나가는 여행객의 입장에서 아무리 문화를 있는 그대로 느끼고 배워 보려고 한들, 현지에서 수년에서 수십 년 생활했던 분들의 깊이를 결코 따라갈 수 없다는 걸 알게 된 것이다. 그런 생각에 앞으로는 대가를 찾아가 배움의 한 수를 얻는다는 심정으로 여행국의 한국인들을 만나서 이야기를 들을 수 있는 기회를 더 많이 늘려야겠다고 생각했다. 그랬던지라 엘살바도르에서도 이어지는 인연의 끈을 감사하게 받아들였다.

그리고 엘살바도르에서는 운도 참 좋았다. 호스텔에 도착하고 건네받은 연락처로 연락을 드렸더니 KOICA 사무실이 호스텔 바로 옆 건물에 위치해 있던 것이다. 덕분에 30분 후에 뵙기로 약속하고는 첫인사를 나눌 수 있었다.

NGO 단체였던 '좋은 이웃'은 말 그대로 비정부 기구인 반면 KOICA는 국가에서 운영하고 있는 정부 기구이다. 비정부 기구와 정부 기구라고 하니 두 기구가 상반된 일을 하고 있는 것처럼 보일 것이다. 그러나 실제로 두 기구는 국제 개발 협력이라는 파트에서 상호 유기적인 관계를 유지하고 있다. 나 역시도 여행 전에는 잘 몰랐었던, 여행 중 다양한 분야에 종사하는 사람들을 만나면서 알게 된 지식이다.

이런 공식적인 만남 외에도 여행은 나에게 끊임없이 새로운 인연들을 소개시켜 주고 있었다. 일주일간 머물던 엘살바도르의 호스텔에서 만난 인연들만 살펴보더라도 그렇다.

체 게바라처럼 아르헨티나에서 오토바이로 남미 여행을 시작해 콜롬비아에서 배를 타고 중미로 넘어와 엘살바도르까지 왔다는 핀란드 청년 쟈콥과의 만남. (쟈콥과는 서로가 서로를 보디가드 삼아 산살바도르를 함께 도보로 여행했다.) 4년째 일과 여행을 반복하며 세계 일주를 하고 있다는 대만 아가씨 제니퍼와의 만남. (제니퍼와는 여행 정보를 주고받으며 니카라과와 코스타리카에서도 만나고 헤어짐을 반복했다.) 또 마약과 비행으로 얼룩져 암울한 어린 시절을 보내던 중 우연한 기회에 오보에(Oboe)를 만남으로써 새로운 삶을 살게 되었다는 미국인 음악 교사 필립과의 만남. (필립은 매년 겨울과 여름이면 엘살바도르를 찾아와 자신과 같이 불우한 어린 시절을 보내고 있는 아이들을 위해 오보에를 가르치는 봉사 활동을 하고 있었다.) 이렇게 여행은 새로운 인연들과의 만남을 통해서 다양한 삶의 방식에 관한 이야기를 들려주고 있었다.

엘살바도르에서도 새로운 만남으로 여행의 시간들은 채워져 가고 있었지만 지난 한 달여간 과테말라에서 보냈던 시간들이 너무나 뜨거웠던 탓일까, 마음은 여전히 그곳에 머물러 있었다.

그렇게 며칠이 지났다. 하루는 아침에 눈을 떠 간밤에 온 메시지와 소식들을 확인하다가 우연히 아이유의 리메이크 곡 '너의 의미'를 처음 듣게 되었다. 멜로디 라인이 주는 감성과 노랫말에 담긴 메시지가 과테말라를 그리워하는 나의 마음을 어루만져 주고 있는 것만 같았다.

때마침 창밖에는 장대 같은 여름비가 쏟아지고 있었다. 그렇게 그날 아침은 호스텔 창가에 앉아서 내리는 비를 바라보며 마음속에 차지하고 있던 과테말라에 대한 그리움들을 노트에 적어 내렸다.

엘살바도르에 내려온 지 5일이 지났지만 아직 마음은 과테말라에 머무르고 있다. 뜨거웠던 시간을 보낸 뒤에 수반되는 불가피한 가슴앓이들. 새로운 길을 떠날 때마다 치러야 하는 지난 여정과 사람들에 대한 추억앓이. 지난 40여 일간 머물며 '좋은 이웃' 식구들과 보낸 따뜻했던 시간들, 한국에서 온 봉사 단원들과 함께한 뜨거웠던 시간들. 그 열기가 마음 한편에서는 아직 사그라지지 않은 채 곧 다시 타오를 것만 같은 과테말라의 파카야 볼케이노처럼 여전히 들끓고 있다.

어느덧 여행도 6개월을 넘어서며 이제 더 이상 여행이 아닌 일상이 되어 가고 있다. 여행이 장기적으로 이어지며 피치 못할 내 안의 퇴보는 새로운 것, 아름다운 것, 좋은 것을 보아도 별 자극을 받지 못하고 무뎌져만 가는 감각들이다. 하지만 무뎌진 칼날처럼 둔탁해져만 가는 감각들과 다르게 헤어짐의 그리움은 결코 무뎌지지가 않는다. 과테말라를 떠나기 전, 이제는 좀 익숙해져서 괜찮을 거라고 호언했지만 역시 장담은 할 수 없었던 말들. 지난 6개월간 수많은 새로운 인연들을 만나며 더없이 행복했었다. 하지만 그 인연들과 이별을 해야만 하는 아픔 또한 고스란히 안고 와야만 했다. 단언하건대 여행에서 가장 힘든 일을 꼽으라면 그건 정든 사람들과 헤어짐이다.

반면 이렇게 지나온 길에 대한 감정을 정리하지 못하고 방황하고 있노라면 앞으로 어디로 가야 할지, 어떻게 가야 할지, 이정표도 조언자도 없는 이 혼자만의 길에서 오직 나 자신만이 좌회전을 할 것인지, 우회전을 할 것인지, 방향등을 켜지 않으면 안 된다는 불안감이 유일한 인솔자처럼 찾아와 마음을 추스르도록 만든다.

과연 난 엘살바도르에 왜 온 것인지, 이곳에는 어떤 의미를 부여해야 하는지.

엘살바도르 '너의 의미'는 무엇이더냐?

#02 - 엘살바도르라는 퍼즐 조각

막상 듣고도 별 감명이 없었던 '인생은 퍼즐과 같다.'라는 말이 어느 순간 마음속 깊숙한 곳에 훅 와 닿으며 하나의 깨달음을 주었다. 그 후로 인생을 논할 때면 '퍼즐론'을 펼치고는 했었다.

퍼즐론의 핵심은 성공한 인생을 살고 싶으면 가능한 한 빨리 인생 전체의 밑그림부터 그려야 한다는 것이었다. 이는 화가가 그림을 그리기 전, 소설가가 소설을 쓰기 전, 영화감독이 영화를 찍기 전 전체 밑그림을 그리고 시작하는 것과 같은 이치였다. 내가 감독이자 주인공인 '내 인생'이라는 드라마에서 정작 내가 전체 작품의 줄거리를 모르고 있다면? 그 작품은 걸작으로부터 당연히 멀어지게 될 것이다.

'우리는 인생을 두 번 산다.'라는 말이 있다. 첫 번째 인생이 그냥 별 생각 없이 살아온 인생이라면 두 번째 인생은 어떻게 살아갈 것인지를 알고 살아가는 인생이라고 한다. 퍼즐론은 바로 여기서 말한 두 번째 인생, 즉 어떻게 살아갈 것인지를 알고 살아가기 위해 전체 밑그림을 먼저 그려야 한다는 것과 같은 맥락이다. 밑그림을 다 그렸다면 그 다음에는 어떤 퍼즐 조각부터 생산할 것인지 순서를 정하고, 인생 전체에서 시간을 할당해 그 퍼즐 조각들을 하나씩 생산해 낸 다음 그려 놓았던 밑그림에 채워 넣으면 된다는 것이 인생 퍼즐론의 고갱이다.

하루는 호스텔에서 아침 식사를 하며 아저씨 한 분과 인사를 나누었다. 아저씨는 이웃 나라 온두라스에서 비즈니스 때문에 왔다고 하셨다. 간단한 인사 후 나는 아저씨의 질문에 딱 두 마디를 답했었다. 한국 사람이고, 7월 말까지 여기에 머물 계획이라고. 그랬더니 대뜸 'CIFCO'라는 무역 박람회가 8월 1일부터 이 근방에서 열리니 보고 가라며 명함 뒷장에 무언가 적어 주는 게 아닌가. 그러고는 일을 보러 가 버리셨다. 무역 거래를 할 물품을 찾고 있

온두라스 아저씨가 주고 간 무역 박람회 정보

다거나 그런 분야에 관심이 있다는 말은 일언반구도 하지 않은 상황이었다.

관심 있는 정보 획득에 이게 웬 떡인가 싶으면서도 저 아저씨가 갑자기 나에게 이걸 왜 주고 가는 건지에 대해서 생각해 보지 않을 수 없었다. 마치 저 아저씨가 지금 내 마음속 고민을 훤히 꿰뚫어 보고 있는 것 같은 기분이었다고 할까.

내가 세계 일주를 해야겠다고 결심했던 이유는 사업을 하기 위해서였다. 스무 살 이후 줄곧 사업 성공의 일념으로 인생의 방향을 설정해서 달려오고 있었다. 하지만 무엇부터 해야 할지, 어떻게 시작해야 할지 막막한 것도 사실이었다. 사업을 해 보고 싶다는 열망만 있었지, 구체적인 계획에 대해서는 백지 상태나 마찬가지였다. 그래서 내린 결론이 바로 세계 일주였다. 세상을 한번 돌아보고 나면 분명 내가 원하는 답을 얻을 수 있을 것 같다는 확신이 들었기 때문이다.

그런 이유로 여행 초반까지 이 여행의 이름은 '무역 여행'이었다. 그리고 여행 중 무역 거래를 할 수 있는 아이템을 찾고, 가능하다면 경험 삼아 작은 거래들을 시도해 보겠다는 계획도 가지고 있었다. 여행 초반에는 두 차례의 실제 거래도 있었다.

첫 번째 거래는 인도네시아의 전통 팔찌를 호주의 프리 마켓에서 팔려고 했던 일이다. 프리 마켓에서 직접 소매로 팔려고 했던 건 아니었고 소매점을 찾아가 도매로 팔려고 시도를 했었다. 하지만 미리 짜기라도 한 듯 내 팔찌를 사 주는 상점은 하나도 없었다. 결국 인도네시아 팔찌는 호스텔의 여행객들을 상대로 덤핑 처리를 하다시피 해서 다 팔았다. 개당 원가가 250원밖에 하지 않았기 때문에 1불에 3개씩 팔아도 적자를 면할 순 있었다.

두 번째 거래는 필리핀에서 P사의 진주 크림을 구입해 한국 인터넷 쇼핑몰에서 판매했던 일이다. 이 역시도 100만 원을 투자해서 102만 원을 벌었으니 금전적으로 손해를 본 건 전혀 없었다. 여자 화장품에 대해서 아는 게 하나도 없다 보니 홍보에 어려움을 겪었고, 앞으로 잘 모르는 일에는 절대 손을 대면 안 되겠다는 교훈까지도 확실히 얻게 되었다. 그때 한국에서 유치원 다니는 딸아이를 키우고 있던 친누나를 막 부려 먹고도 아르바이트 비용을 제대로 챙겨 주지 못한 것이 못내 마음에 걸려 있다. 당시 누나에게는 수익금 전액(2만 원)과 50% 남은 재고를 마음껏 처분할 수 있는 '재고 처리 자유권'을 양도함으로써 아르바이트 비용을 대신했었다.

이렇게 무역 거래와 사업에 관심을 두고 있다 보니 아침에 온두라스 아저씨가 뜬금없이 주고 간 무역 박람회 정보에 놀랐던 것이다. 마치 신의 계시 같아 앞으로 내 인생이 어떻게 전개되려고 이런 일이 생기는 건지 내심 기대를 하지 않을 수 없었다. 물론 기적을 바라는 것도, 큰 기대를 하는 것도 아니었지만 그래도 혹시 모르는 일 아닌가! 혹시나 하는 희망만큼은 버리지 않은 채 무역 박람회를 보고 엘살바도르를 떠나자는 생각으로 전체 일정을 조정했다.

박람회가 시작되는 첫날 바로 찾아갔다. 그런데 이 쥐방울만 한 나라에 뭐 그렇게 사람들이 많이 모인 건지! 엘살바도르 인구 600만 명이 다 모인 줄 알았다. 역시 인생은 요행으로 맞춰지는 퍼즐이 아니었다. 여행 중 뜻하지 않은 귀인의 도움으로 기적과도 같은 멋진 사업 아이템을 발견한다는 성공 스토리는 역시나 그림자 한 조각도 비칠 기미가 없어 보였다.

그래도 위안이 된다. 비록 오늘은 박람회에 가서 엘살바도르 사람만 실컷 구경하고 돌아왔지만 언젠가는 이 시간들이 내 인생에서 새로운 의미로 재해석될 것이다. 그래서 의미 있는 퍼즐 한 조각으로 전환될 날이 분명 올 거라는 기대만큼은 가져 볼 수 있지 않을까.

NICARAGUA

8
니카라과

#01 - 니카라과를 처음 알게 된 때

여행 시작 4년 전인 2010년, 세계 일주를 해야겠다는 마음을 확정지었다. 그동안 틈틈이 읽어 오던 자기 계발 서적의 누적 효과가 결심의 저변에서 병풍 역할을 했던 것 같고, 버킷 리스트를 작성하고 어떻게 실천할 수 있을까를 고민하면서 파급 효과가 일파만파로 커졌던 것 같다.

세계 일주를 떠나기 위해 현실의 걸림돌들을 하나씩 제거해 나가다 보니 결국 시간과 돈의 문제가 가장 마지막까지 남았다. 그리 젊지 않은 나이에 적지 않은 경비와 짧지 않은 시간을 투자해야 하는 선택의 기로 앞에서, 단순히 세상을 배우고 견문을 넓힌다는 두리뭉실한 성과로 마무리 짓기에는 투자 대비 성과가 너무 초라할 것만 같았다. 그래서 이 부분에 대해 나만의 답을 정리해 두어야 할 필요가 있다고 생각했다. 과연 어떻게 하면 2년이라는 시간과 3천만 원이라는 자본 투자에 부합하는 성과를 끌어낼 수 있을 것인가. 자료들과 책을 찾아가며 궁리하기 시작했다.

그렇게 몇 달이 지난 어느 날 '무역 거래를 하면서 세계 일주를 하면 어떨까? 그 이야기를 책으로 쓴다면?'이라는 생각이 떠올랐다. 어떻게 이런 기발한 발상이 나올 수 있을까. 처음엔 이런 아이디어를 떠올린 스스로가 기특할 정도로 기뻤었다. 그렇게 며칠간은 대단한 비밀을 발견한 듯 일상의 언짢은 일에도 미소로 일관되는 행복한 나날을 보내고 있었다.

하지만 기쁨도 잠시, 또 다시 문득 드는 생각이 있었으니 '설마 인류 역사 속에서 나 같은 생각을 한 사람이 단 한 명도 없었을까?'였다. 가만 생각해 보니 최초로 세계 일주에 성공했던 마젤란도 새로운 무역로를 찾기 위한 시도 속에서 이루어 낸 업적이 아니었던가. 분명 마젤란 이후에도 무역을 하며 세계 일주에 성공했던 사람들이 있었을 거라는 생각이 들었다.

바로 검색 엔진을 가동시켜 보았다. 답은 싱겁게도 너무나 빨리 나왔다. 주인공은 아일랜드 출신의 『나는 세계 일주로 경제를 배웠다』의 저자 코너 우드먼(Conor Woodman)이었다. 한발 늦었다는 생각에 아쉬움이 들었지만 그래도 배움의 한 수를 얻고자 그의 책을 주문해서 읽기 시작했다. 그 이후 코너 우드먼의 두 번째 저서 『나는 세계 일주로 자본주의를 만났다』를 접하면서 세상에는 니카라과라는 나라도 있다는 사실을 처음 알게 되었다. 그때만 하더라도 세계 일주란 나와는 거리가 먼, 별난 사람들의 이야기 같은, 그저 동경의 대상이었다.

'과연 나도 코너 우드먼처럼 세계 일주를 할 수 있을까? 나 혼자서도 니카라과 같은 미지의 나라를 여행할 수 있을까?'

쉽게 상상조차 할 수 없는 꿈같은 이야기였다. 그 시절이 떠올라서 니카라과로 오는 내내 마음속으로는 얼마나 즐거워했는지 모른다.

엘살바도르에서 온두라스로(온두라스는 치안 상태가 좋지 못해 패스), 온두라스에서 니카라과로 하루에 두 차례나 국경을 통과하면서도, 치킨 버스(미국의 스쿨버스를 개조해서 만든 시내버스)를 13시간 동안 다섯 번이나 갈아타고 이동하면서도, 마음속은 내가 지금 과거에는 상상조차 하지 못했던 일들을 해내고 있다는 자긍심과 감격스러움으로 가득 차 있었다.

#02 - 대한민국에서 태어난 것을 감사하게 만들어 주던 나라

니카라과는 1인당 GDP가 1,300불로 아메리카 대륙을 통틀어 가장 못사는 나라이다. 문맹률은 32%에 달할 정도로 교육 수준도 떨어지며, 국민의 48%는 UN 기준 일일 생계비 1.75불 이하로 최빈곤층에 속하고 있다. 뿐만 아니라 전 세계에서 소득 불균형이 가장 심한 나라 중 하나이다. 이런 지표들이 보여 주듯이 니카라과는 전형적인 후진국이라고 할 수 있다.

니카라과 같은 빈곤 국가들을 여행할 때면 내가 그동안 얼마나 문명의 혜택 속에서 호강을 누리며 살아오고 있었는지를 새롭게 자각하게 된다. "집에 수도가 없어 우물에서 물을 길어 사용해야 했고, 산에서 나무를 해 와 장작불에 밥을 해 먹었다."는 어릴 적 할머니의 이야기가 이제는 모두 사라진 그저 옛날이야기라고만 생각했었다.

그러나 니카라과에서는 그 이야기들이 아직 현대를 살아가고 있는 오늘의 이야기였다. 이제는 대수롭지도 않게 여겨질 정도로 초라해진 이전의 이기들이 아직 어느 사회에서는 꿈도 꿀 수 없는 혜택이었다는 사실이 새로운 충격으로 다가왔다.

질 좋은 땔감을 파는 가게가 있는가 하면 라이터보다 성냥이 더 대중적으로 사용되고 있기도 했다. 그 모습을 보면서 그동안 수면 아래로 침잠해 있던 나의 의식들이 다시 깨어나고 있는 것 같았다. 그런 반면 모든 인프라가 다 갖춰져 있는 대한민국은 정말 살기 좋은 나라라는 사실을 인정하지 않을 수 없었다.

가톨릭 국가인 니카라과에는 마을 어귀마다 크고 작은 성당들이 있었다. 길을 걷다가 성당이 보일 때면 들어가서 잠시 휴식을 취하며 마음을 정리하는 시간들을 갖고는 했다.

"이렇게 세계를 돌아다니며 세상을 공부할 수 있도록 기회를 주심에 감사드립니다. 다시 건강하게 회복해서 여행을 재개할 수 있도록 해 주심에 감사드립니다."

언젠가 읽은 책에서 '종교는 절대자를 향해 자신을 낮추는 행위를 통해서 가장 먼저 나르시시즘을 극복하게 해 주는 매개체다.'라는 문장이 나와 마음속에 담아 둔 적이 있었다. 일이 잘 될 때일수록 더욱 겸양을 갖추고 낮은 자세를 유지해야 하는 법인데, 지금까지의 내 삶을 돌아보면 일이 잘 풀릴 때마다 경거망동하여 고초와 역경을 자처했던 순간들이 너무나도 많았다. 그래서 그 문장이 더더욱 내 심연의 본연을 건드렸던 것일지도 모르겠다. 필리핀에서 총을 맞은 것도 따지고 들어가 보면 결국 내 안의 자만심과 나르시시즘이 근원이었음을 인정해야만 했다.

성당이 보일 때마다 들어가서 꼬리에 꼬리를 무는 감사의 마음을 품다 보면 요즈음은 내가 대한민국에 태어났다는 감사함으로 귀결되고는 했다. 내가 만약 이곳 니카라과나 과테말라, 인도네시아의 거리에서 태어났다면 지금과 같은 여행을 꿈이나 꿔볼 수 있었을까? 스스로에게 자문해 보면 답은 언제나 소리 없는 메아리가 되어 돌아왔다. 인도네시아에 머물 때 매일 저녁을 먹으러 갔었던 엠베란(리어카 음식점)의 청년을 바라보면서 '그의 인생에는 과연 꿈이라는 게 있을까?'라는 의문을 던져 봤지만 더 이상 생각을 이어 가기가 어려웠었다. 이곳 니카라과에서 만나는 거리의 아이들에게도 똑같은 질문을 던져 보지만 답은 마찬가지였다.

니카라과에 도착한 첫날 자전거 택시로 나에게 다가와 끊임없이 자기 자전거를 타고 가라고 구애하던 소년은 과연 앞으로 얼마나 더 나은 삶을 기대하며 오늘을 살아가고 있을까. 그저 배고픔과 굶주림의 현실 앞에서 미래의 이야기는 허황된 한낱의 아지랑이 같은 것이 아닐까. 과연 그들의 눈에 나의 모습은 어떻게 투영되고 있을까.

해외에 나오면 애국자가 된다고 하던데 그 말의 참뜻이 몸으로 새겨지지 않는 걸 보니 난 아직 멀었나 보다. 하지만 한 가지는 확언할 수 있다. 여행의 시간이 흐를수록 마음속에서는 대한민국에서 태어났다는 사실에 대한 감사함이 강하게 똬리를 틀어 가고 있었다는 것을.

#03 – It was good to see you on the street of Nicaragua

저녁에 슈퍼마켓에 가다가 우연히 친구를 만나게 되었다. 3개월 전 멕시코의 호스텔에서 처음 만나 열흘 정도 함께 생활했었던 제라드 롱이라는 친구였다. 요섹남인 그가 음식을 만들어서 맛보라고 나눠 주면 나는 가지고 있던 과일로 보답을 하거나 수호천사님께서 주신 김치를 나눠 먹었다. 그렇게 정을 나눈 친구였다.

당시 난 열심히 병원에 다니며 치료를 하고 있었고, 그는 멕시코에서 스페인어를 배울 겸 영어를 가르칠 수 있는 곳을 찾고 있었다. 일을 구하는 게 뜻대로 되지 않아 일단 남쪽으로 내려간다고 하여 헤어졌었다. 그도 과테말라, 엘살바도르를 거쳐 한 달 전쯤 이곳 니카라과까지 내려왔다는 소식은 전해 들었지만 연락을 해 봐야겠다고 생각만 하고는 계속 미루고 있던 참이었다. 그 친구를 니카라과의 길에서 우연히 다시 만난 것이다.

그는 이곳 그라나다에서 일자리를 구해 니카라과 학생들에게 영어를 가르치고 있었다. 1인당 GDP 1,300불인 니카라과에서 과연 얼마의 보수를 받는지 궁금해서 물었더니 시간당 2불을 받는단다. 일주일에 총 11시간 수업이 있다고 했으니까 주당 원화로 치면 22,000원 정도를 버는 셈이었다. 호주에서 괜찮은 파트타임의 시급이 2만 원 정도임을 감안한다면 정말 형편없는 급료겠지만 스페인어를 배울 수 있는 기회로 삼고 있어서 괜찮다고 했다.

그와 맥주를 한잔할 수 있는 중앙 광장으로 자리를 옮겨 그간의 행보에 관해 이런저런 대화를 나누었다. 오랜만에 만난 친구와 대화를 나누면서 마음속에선 몇 가지 생각들이 정리되었다.

첫째는 '서양인이라고 해서 전혀 다른 사람이 아니다.'라는 것이다. 그가 하는 말과 행동, 매너를 지켜보고 있으면 겉모습만 다르지, 그동안 한국에서 만나 왔던 사람들과 다른 점을 찾으려야 찾을 수가 없었다.

둘째는 나의 부족한 영어를 열심히 들어주고 있는 그의 모습을 보면서 느낀, 역시 '대화는 언어의 능력보다 마음의 소통이 더 중요하다.'는 것이었다. 영어를 모국어로 사용하고 있는 국가의 사람들을 만나면 늘 부담스러웠다. 비영어권 국가의 사람들과 만날 때면 문법 신경 쓰지 않고 그냥 단어부터 던지며 말을 조합해 나가도 별 부담 없이 대화를 할 수 있었지만, 영어를 모국어로 사용하고 있는 사람들과 대화를 나눌 때면 그들이 듣고 싶지 않아도 나의 문법과 어법적 오류가 모두 다 들릴 거라는 생각에 늘 위축되곤 했기 때문이다.

마지막 셋째는 '나이에 따른 상호 간의 계산이 필요 없다.'는 것이다. 그도 내 나이를 모르지만 나도 그가 지금까지 몇 해를 살아왔는지 한 번도 묻지 않았다. 그저 서로가 어떤 생각으로 인생을 살아가고 있는지 이야기를 들어줄 뿐이었고, 프렌드라는 호칭으로 응원을 보내 주면 그걸로 충분했기 때문이다.

제라드 롱과 헤어지고 숙소로 돌아오니 그와 기념사진 한 장 찍지 못한 것이 못내 아쉬움으로 남았다. 둘 다 외국인인지라 늘 도사리고 있는 강도의 위험에 대비하기 위해 핸드폰도 카메라도 시계도 없이 그저 약간의 현금만 가지고 길을 나섰기 때문이다. 그래도 마냥 반갑고 신기했다. 내가 타국의 거리에서 우연히 아는 사람을, 그것도 외국인을 친구라 부르며 반갑게 인사를 하게 될 거라고는 (여행 전에는) 미처 상상하지도 못했었다.

오늘 일이 제라드 롱에게도 그의 이름처럼이나 길게(Long) 기억될지 모르겠지만, 나에게만큼은 오래도록 간직될 추억거리로 남을 것만 같았다. 출발은 혼자 했지만 결코 혼자가 아닌 이 여행길. 오늘은 유난히 이 세상이 좁게만 느껴진다.

COSTA RICA

9

코스타리카

#01 - 행복 국가 사람들은 어떤 표정으로 살아가고 있을까?

코스타리카라고 하면 흥겨운 라틴 댄스 리듬이 가장 먼저 떠오른다. 어쩌다 내게 이런 이미지가 심어진 건지 나도 그 연유에 대해선 잘 모르겠다.

중미에서 가장 잘 사는 나라. 2009년, 2012년 행복지수 1위 국가. 중미의 스위스. 세계에서 최초로 헌법에 의해 군대를 폐지한 나라. 군대를 폐지하고 그 예산을 복지에 사용하는 나라. 정치와 치안이 안정된 나라. 국토의 25%가 국립공원과 자연 보호 구역으로 지정된 친환경 국가. 영화 『쥬라기 공원』의 주요 촬영 무대가 되었을 정도로 식물의 종수는 아프리카보다 많고 온갖 새와 나비를 볼 수 있는 나라. 수도 산호세의 경관은 마치 유럽에 온 듯한 착각을 불러일으킬 정도로 아름다웠다!

호평이 담긴 수많은 글들을 찾아보면서 왜 코스타리카 하면 흥겨운 라틴 댄스 리듬이 가장 먼저 떠올랐는지 그제야 그 이유를 알 것 같았다. 과연 행복 지수 1위 국가의 사람들은 어떤 표정으로 살아가고 있을까? 코스타리카에 머무는 동안 행복 바이러스를 감염 받아 행복 기운 좀 충전하고 가야겠다는 기대가 있었다.

하지만 3일 정도 코스타리카를 둘러보니 첫 느낌이 인터넷에서 본 호평들만큼 만족스럽게 다가오질 않았다. 이제 고작 3일을 보고 얼마나 알겠냐마는 첫인상이 이미지의 70%를 좌우한다는 말도 있지 않은가. 내가 코스타리카에서 가장 보고 싶었던 것은 '과연 행복 지수 1위 국가의 사람들은 어떤 표정으로 살아가고 있을까?'였다.

결론부터 말하겠다. 사람들의 표정이 이웃 나라이자 지구상의 최빈국 중 한 곳인 니카라과 사람들보다도 더 어둡게 보였다.

니카라과에서뿐만 아니라 지금껏 여행한 라틴아메리카의 모든 나라들에서는 길을 가다 모르는 사람과 마주쳐도 '올라(Hola)!'라는 인사를 건네는 것이 기본 예의였다. 그 인사 한마디가 낯선 타국 땅을 홀로 여행하고 있는 이방인에게 얼마나 따뜻한 위로가 됐는지 모른다. 아침에 숙소를 나설 때면 바짝 긴장하고 있던 몸과 마음이 길 가는 사람들과 인사를 한 번씩 나눌 때마다 차츰 누그러졌고, 숙소로 돌아올 때에는 산책을 하고 온 것처럼 경쾌해져 있을 정도였다.

하지만 이곳 코스타리카인들에게는 그런 친근함이 보이질 않았다. 이방인을 향해 뚫어져라 강렬한 인종 차별의 눈빛을 건네는 청년들에게 이전처럼 미소의 인사를 건네 봐도 그들의 눈빛과 표정에 아무런 변화가 없을 때면 정말 이곳이 행복 국가가 맞나 싶은 의문이 들었다. 또 집집마다 둘러진 높은 담벼락과 철제 대문, 창문의 철창들을 보면서 '이렇게 창문조차 마음껏 열 수 없는 나라가 어떻게 세계에서 가장 행복하다고 할 수 있는 거지?'라는 의문이 들었다.

코스타리카는 국민 소득 1만 불 국가답게 그동안 경험했던 여타의 중미 국가들보다는 확연히 발전된 모습들을 보였다. 하지만 내가 태어나서 자란 곳의 국민 소득이 그 두 배가 넘는다는 것을 감안하면 도시 경관이 눈부시게 현대적이라거나 호평할 만큼 세련되게 느껴지지는 않는다는 것이 솔직한 마음이다. "수도 산호세의 경관이 유럽과 같이 화려하고 예술적으로 느껴졌다."라고 예찬했던 블로거는 (물론 사람마다 보는 관점이 다 다르겠지만) 괜한 공치사를 한 것이 아닌가 싶은 생각도 들었다.

이래서 백문이 불여일견이라는 말이 있나 보다. 코스타리카의 첫인상에 대해서는 백문이 불여일견이니 직접 보고 판단하는 것이 좋을 것 같다는 말밖에는 달리 할 말이 없겠다.

#02 - 행복해지기 위한 방법 하나 더

'코스타리카는 진짜 어떤 나라일까?'

도대체 이 행복 국가의 '허와 실'은 무엇인지 다른 사람의 견해를 빌려 조금 더 정확한 관점을 견지해야겠다는 생각이 들었다. 또 중미에서 가장 잘 사는 나라인 코스타리카에서 한국인들이 어떤 기지와 수단을 발휘해 사업을 하고 있을지 이야기를 들어 보고 싶었다.

그래서 이곳저곳 손을 뻗어 보았더니 멕시코의 수호천사님께서(수호천사님의 활약은 이뿐만이 아니었다. 페루에서도, 남아프리카공화국에서도, 인도에서도 도움을 계속 주셨다. 그는 말 그대로 진정 내 여행의 수호천사님이셨다.) 코스타리카에서 사업을 하고 계실 거라는 분의 성함(만)을 알려 주셨다. '황○○' 씨라고. 한국에서 회사를 다닐 때 같은 직장에 있던 선배였는데 지금은 연락이 끊긴 지 몇 년 됐다며, 혹시 만나게 되면 안부를 전해 달라는 미션도 주셨다.

인터넷에서 코스타리카 주재 한국 대사관 주소를 확인하고는 일단 찾아가 보았다. 그런데 한국인 담당자를 만나서 "혹시 황○○ 씨를 아느냐?"고 문의했더니 "그분은 이미 돌아가셨다."라고 답을 하는 게 아닌가. 예상치 못한 답변에 당혹스러워서 그저 "돌아가셨군요."라고 되뇌이니 담당자가 본인도 말을 해 놓고 이상하다 싶었는지 이내 미안하다며 돌아가신 게 아니라 한국으로 돌아가신 거라고 정정해 주었다.

비록 수호천사님의 'TV는 사랑을 싣고' 미션 완수와 내가 원하는 목적에는 소기의 뜻을 이루진 못했지만, 현재 코스타리카에는 460여 명의 한인이 거주하고 있고, 한인회는 구성되어 있으나 교민 수가 워낙 적어서 한인 타운과 한인회 사무실까지는 만들지 못했다는 이야기 등을 들을 수 있었다.

그리고 한인 교회 위치도 문의했는데 교회 주소가 엄청 길었다. 다 받아 적으려니 너무 길어서 나중에 구글 지도로 검색해 보면 되겠지 싶어 몇몇 핵심

키워드만 수첩에 옮겨 적고는 대사관을 빠져나왔다.

대사관에 들렀다가 황○○ 씨를 찾으러 가겠다던 계획도 수포로 돌아갔고, 일단 대사관 주변의 카페에 앉아 이제 뭘 해야 하나 고민했다. 그러다가 때마침 적어 온 교회 주소가 생각이 나 검색해 보았다. 그런데 정확한 위치가 나오질 않는 것이다. 내가 머물고 있는 호스텔에서 그리 멀지 않은 곳이라는 건 알겠는데 정확한 위치를 알 수 없었다. 차라리 시간도 남는데 잘 됐다 싶었다. 교회 위치나 확인해 두고 숙소로 돌아갈 심산으로 버스를 탔다. 그 근처에 가서 사람들에게 묻다 보면 설마 한인 교회 하나 못 찾겠냐 싶은 생각이었다.

적어 온 주소지에서 핵심 단어처럼 보이는 스페인어 'Perimercados'를 찾아갔더니 동네 슈퍼마켓이었다. 그 주변 어딘가에 교회가 있을 것 같아 골목들을 돌아다니기 시작했다. 그리고 마주치는 사람마다 혹시 이 근방에 한인 교회가 어디 있는지 아느냐고 물었다. 그렇게 두 시간을 이 잡듯이 동네를 다 뒤졌지만 도대체 어디에 숨어 있는 건지 교회는 보이지 않았다.

나중에 알게 된 사실인데, 코스타리카 주소 체계는 어느 특정 건물로부터 북쪽 몇 미터, 동쪽 몇 미터, 이런 식으로 표기한단다. 그런데 난 북쪽 몇 미터, 동쪽 몇 미터는 모두 다 생략한 채 어느 특정 건물인 슈퍼마켓 이름만 적어 왔던 것이다.

그렇게 꼬박 두 시간을 헤매다 결국 포기하고 돌아가던 길이었다. 자포자기의 심정으로 순찰차에서 쉬고 있던 경찰들에게 다가가 혹시 한인 교회를 아느냐고 물었더니 어딘지 안다며 차에 타라고 하는 것이다. 그들은 교회 앞까지 경찰차를 몰고 가 나를 내려주었다. 교회는 내가 아까 들어갈까 말까 한참 망설이다가 돌아갔던 바로 그 골목 모퉁이 안쪽에 있었다.

내일이면 열흘간의 코스타리카 일정도 모두 다 마무리 짓고 이곳을 떠나게 된다. 항상 이렇게 마지막 날이 다가오면 굳이 돌이켜 보려 하지 않아도 자연스레 내 마음이 먼저 지난날들을 상기시켰다. 지난 열흘간 무엇을 한 걸까. 분명 쉬지 않고 분주히 이러 뛰고 저리 뛰고 했던 것 같은데 특별히 얻어낸 성과는 하나도 없었다. 여행하는 나라들마다 기대 이상의 성과를 거둘 수 없는 것이 당연하겠지만 그래도 노력한 것에 비해 얻는 것이 특히나 더 없을 때면 공허함이 찾아들었다.

허무한 마음을 달래고자 마지막으로 맛있는 저녁이나 먹고 이곳을 떠나자 싶어 시내에서 외식을 했다. 그리고 여느 때처럼 숙소로 돌아오는 버스 안이었다. 잘 가던 버스가 갑자기 평소와는 다르게 좌회전을 하는 것이 아닌가.

'왜 갑자기 좌회전을 하는 거지? 어디 공사 중인가?'

버스가 어디로 가는지 유심히 살피고 있었지만 도무지 내가 원하는 방향으로 되돌아갈 생각은 없어 보였다. 기사 아저씨에게 다가가 왜 버스가 다른 곳으로 가느냐고 물었더니 오늘부터 버스 노선이 바뀌었다고 하는 것이 아닌가!

하는 수 없이 일단 버스에서 내렸다. 그리고는 다시 버스가 왔던 길을 따라서 뚜벅뚜벅 걸어 돌아가기 시작했다. 혹 떼러 왔다가 혹 하나 더 달고 가는 기분이었다. 맛있는 식사로 허무함을 달래 보려 했으나 이내 어둑어둑해지는 일몰과 함께 마음에는 더 짙은 허무함이 드리워지고 있었다.

코스타리카 여행은 나에게 이런 가르침을 주려던 게 아닐까. 인생이 늘 계획한 대로, 생각했던 것처럼 술술 풀릴 수만은 없다는 걸 알아야 한다고 말이다. 그리고 이것 역시 우리 인생의 한 부분이니 그 자체로 받아들이고 수긍할 줄도 알아야 한다고. 그래야 우리 삶 안에서 더 큰 행복을 맛볼 수 있다고.

이렇게 행복 국가 코스타리카를 통해서는 행복해지기 위한 또 하나의 깨달음을 터득하고 떠나간다.

10
파나마

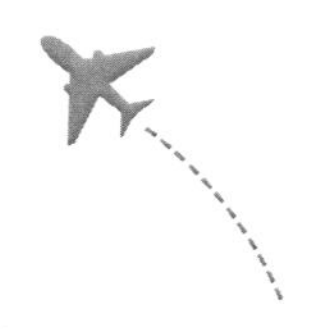

#01 - 기대 이상의 나라 파나마

아침 8시, 국경으로 가기 위해 호스텔을 출발했다. 버스 터미널에 도착해 표를 사 놓고 기다리는데 한 동양인이 웃으며 다가와 "니혼진데스까(일본인입니까)?"라고 물었다. 나는 "칸코쿠진데스(한국인입니다)."라고 화답해 주었다. 이역만리 지구 반대편에 왔더니 종종 이렇게 생김새가 비슷한 동양인을 만나는 것만으로도 반가워 마치 아는 사람을 만난 것처럼 인사를 나누게 될 때가 있었다.

잠시 일본 청년과 대화를 나누고는 다시 홀로 버스를 기다리고 있었다. 이번에는 저 먼발치에 아주 낯이 익은, 분명 어디선가 만났었던, 하지만 도통 기억이 나질 않는 백인 커플이 보였다.

'어디서 봤더라? 분명히 어디선가 만났었는데?'

기억을 더듬어 보니 엘살바도르 호스텔에서 만난 오스트리아인들이었다. 내가 오스트리아를 오스트레일리아로 잘못 알아듣고는 "너희 나라 퍼스와 브리즈번에 갔던 적이 있었다."라고 했더니 "I'm not Kangaroo!"를 크게 외치며 장난을 치던 오스트리아인들. 다소 진심이 반영된 것 같은 그들의 어조와 표정을 통해서 오스트리아인들에게 오스트레일리아인으로 불리는 건 은근히 스트레스라는 걸 알아차릴 수 있었다. (실제로 이후에 오스트리아를 여행하며 기념품 가게마다 'No Kangaroo in Austria!'라고 적혀 있는 문구들을 보고 그때 왜 그렇게 이 커플이 민감하게 반응했었는지 십분 더 이해할 수 있었다.)

부슬비가 내리는 가운데 저녁 6시가 다 되어서야 코스타리카와 파나마의 국경 지대에 도착했다. 이곳 국경 앞 분위기는 우리의 국경 앞인 비무장 지대의 분위기와는 달라도 너무나 달랐다. 온갖 물건들을 팔고 있는 잡화상들, 음식점과 술집의 네온사인들, 환전을 하고 가라는 환전상들의 호객 행위까지. 무슨 시장통에 와 있는 듯한 기분이었다. 설상가상으로 날도 어둑해진

오스트리아에는 캥거루가 없답니다!

데다가 부슬비까지 내리다 보니 도대체 어디까지가 코스타리카이고 어디서부터가 파나마라는 건지 도통 감이 잡히지 않았다. 그렇게 갈팡질팡 가리산지리산하다가 사람들이 줄을 서 있길래 여긴가 보다 싶어 따라서 줄을 섰다.

내 차례가 되어 창구 안으로 여권을 내밀었다. 그러자 코스타리카 출국 도장은 어디 있냐며, 여긴 파나마 사무소라고 하는 게 아닌가. 우왕좌왕하다 나도 모르게 코스타리카 출국 수속도 밟지 않은 채 국경을 넘어 버린 것이다. 결국 다시 코스타리카로 돌아가 출국 절차를 마친 후 파나마 사무소로 되돌아왔다.

그런데 이번에는 아웃 티켓이 없으면 입국을 허가할 수 없다며 다시 코스타리카로 되돌아가란다. "난 배를 타고 콜롬비아로 넘어갈 계획이다. 파나마에 가야 배표를 살 수 있지, 어떻게 코스타리카에서 사 오냐!"라며 내 계획을 설명했더니, 그럼 콜롬비아 행 아웃 티켓을 살 수 있는 비용으로 미화 500불이 있다는 걸 증명해 주면 입국을 허가해 주겠다고 하는 것이다. 지금 당장 어디에 가서 미국 달러를 찾아 오냐고 반문하자 코스타리카 은행의 ATM기 위치를 알려 주며 그곳에 가면 미화를 찾을 수 있다고 가르쳐 주었다. 하는 수 없이 또 다시 코스타리카 국경을 넘어 돈을 찾고는 다시 파나마로 되돌아왔다.

도대체 하루에 몇 번이나 국경을 넘나드는 건지. 비도 오는 가운데 짜증이 확 밀려왔지만 이 또한 추억으로 간직될 거라고 생각하니 피식 웃음이 나왔다. 국경을 오락가락하던 것처럼 기분 또한 오락가락하던 날이었다.

장기 여행을 하다 보면 '정보 찾기'에 치여서 정작 확인해야 할 필수 정보들을 확인하지 못하고 이동하게 될 때가 많이 있다. 다음 나라나 다음 도시로는 어떻게 갈 것인지, 무엇을 타고 갈 것인지, 어디서 숙박을 할 것인지, 더 싸고 좋은 숙소는 없는지, 이번 도시의 필수 관광지는 어디인지, 관광 동선은 어떻게 짤 것인지, 그리고 다시 언제, 어떻게 다음 나라로 이동할 것인지. 이런 것들을 (허구한 날) 반복해서 조사해야 한다는 게 정말 쉬운 일만은 아니었다.

그러면서 한편으로는 이런 생각도 했다. 이제 여행도 어느덧 8개월 차, 게다가 라틴아메리카에서만 벌써 5개월 차 아닌가. 라틴아메리카 현지 적응은 물론 솔로 여행의 자신감을 넘어서 여행의 수준을 한 등급 업그레이드해야 하는 것이 아닌가.

'미리 다 조사해서 찾아가는 건 여행 초창기에나 하는 거고, 매일 정보 조사에 치이느니 차라리 현장에 가서 직접 부딪히다 보면 더욱 스릴감 넘치고 재미있는 에피소드들이 쏟아지지 않을까?'

예측 불허, 돌발 상황에 처한 나 자신이 그 위기를 어떻게 극복해 내는지를 관찰하며 희열을 느껴 보겠다는 (마조히즘적이면서도 돈키호테적인) 여행의 고수다운 면모. 그것이 여행 중반부로 치닫고 있는 이 시점에서 내가 시도해 봐야 할 콘셉트의 변화가 아니겠는가 하는 생각이었다. 더불어 오늘처럼 파나마 숙소까지 어떻게 찾아갈 것인지에 대해 별다른 사전 조사를 하지 않고 무작정 이동하는 날들도 거듭 증가하고 있었다.

국경 절차를 마치고 파나마시티행 야간 버스를 타기 위해 터미널을 찾기 시작했다. 어두운 밤 두려움을 무릅쓰고 찾아간 파나마 국경 앞 터미널의 풍경은 지금까지 봐 왔던 모습과는 좀 많이 달랐다. 국경 앞 버스 터미널이 무슨 시골 마을의 허름한 간이 매표소 같았다.

버스가 3시간 후에나 올 거라기에 우선 열 명 남짓 앉을 수 있는 의자 중 하나를 차지하고 앉았다. 부슬부슬 내리는 비를 바라보며 집 생각도 하고, 친구들과 삼겹살에 소주 한잔하던 생각도 하고, 얼마 전에 하늘나라로 간 사랑하는 반려견 달봉이 생각에 마음 아파하기도 하며 그렇게 시간을 보내고 있었다.

그렇게 두 시간쯤 지났을까. 매표소 문 밖으로 고급 버스 한 대가 정차했다. 이런 초라한 시골 간이 매표소 앞 정류장보다는 고급 호텔 앞에서 서 있는 게 더 어울릴 것만 같은 버스였다. "버스 새로 나왔나 보다. 버스 좋네. 나는 언제 저런 버스를 타 보나."라며 신세타령을 읊어 보는데 갑자기 주위에 있던 사람들이 모두 자리에서 일어나 짐을 챙기는 게 아닌가.

'설마 저 버스가?'

설마 했던 버스는 바로 나의, 나에 의한, 나를 위한 버스였다. 지금껏 중미를 여행하며 탔던 버스들과는 품격이 다른 신상 버스. 오랜만에 보는 청결한 내부와 넓은 좌석, 상쾌한 에어컨 바람까지! 입가에 미소가 절로 걸리며 조금 전까지 늘어 놨던 신세타령은 "세상일이 다 그렇지, 뭐! 인생사 새옹지마 아니겠어?"라며 울트라 초 긍정의 넓은 마음으로 바뀌었다.

파나마에 이렇게 좋은 버스가 있다니! 파나마시티까지 5시간 정도 걸린다고 하던데 이런 버스라면 10시간을 타고 가도 상관없겠다며 오랜만에 맞아보는 에어컨 바람에 비를 맞은 찝찝함을 날려 보내다 이내 잠이 들었다.

늦게 도착해도 괜찮으니 좀 천천히 갔으면 좋겠다던 나의 바람은 역시 안중에도 없다는 듯 버스는 도착 예상 시간보다 무려 한 시간이나 더 빨리 목적지에 다다랐다. 새벽 4시 언저리였다.

'이 새벽에 어디 가서 시간을 때우나? 문을 연 카페나 식당이 있을까?'

걱정부터 앞서기 시작했다. 하지만 다 쓸데없는 기우였다. 파나마에 대해서 몰라도 너무나 모르고 있었던 것이다. 근래에 지어진 것 같은 모던한 터미널의 정경은 여기까지 나를 태우고 왔던 고급 버스 못지않게 화려함을 뽐냈고, 새벽 4시라는 이른 시간에도 불구하고 터미널 내에는 사람들이 제법 많았다. 뿐만 아니라 대부분의 식당과 카페들이 문을 연 채 불을 환히 비추고 있었다. 안도하며 손님이 많은 식당을 찾아갔다. 그러고는 커피와 도넛으로 간단히 아침 식사를 해결하며 첫차를 기다렸다.

호스텔로 가기 위한 버스를 타기 위해 시내버스 승차장으로 향했다. 몇 번 버스가 호스텔 근방으로 가는지 사람들에게 물었더니 친절하게 가르쳐 주었다. 그러면서 내게 버스 카드는 있냐고 물었다. 버스 카드가 없으면 버스를 탈 수 없으니 먼저 카드부터 구입해야 한다는 것이었다. 놀랐다. 지금껏 중미를 여행하며 버스를 타는데 카드가 필요할 거라고는 상상조차 하지 못할 정도로 낙후된 버스들만 타 왔었기 때문이다. 고급 버스와 화려한 터미널에 이어 버스 카드까지. 도대체 파나마라는 나라는 어떤 나라인 걸까. 너무나 의외였다.

버스 카드를 사고 버스에 올랐다. 이내 출발한 버스의 유리창을 통해서는 파나마시티라는 영상이 상영되기 시작했다. 화려하게 지어진 아파트들, 높이 솟구친 마천루들, 바다를 끼고 깔끔하게 구획된 자동차 전용 도로, 도로 옆으로 만들어진 도보, 건널목과 육교, 게다가 자전거 도로도! (도보, 건널목, 육교 등은 후진국에서는 보기 힘든 인프라였기 때문에 놀랄 수밖에 없었다.) 그뿐만이 아니었다. 중미에서 가장 잘 사는 나라라고 했던 코스타리카에서조차도 볼 수 없었던 지하철까지! Great, Excellent, Fantastic, Awesome and amazing PANAMA! 알고 있는 영어 형용사가 다 튀어나올 정도로 파나마는 사람을 놀래고 있었다.

그런데 도착하고 보니 호스텔은 나를 그보다 더 흥분시켰다. 하룻밤에 10

기대 이상으로 번화했던 파나마시티

불짜리 호스텔이지만 하얀색이 바탕으로 칠해져 깔끔했고, 휴게소, 주방, 바 등 모든 편의 시설을 갖추고 있을 뿐만 아니라, 도미토리 방 안은 에어컨을 켜 놓아서 쾌적한 공기로 가득 차 있었다. 또 뷔페식으로 차려진 아침 식사는 정말 근사했다. 게다가 야외 풀장까지!

24시간을 달려왔던 터라 체크인을 마치면 잠부터 잘 생각이었다. 하지만 그대로는 도저히 잠이 올 것 같지 않았다. 결국 체크인을 마친 뒤 파나마시티를 한 번 더 둘러보고 돌아왔다. 사실 "가 봐야 뭐 볼 게 있겠어?"라며 파나마는 그저 콜롬비아로 가기 위한 교두보 정도로 생각하고 있었다. 그래서 더 사전 조사를 하지 않았었다. 하지만 파나마를 둘러볼 때마다 "중미에 이렇게 멋지고 현대적인 나라가 있었다니!"라는 놀라움과 감탄사만 연신 흘러나왔다.

파나마는 마치 아시아의 금융 허브 홍콩과 세계적인 물류 기지 싱가포르를 합쳐 놓은 듯했다. 중남미를 잇고 있다는 지정학적인 이점으로 인해 파나마시티에는 전 세계의 주요 뱅킹들이 입점했고, 그 주변에 자연스럽게 호텔과 고급 레스토랑 같은 상권들이 형성되며 번화한 경제 도시다운 면모를 갖추고 있었다. 또 지난 100년간 태평양과 대서양을 이어 주며 물류 교역의 교두도 역할을 해 온 파나마 운하는 파나마가 오늘날과 같이 성장할 수 있는 핵심 성장 동력으로 자리하고 있었다.

사실 내가 인식하고 있던 '파나마'란 국가 브랜드 네임의 수준은 니카라과 정도였다. 파나마 운하 말고는 별로 알려진 것도, 알고 있는 것도 없어서 그랬을 것이다. 파나마의 국민 소득이 1만 불이 넘는다는 자료를 보고서도 대수롭지 않게 생각했었다. 중미에서 코스타리카가 가장 잘 사는 나라라고 했으니, 파나마는 코스타리카보다는 못살고 다른 중미 국가들보다는 조금 더 잘 사는 나라겠거니 생각하고 말았던 것이다. 만약 이곳에 오지 않았더라면 아마도 평생 그렇게 생각하며 살았을지 모를 일이다. 마치 어느 아일랜드 할아버지가 "한국? 거기 인터넷은 되냐?"고 물었던 것처럼.

#02 - 다리엔 갭을 극복해 열정의 대륙 남미로

세계 육지 면적의 28%와 세계 총 인구의 14%를 차지하고 있는 아메리카 대륙은 지리적으로 북아메리카, 중앙아메리카, 남아메리카로 구분되며, 인종 및 어족을 기초로 북아메리카를 앵글로아메리카, 중앙 및 남아메리카를 라틴아메리카로 구분한다.

이런 아메리카 대륙에는 최북단 도시인 알레스카의 프르도호 베이에서 시작해 지구의 끝이라고 불리는 최남단 도시 아르헨티나의 우스아이아까지 이어지는 총연장 48,000㎞의 '판-아메리칸 하이웨이(Pan-American Highway)'가 있다. 하지만 중앙아메리카와 남아메리카 사이에 '다리엔 갭(Darien Gap)'이라고 불리는 정글 지대가 아직 개통되지 못해 허리가 끊겨 있다. 한때 아메리카 대륙의 젊은이들 사이에서는 오토바이나 중고차를 이용해 판-아메리칸 하이웨이를 따라 아메리카 전역을 여행하는 것이 유행이었다고 한다.

길이 160㎞, 폭 50㎞ 규모의 원시 밀림 지대인 다리엔 갭은 지구상에서 개발되지 않은 마지막 구역이라고 한다. 현대의 기술력과 자본으로 충분히 개발할 수 있지만 구제역과 같은 질병 확산의 문제와 환경 운동가들의 반대로 인해 1970년대와 1990년대 두 차례에 걸쳐 개발 계획을 수립했다가 실행되지 못하고 무산되었다고 한다. 다리엔 갭을 개통할 경우 남미의 불법 마약상들과 난민들이 북미로 유입될 경로가 확대될 것을 우려해 북미 국가들이 암암리에 개발을 제지하고 있다는 설도 있다.

2003년에는 《내셔널 지오그래픽》의 한 탐험가가 다리엔 갭을 육로로 극복하던 중 콜롬비아 무장 혁명군에 납치된 사례가 있었다. 현재까지도 다리엔 갭 안에서는 콜롬비아 무장 혁명군과 마약 밀매 조직들이 활동하고 있다고 한다. 그래서 다리엔 갭을 육로로 통과하려는 시도는 원시 밀림과의 싸움

뿐만 아니라 무장 혁명군과 마약 밀매 조직들과의 목숨을 건 사투라고도 할 수 있다.

근래에는 가난, 전쟁, 재난에서 벗어나려 하는 남아시아와 아프리카의 난민들이 남미에서 북미로 가기 위해 다리엔 갭 안으로 뛰어들고 있다고 한다. 하지만 그들 역시 처절한 사투 끝에 생존하지 못하고 생의 마지막을 맞이할 수밖에 없었다는 비운의 소식들이 종종 기사로 전해지고 있을 뿐이다.

파나마 도착 이후 다리엔 갭을 극복할 수 있는 방법을 찾아보니 총 다섯 가지 루트가 나왔다.

첫 번째 루트는 가장 편안하고 가장 빠른 방법이지만 가격은 600불로 가장 비싼, 비행기로 극복하는 방법이었다. 이 방법은 가격이 비싸고 너무 쉬운 방법 같아서 일단 패스했다.

두 번째 루트는 파나마시티의 카스코 비에요 항구에서 일주일에 세 차례 있는 배를 타고 서태평양 항로를 이용하여 콜롬비아로 들어가는 방법이었다. 하지만 이 루트는 잦은 해적 출몰로 인해 2년 전에 폐쇄되었다고 한다.

세 번째 루트는 파나마 북부의 자유 무역 도시 콜론에서 민간인이 운영하는 페리를 타고 콜롬비아로 넘어가는 방법이었다. 그러나 이 방법은 아무리 인터넷을 뒤져 보아도 최근에 업데이트된 소식이 없었다. 결국 직접 콜론까지 버스를 타고 찾아가 보았지만 만나는 사람마다 여기는 너 같은 동양인이 혼자 돌아다니면 너무 위험한 곳이니 그냥 돌아가라고만 하는 것이었다. 결국 발길을 돌릴 수밖에 없었다.

네 번째 루트는 여행사에서 운영하는 4박 5일짜리 관광 상품으로, 요트를 타고 캐리비안의 몇몇 섬을 여행 후 콜롬비아로 들어가는 방법이었다. 하지만 이 방법 역시 가격이 550불로 만만치 않았고 시간이 너무 오래 걸려 내키지 않았다.

마지막 다섯 번째 루트는 해상과 공중을 복합적으로 이용하는 방법이었다. 먼저 파나마시티에서 경비행기를 타고 다리엔 갭 안에 있는 국경 마을로

다리엔 갭을 극복하기 위해 탄 경비행기

이동, 거기에서 미니 보트를 타고 콜롬비아 국경을 넘은 후 다시 미니 보트를 이용하여 버스를 탈 수 있는 항구 도시로 이동하는 것이다. 좀 복잡하긴 했지만 경비행기 비용을 포함해서 대략 250불 정도면 갈 수 있었다. 경비행기와 미니 보트라는 이색 체험 못지않게 가격 역시 합리적이라는 판단이 들어 결국 그 방법을 택하기로 결정했다. 그리고는 바로 파나마시티의 알부룩 공항을 찾아가 경비행기 표를 예매하고 돌아왔다.

군에서 헬기 레펠, 패스트 로프, 낙하산 강하를 하며 각종 항공기를 타 본 경험은 많이 있었지만 이렇게 작은 비행기는 처음이었다. 바람에 따라 비행기 동체가 바람개비처럼 흔들리는 것이 공중에 항공기 문을 열고 서서 그린 라이트를 기다리고 있었을 때보다도 사람을 더 긴장시켰다. '비행기를 탔다.' 라기보다는 '롤러코스터를 탔다.'라는 표현이 더 정확할 것 같았다.

경비행기는 12인승이었지만 승객은 나를 포함해서 4명이 전부였다. 기내 승무원은 당연히 없었고 조종사 2명만이 있을 뿐이었다. 경비행기의 장점인지 단점인지는 모르겠지만 일반 비행기와 다른 점은 내가 앉은 좌석에서 조종사들이 운전하는 모습을 다 볼 수 있다는 것이었다.

비행기가 이륙하자 조종사들이 눈이 부시다며 은박 스티로폼을 이용해 앞 유리창을 덮었다. 그 은박 스티로폼은 언뜻 보기에도 최첨단 항공 우주 공학으로 탄생된 특수 부품들……과는 전혀 상관이 없는, 내가 흔히 야외에서 삼겹살을 구울 때 바닥에 깔았던 은색 돗자리였다. 유리창 사이즈에 딱 맞게 재단되어 있는 것과 군데군데 청색 테이프가 붙어 있는 걸로 보아 조종사들이 늘 사용하던 것이 분명했다. 조종사들이 자동차처럼 창밖을 주시하며 운전하는 것이 아니라 계기판을 보면서 비행한다는 이야기는 익히 들어 알고 있었지만 그래도 은박 돗자리를 이용해서 비행 중 비행을 저지르고 있을 줄은 미처 예상치 못했다.

파나마시티를 이륙한 비행기는 십여 분 후 캐리비안 상공을 비행하기 시작했다. 일반 비행기와 달리 경비행기의 고도는 훨씬 더 낮은 듯 보였다. 마치 바다 위에 떠 있는 기분이 느껴질 정도로 비행기는 지표면으로부터 그리 높지 않은 하늘을 날고 있었다.

한 시간 정도 지나자 경비행기는 국경 마을에 안착했다. 비행기에서 내리자마자 콜롬비아행 배편을 흥정해 오는 아저씨와 가격을 조율하고 보트를 예약했다. 그러고는 나루터 앞에 있는 간이 출국 사무소에서 파나마 출국 스탬프를 받았다. 이로써 파나마의 모든 일정은 끝이 났다. 이제 보트를 타고 국경을 넘는 일만 남은 것이다.

그런데 막상 예약했던 8인승 고무보트에 올라타려고 하니 도저히 발길이 떨어지지 않았다. 어떻게 이런 조그마한 배를 타고 캐리비안을 넘을 수 있을까 싶은 생각이 들어서였다. 만약 배가 전복되기라도 한다면 배낭에 있는 노트북과 외장하드에 담겨진 그 간의 여행 기록과 사진들이 걱정이었다. 그렇다고 여기까지 온 마당에 못 타겠다고 되돌아갈 수도 없는 노릇이었다. 그래서 뱃사공과 미니 보트를 믿어 보기로 했다.

보트는 곧 캐리비안 수면 위에 양 갈래 물줄기를 수놓으며 달리기 시작했다. 보트를 타기 전 불안하고 두려웠던 마음은 이내 망망대해를 가로지르는

다리엔 갭과 미니 보트

스릴과 짜릿함, 황홀감으로 대체되고 있었다. 저 먼발치에서는 공제선을 따라 진녹색의 정글 지대가 펼쳐지고 있었다. 다리엔 갭이었다.

그러고 보면 우리 주변에는 다리엔 갭처럼 정면 돌파만으로는 해결할 수 없는 문제들이 수두룩하다. 그럼에도 불구하고 정면 돌파만이 가장 정의롭고 용감한 문제 해결 방법인 것처럼 신봉하며 삼십 년 가까이를 살았던 것 같다. 특히 혈기 왕성했던 이십 대 때는 문제가 생기면 당연히 정면 돌파하는 것이 가장 용기 있는 선택인 줄 알고 고집하다 일을 그르친 적도 여러 번 있었다.

한번은 어쩌다 그런 선입견이 내 안에 심어진 건지 곰곰이 생각했다. 혹시 어릴 적 자전거를 배울 때 체득했던 교훈 때문에 그런 게 아닌가 싶었다. 자전거를 처음 배울 때 숙지해야 할 우선 원칙은 '넘어지는 방향으로 핸들을 틀어라!'이다. 아마도 이 극복 공식이 위기에 직면할 때마다 돌아가려고 하지 말고 정면으로 맞서야만 한다고 무의식을 지배하고 있었던 게 아닐까? 넘어지는 방향으로 핸들을 틀라는 무의식의 지배 때문에 때때로 우회하거나, 멈추거나, 뒤돌아가야 할 때에도 쉽게 선택하지 못하고 망설이거나 주저했던 것은 아니었을까? 세상사라는 정답이 없는 시험지를 풀어가는 데에는 다리엔 갭을 극복하는 방법처럼 정면 돌파만이 능사가 아닌데도 말이다.

파나마를 출발한 지 한 시간쯤 지나 콜롬비아의 국경 마을 카푸르가나에 도착했다. 입국 사무소를 찾아갔더니 점심시간이라며 오후 2시 이후에 다시 오란다. 그래서 그 사이 가장 가까운 항구 도시로 갈 수 있는 배편을 알아보았다. 그런데 배는 하루에 한 대뿐이고 이미 아침에 출발했다고 하는 것이 아닌가. 어쩔 수 없이 하룻밤을 묵어야 하는 상황이었다.

다음 날 아침 6시, 투르보로 향하는 30인승 고무보트를 탔다. 배는 버스처럼 중간 중간 선착장에 멈춰 사람들을 태우거나 내려 주기도 하며 캐리비안을 항해했다. 그러고는 한 시간쯤 후 해상 주유소에 들려 기름을 주유하고는 다시 달려 나갔다. 바다에도 똑같이 제한 속도 규정이 있었고, 해양 경찰들이 보트를 타고 다니며 안전벨트를 단속하듯 구명조끼 착용 여부를 단속하기도 했다.

1박 2일간 캐리비안해를 경비행기와 고무보트로 누비다 보니 도대체 난 무슨 운명을 타고났길래 이런 진귀한 여행을 하고 있는 것일까 궁금해지면서 한편으론 이런 모험을 용감하게 해내고 있는 스스로가 참 대단하다는 생각도 들었다. 그렇게 나 자신에게 빠져 있는 동안 어느새 배는 투르보 항구에 다다르고 있었다.

다시 버스표를 끊고 미인의 도시라고 불리는 메데진행 버스에 몸을 실었다. 이제부턴 열정의 대륙 남미 여행의 시작이다.

COLOMBIA

11
콜롬비아

#01 - 라틴아메리카에서 생긴 의문점

멕시코를 기점으로 현재의 콜롬비아까지, 과거 스페인의 식민 통치에 있었던 나라들을 여행하면서 한 가지 의문점이 생겼다. 하지만 도통 그 답을 알 수 없어 답답해지는 중이었다. 앞으로도 최소 3개월은 더 라틴아메리카에서 머물 계획인데 이제는 이 궁금증을 좀 풀고 가야겠다는 생각이 들었다. 그래야 다음 나라들을 여행하며 좀 더 깊이 있는 관점으로 세상을 관찰해 격물치지할 수 있지 않을까란 기대였다. 이런 연유에서 콜롬비아에 도착하고 나서는 생각 속에 엉켜 있는 실타래를 풀기 위해 이런저런 자료들을 찾아가며 머릿속을 정리하는 시간을 가졌다.

중남미의 국가들을 여행하며 든 의문점은 이것이다. 왜 각 나라들마다 필수 여행지라고 추천하는 곳에 꼭 '콜로니얼 시티(Colonial City, 식민지 시대의 도시)'가 포함되어 있는 걸까? 스페인은 지난 1500년대 초부터 1800년대 초까지 근 300여 년간 브라질을 제외한 라틴아메리카 전역을 지배했었다. 이 시기에 만들어진 스페인풍의 도시를 왜 오늘날 자신들의 대표 관광지라고 소개하고 있는 건지 도통 이해가 안 되는 것이었다. 우리로 치면 일제 강점기의 잔재를 오늘날 대한민국의 대표 관광지라고 소개하고 있는 것이 아닌가.

물론 그 도시들을 찾아가 보면 시간을 거슬러 중세 유럽에 와 있는 듯 이국적이고 고풍스런 정경에 감탄사가 절로 나온다. 그러나 마음속 한편에서는 마치 어느 외국인이 조선 총독부 청사로 쓰였던 구(旧) 국립 중앙 박물관 건물을 바라보면서 "한국 정말 멋지네!"라고 말하고 있는 것 같아 그저 눈에 보이는 대로 "Beautiful!"을 외치기에는 석연찮았다.

칠레와 아르헨티나, 브라질을 제외한 라틴아메리카 대부분의 국가들은 80~90%의 메스티소들과 5~10%의 백인들로 구성되어 있다. 다시 말해 라틴아메리카는 다수의 메스티소들과 소수의 백인들로 이루어진 사회이다. 메스티소가 주축을 이루고 있다고도 말할 수 있다. 그러나 아이러니하게도 라틴아메리카 내에서 메스티소들은 다수임에도 불구하고 여전히 소수 같은 모습을 면치 못한 채 살아가고 있다. 반면 백인들은 소수임에도 다수처럼 정치와 경제의 요직을 장악한 채 기득권으로 군림하고 있다.

라틴아메리카에 거주하고 있는 대부분의 백인들은 제국주의 시절 식민지로 이주했었던 스페인을 필두로 한 유럽계 이민자 혈통이다. 이 부분에서 한 가지 견해를 가져 본다. 기득권 세력인 소수의 백인들이 그 특권과 명목을 계속 유지하기 위해 과거 스페인 통치 시기의 문화를 좋은 이미지로 각색, 선전, 교육하여 오늘날까지 라틴아메리카 내에서 유유히 잔존하고 있는 것은 아닐까.

멕시코시티를 출발해 치첸이트사를 둘러보고 과테말라로 이동하던 중 변수가 생겨 메리다에서 이틀을 더 머무른 적이 있었다. 계획에 없던 체류였지만 기왕 그렇게 됐으니 주변에 어떤 볼거리가 있을까 싶어 검색을 했고 '멕시코 한인사 박물관'이 있다는 걸 알게 되었다.

멕시코 한인사 박물관은 박물관이라고 하기에는 모호할 정도로 조그마한 건물 1층에 자리하고 있었다. 박물관을 들어서는데 한국인 할머니가 한 분 계시길래 "안녕하세요?"라고 인사를 건넸다. 그러자 "Hello."라고 답을 하시는 것이다. 멕시코 이민 4세로 한국말을 전혀 못하신다고 했다. 할머니께 박물관 입장료를 지불하고 관람실로 들어서려는데 나에게 영어와 스페인어 중 어느 것이 더 편하냐고 물으셨다. 영어라고 말씀드렸더니 그때부터 직접 영어로 안내를 해 주시며 전시물 전체에 대해 소상하게 큐레이션을 해 주셨다.

멕시코에 한국인이 처음 이주하게 된 시기는 1905년이라고 한다. 1905년은 러일 전쟁에서 승리한 일본이 대한제국과 을사조약을 강제로 체결하며 한반도 침략 야욕을 본격적으로 드러냈던 해였다. 멕시코시티에 머무는 동안 한인 타운을 둘러보며 '언제 어쩌다 한국인이 지구 반대편 멕시코까지 오게 된 걸까?'라는 의문이 든 적이 있었는데, 그 해답의 실마리와도 연결되는

메리다의 멕시코 한인사 박물관

순간이었다.

1900년대 초 하와이의 사탕수수 농장에는 수많은 일본 이민자들이 거주하고 있었다. 하와이 내 일본 이민 사회가 날로 거대해지자 하와이 주 정부는 일본 이민 사회를 견제할 목적으로 조선에도 노동 이민을 허가한다는 법을 제정해 공포했다. 이에 일본 이민 사회는 자신들의 일자리가 줄어들 것을 우려해 본국에 조선의 하와이 노동 이민을 막아 달라는 탄원을 보냈다. 일본 정부는 조선 전역에 하와이 사탕수수 노동이민자를 모집한다는 허위 광고를 냈고, 모집된 일천여 명의 노동자를 그대로 멕시코 유카탄 반도의 애니깽(선인장) 농장에 팔아넘겼다. 이렇게 멕시코 이민 1세대의 삶이 시작된 것이다.

"하루 12시간 강제 노역에 시달리고, 철침 같은 애니깽 가시가 온몸에 박혀 단 하루도 단잠을 이룰 수 없었다."라는 이민 1세대의 이야기는 당시 힘을 잃어 가던 조국에서의 삶 못지않게 비참했었다며 할머니는 나에게 몇 대에 걸친 증언을 전해 주셨다.

또 당시 여권의 국적란에 'Korea'가 아닌 'Seoul, Corea, Japan'이라고 적혀 있는 모습을 보면서는 대한민국의 영문 국명이 Corea에서 Korea로 바뀌기 전인 당시의 시대상과 Corea와 Japan이 혼용되던 시기에 살고 있던 사람들의 심정을 헤아려 보게 되었다. 을사조약 이후 외교권이 박탈당하고, 치외법권을 잃어 가고, 주권을 빼앗겨 가는 일련의 과정 속에서 조국을 잃은 사람들의 마음이 얼마나 무참했을지도 생각해 볼 수 있었다.

할머니께서는 마지막 사진 전시물을 설명해 주시며 질문을 하나 하셨다. 사진 안에는 이제 이십 대가 된 멕시코 이민 7세대의 모습이 담겨져 있었는데 그들 중 누가 가장 한국인처럼 보이냐는 것이었다. 혹여 할머니의 마음에 상처를 드리는 게 아닌가 싶어서 섣불리 대답하지 못하고 주저하자 이번에는 옆에 있는 이민 6세대의 사진을 가리키시며 똑같은 질문을 하셨다.

결국 할머니께 솔직하게 말씀드렸다. 이민 6세대의 60%는 한국인의 얼굴이 남아 있지만 7세대의 모습에서는 전혀 한국인의 얼굴을 찾을 수가 없다고.

그 순간 110년이라는 시간이 가진 힘이 얼마나 대단한 것인지 새삼 깨닫게 되었다. 흔히 10년이 강산도 변하게 한다면 110년은 강산뿐만 아니라 사람의 얼굴과 피도 바꾸어 놓을 수 있는 강력한 힘을 지닌 것이다.

110년이 이 정도로 강력한 시간인데 스페인이 라틴아메리카를 지배했던 300년이라는 시간은 어떠했겠는가. 아마도 사람의 모습뿐만 아니라 언어, 생활 방식, 문화, 사고방식까지 모조리 바꾸고도 남을 충분한 시간이었을 것이다.

과테말라에서 '좋은 이웃'과 함께 있을 때가 브라질 월드컵 기간이었다. 그래서 사무실을 오갈 때면 현지 직원들이 TV로 월드컵 경기를 관전하는 모습을 어렵지 않게 볼 수 있었다. 일본이 경기를 할 때면 우리가 은근히 일본의 패배를 바라는 것처럼 당연히 과테말라 사람들도 그럴 거라고 생각했다. 그러나 내 예상과는 달랐다. 스페인이 패배하기를 바라기는커녕 오히려 열심히 응원을 보내는 것이었다. 콜로니얼 시티 못지않게 이 또한 정말 이해할 수 없는 부분이었다.

왜 과테말라 사람들은 스페인을 응원하는 걸까. 역사를 고려했을 때 마음에 앙금이 남아 있어야 정상이 아니냐고 묻자 돌아온 답변이 정말 의외였다. 그들은 모두 스페인을 가족 같은 나라라고 생각한다는 것이었다. 더 나아가 '가족같이'라고만 생각하는 것이 아니라 실제 가족이라고 생각한다고도 했다.

그 이유는 그들의 가족사에 있었다. 할아버지든, 삼촌이든, 이모든, 이종사촌이든 간에 어느 누군가는 진짜 스페인 사람이기 때문이다. 그래서 과테말라 사람들은 스페인을 모국(母國)이자 형제의 나라로 생각한다는 것이다.

이 대목에서 두 번째 이유를 예상해 본다. 이는 멕시코 이민 7세대의 모습에서 한국인의 얼굴을 찾을 수 없었던 이유와도 같은 맥락일 것이다. 바로 300년이라는 시간이 가진 힘이다. 300년이라는 지배 시간은 라틴아메리카를 외형적으로만 인디오에서 메스티소의 사회로 바꾸어 놓은 것이 아니다. 그들의 정신 체계에서조차 스페인과 함께 300년 동안 만들어 온 메스티소 문화가 그들의 정체성이라고 인식하도록 재편시켜 놓은 것이다. 그렇기 때문에 라티노들은 콜로니얼 시티 같은 식민지 문화를 오늘날 자신들의 자랑스러운 문화유산이라고 외국인들에게 소개하고 있는 것이다.

아직 명쾌하지는 않지만 그래도 일부는 정리된 느낌이다. 앞으로 잉카 문명의 대표 유적지인 페루의 마추픽추와 남은 남미 국가들, 특히 식민 통치 기간 백호주의 정책으로 지금도 97%가 백인으로 구성되어 있다는 아르헨티나의 부에노스아이레스까지 둘러보다 보면 좀 더 명확하고 깊이 있는 답을 얻어낼 수 있지 않을까. 그런 기대를 해 보며 이 궁금증에 대해서는 여기서 일단락을 짓는다.

#02 - 영원한 가을의 도시 보고타

콜롬비아 마피아, 마약왕 파블로 에스코바르, 남미 최대의 마약 카르텔 등. 하도 흉흉한 소문들을 많이 들어서인지 애시 당초 콜롬비아에 오래 머물고 싶은 생각은 없었다. 콜롬비아가 남미 여행의 최대 위험 지대라는 판단에 다음 나라 에콰도르로 가는 길목에 있는 메데진만 보고 패스하려던 참이었다.

막상 콜롬비아에 들어오고 현지 분위기를 살펴보니 듣던 것과는 전혀 다른 느낌이었다. 특히 콜롬비아인들에게서는 중미의 라티노들과는 또 다른 기운이 느껴졌다. 중미의 라티노들이 차분하면서도 밝은 느낌이었다면 콜롬비아를 필두로 한 남미의 라티노들은 활기차면서도 밝은 느낌이었다고 할까나. 거리 여기저기서 친구라는 뜻의 "아미고!"를 외치며 서로 반갑게 인사를 나누는 모습과 나에게도 다가와 "아미고! 아미고!" 하며 말을 거는 모습이 꽤 친근하게 여겨졌다. 다리엔 갭을 두고 지리적인 구분 외에 문화적으로도 '이곳에서부터는 열정의 대륙 남미!'라고 시위를 하고 있는 듯 콜롬비아는 유독 활력과 생기가 넘쳐났다. 우려했던 치안 문제도 생각처럼 심각해 보이지 않았다.

그렇게 예정했던 3일이 흘러가고 콜롬비아에서의 마지막 날이었다. 내일이면 떠나야 한다고 생각하니 볼수록 매력적인 콜롬비아가 눈에 밟혔다. 그냥 이대로 기약 없는 이별을 고하면 훗날 두고두고 아쉬움이 남을 것만 같았다. 결국 메데진의 환상적인 야경을 바라보며 마음을 바꿨다. 콜롬비아까지 와서 수도 보고타를 보지 않고 그냥 갈 수 있겠냐고, 보고타만큼은 보고 가자고 말이다. 그리고는 다음 날, 에콰도르행 버스를 취소하고 보고타행 버스에 올랐다.

지금껏 여행하며 공항처럼 무료 와이파이를 이용할 수 있는 버스 터미널은 보지 못했다. 그런데 메데진 터미널에는 승객들을 위한 무료 와이파이가 설치되어 있었다. 덕분에 버스를 기다리며 보고타에 관한 이런저런 정보들을 찾을 수 있었다. 버스 내부도 지금껏 중미에서 타 왔던 버스들과는 격이 달랐다. 의자에는 비행기처럼 영화를 볼 수 있도록 개인 스크린까지 설치되어 있었다.

버스에는 단체복을 입은 아이들 스무 명 정도가 함께 탔다. 보고타에서 열리는 대회에 출전하러 가는 중학교 축구 선수들이었다. 그 축구 부원들은 내가 신기했는지 사방으로 둘러싸고는 이런저런 질문을 던졌다. 어느 나라 사람인지, 어디에서 왔는지, 어디를 여행하고 있는지, 아이들의 호기심 어린 질문에 일일이 답해 주고 있자 이번엔 옆에 있던 아저씨가 먹으라며 껌을 하나 건네줬다.

콜롬비아에 대한 호감도가 더욱 상승하기 시작했다. 이런 걸 보면 외국인에게 자국에 대한 좋은 이미지를 심어 주는 게 결코 어려운 일은 아닌 것 같다. 따뜻한 말 한마디를 걸어 주고, 껌을 하나 나눠 주는 것만으로도 이렇게 마음이 따뜻해지고 있으니 말이다.

안데스 산맥 해발 고도 2,600m에 위치한 콜롬비아의 수도 보고타. 보고타는 에콰도르 키토 다음으로 전 세계에서 두 번째로 높은 수도이자 남미에서 세 번째로 높은 도시이다. 이번 세계 일주를 준비하며 짐을 최소화하고 활동하기도 편하도록 봄과 여름 기후로만 편성해서 2년을 여행할 생각이었다. 나름 태양의 고도를 고려해 11월부터 2월까지는 남반구에서, 5월부터 8월까지는 북반구에서, 그 외 나머지 기간은 적도 부근에서 보내면 되겠다고 짱구를 굴렸다. 하지만 경험 부족으로 안데스 산맥 같은 고산 지대의 기후는 미처 고려하지 못했다. 보고타를 보고 떠나겠다며 무작정 상경은 했지만 보고타에 도착한 첫날 새벽녘에 불어오는 을씨년스러운 바람에 하마터면 입이 돌아갈 뻔 했다.

보고타의 연평균 기온은 14℃, 일 년 내내 우리나라의 가을 날씨이다. 한낮에는 여름의 기운이 가시지 않은 듯 뜨거운 뙤약볕이 내리쬐었고, 아침저녁으로는 곧 겨울이 들이닥칠 것만 같은 늦가을의 정취가 물씬 풍겨 왔다. 거리를 오가는 사람들의 차림새를 보고 있으면 지금이 도대체 무슨 계절인지 도무지 파악할 수 없을 정도로 사계절 복장이 공존했다. 반팔과 반바지를 입은 혈기 왕성한 청춘들을 비롯해 트렌치코트를 멋스럽게 차려 입은 커리어우먼도 있었고, 하루 종일 추위와 맞서야 하는 거리의 상인들은 두툼한 겨울용 파카와 털모자를 덮어 쓴 채 상점을 지키고 있었다.

비록 긴바지 한 장 없이 당혹스럽게 맞이해야 했던 가을이지만 오랜만에 맞는 가을 하늘의 청명함이 싫지만은 않았다. 지난 9개월 동안 뜨거운 뙤약볕 아래서 시간을 보냈던 탓인지 찬바람 부는 보고타의 가을 정취가 꽤나 신선하게 느껴진 것이다. 또 고산 도시들을 찾다 보면 하루 이틀은 고산병 증세처럼 나른한 무기력함이 찾아오고는 했는데 이내 불어치는 찬바람과 마주 서고 있으니 기운이 되살아나는 것 같았다.

바람과 기온은 요 사이 한국과도 같은 완연한 가을이었다. 하지만 절대 대한민국의 가을을 따라올 수 없는 것이 있었다. 바로 가을 정취였다. 붉은 태양이 저물며 선사하는 저녁노을 빛처럼 울긋불긋하게 물들어진 단풍잎들, 휘날리는 금발 여인의 머릿결처럼 샛노랗게 염색되어진 가로수 길의 은행잎들, 골드 코스트 해변의 모래사장 금빛보다 더 순도 높은 황금빛 전원의 논두렁들, 연인과 찾아가 두 손 잡고 말없이 거닐어 보고 싶은 갈대숲 길들, 도로를 따라 하늘하늘 만개해 있는 코스모스의 거리들까지. 그런 것들은 콜롬비아에서 보이지 않았다. '연중 가을의 도시'라고 부르고 싶어지는 보고타의 거리를 거닐고 있노라니 전에는 미처 그 아름다움을 다 알지 못했던 대한민국의 가을 정취가 더없이 그리워지기 시작했다.

ECUADOR

12
에콰도르

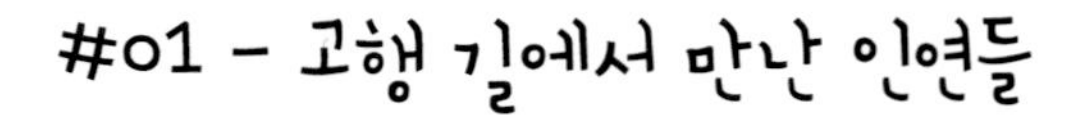

#01 - 고행 길에서 만난 인연들

콜롬비아 보고타를 출발해 에콰도르 키토의 숙소까지 만 4일이 걸렸다. 보고타에서 키토까지 직행 인터내셔널 버스가 있었지만 가격이 비쌀 뿐만 아니라 서른여 시간을 꼼짝없이 차 안에 갇혀 있는 것보다 낮에는 좀 쉬면서 주변을 구경하고 밤에만 이동하는 것이 더 나을 것 같았다.

에콰도르에 도착하고 나서도 지난 4일간의 여독이 풀리질 않아 컨디션을 회복하는데 꼬박 이틀을 보내야만 했다. 그러나 자처했던 고행 길에서 만난 인연들로 인해 더 이상 그 길을 고행 길이라고 할 수만은 없었다.

보고타에서 버스를 타고 3일 만에 도착한 콜롬비아와 에콰도르의 국경 앞. 콜롬비아 출국 사무소 앞에 줄을 서서 기다리고 있는데 앞사람이 말을 걸어왔다. 지난 열흘간 콜롬비아에 머물며 숱하게 만나 왔던 활기찬 콜롬비아인들 중 한 명일 거라고 생각하며 조금은 귀찮다는 듯 응대했다.

이름은 헨리. 중국에서 이미테이션 명품 가방을 수입해 아메리카 대륙 몇 개국에 수출하고 있는 무역상이며 지금은 아내와 어머니를 모시고 에콰도르에 살고 있는 형을 만나러 가는 길이라고 했다. 어렸을 때 일본 오사카에서 3년 정도 살았고, 중국 무역을 하고 있는 만큼 아시아를 무척 사랑하며, 언젠가 기회가 된다면 한국에 꼭 가 보고 싶다고도 했다.

그는 그러면서 괜찮다면 키토까지 함께 가지 않겠냐고 제안했다. 안 그래도 혼자 다니기가 쉽지만은 않았는데 잘 됐다 싶었다. 현지인과 함께라면 안전할 것 같다는 생각에 승낙했다.

국경에서 키토까지 가던 도중 폭우가 쏟아지며 발생한 산사태로 도로가 통제되었다. 우회해서 돌아가던 길은 금요일 저녁 퇴근 시간과 맞물리며 도착 예정 시간을 3시간이나 지연시키고 있었고, 어두워지기 전에 숙소에 도착하겠다던 계획은 이미 물거품이 되어 가고 있었다. 점점 더 짙어지는 땅거

헨리와 곧 마중을 나올 거라는 그의 형을 기다리며

미를 따라서 마음도 불안감과 두려움으로 채워졌다. 언제나 그렇듯 낯선 타국 땅의 생경한 밤 풍경은 마치 적지에 와 있는 듯했고, 아무리 마음을 가다듬고 음미해 보려 해도 긴장감은 더욱 커지기만 했다. 더군다나 3일 내리 버스를 타고 와 지칠 대로 지쳐 버린 체력으로는 그 상황을 이겨내기 다소 버거웠다.

자기 형이 마중을 나올 테니 함께 기다려 보지 않겠냐는 헨리의 제안이 그렇게 달콤하게 들릴 수가 없었다. 삼십 분쯤 후 그의 형이 마중을 나왔고, 오늘은 시간이 너무 늦었으니 함께 가자는 말을 주저 없이 받아들였다.

그렇게 따라간 나는 그날을 불금의 밤으로 만들었다. 말로만 듣던 남미의 클럽을 콜롬비아인 7인과 함께 보내는 진귀한 추억까지 만들게 된 것이다. 에콰도르의 클럽 한 곳을 보고 남미 클럽 전체를 논할 수는 없겠지만 남미의 클럽 분위기와 스타일은 우리의 홍대 클럽과 하등 다를 것이 없어 보였다.

라티노들은 기본적으로 댄스가 장착되어 있는 리드미컬한 사람들일 거라고 생각했던 것도 일반화의 오류였다. 그들 중에도 춤을 잘 추는 사람이 있는가 하면 나처럼 화려한 클럽 분위기에 적응하지 못하고 스테이지의 변두리를 맴도는 사람들도 있었다. 또 외국의 클럽은 친구들과 음악을 듣고 춤을 추기 위한 곳인 반면 한국의 클럽은 만남이 주목적이라고, 잘못된 문화라고 하던 어느 외국인의 말도 100% 진실만은 아니라는 걸 알게 되었다. 정도의 차이는 있겠지만 한국의 클럽이나 남미의 클럽이나 술과 만남을 위한 공간이라는 사실만큼은 비슷했다.

헨리가 에콰도르에 머무는 동안 자기 형 집에 머물러도 된다는 솔깃한 감언을 전해 왔지만 오랜만에 상봉한 가족만의 시간에 폐를 끼치고 싶지는 않았다. 하룻밤 신세를 진 것만으로도 충분하다고 인사를 나누었고 눈을 뜨자마자 집을 나섰다.

혼자 잘 찾아갈 수 있다고, 걱정하지 말라고, 자신 있는 모습으로 집을 나서긴 했지만 막상 나오니 도대체 여기가 어디인지, 여기서 예약한 숙소까지는 어떻게 찾아가야 하는지 아무런 정보가 없었다. 일단 주변 버스 정류장으로 가 사람들에게 호스텔 주소와 태블릿의 지도를 보여 주며 어떻게 찾아갈 수 있냐고 물었다. 어느 아주머니가 스페인어로 뭐라 말했지만 한마디도 알아들을 수 없었다. 그저 데려다 줄 테니까 자기를 따라오라고 하는 낌새만 알아차렸을 뿐이다.

따라서 버스에 올라타자 아주머니가 내게 받으라며 전화를 내밀었다. 전화 속 등장인물은 아주머니의 남편이었다. 영어를 잘 못하지만 내가 가는 곳은 매우 위험한 곳이니 택시를 타고 가는 것이 좋을 것 같다는 이야기였다. 일단 알겠다는 답을 하고 전화를 끊었다. 하지만 위험하다는 말 한마디에 택시를 타고 싶지는 않았다.

나를 지켜보던 아주머니는 내가 택시를 타지 않을 거라는 걸 알아차리셨는지 결국 버스를 두 번이나 갈아타며 내 호스텔 주소지가 있는 버스 정류장까지 날 데려다주셨다. 그러고는 경찰서가 저기 있으니 무슨 일이 생기면 찾아 가라고 알려 주시고는 되돌아가셨다.

어떻게 생판 모르는 사람에게, 그것도 말 한마디 통하지 않는 외국인에게 이렇게까지 친절을 베풀어 줄 수 있는 걸까. 너무 감사했지만 감사하다는 인사 외에 달리 보답할 길이 없었다.

아주머니와 헤어지고 지도에 체크해 놓았던 호스텔을 찾기 시작했다. 하지만 주변 분위기가 영 심상치 않았다. 호스텔이 있기에는 시내에서 너무 외져 있다는 느낌이 들었고, 비탈길에 위치한 집들은 마치 할렘가 같은 분위기를 풍겼다. 양팔에 소름이 쫙 돋아 있는 걸 보니 내 감각들이 먼저 경계를 하라는 신호를 보내고 있는 듯했다. 배낭에서 우산을 꺼내 바짝 쥐었다. 믿을 수 있는 건 우산뿐이었다. 사바나 기후에 하루 한 차례씩 꼬박 비가 내리는 시기라 우산을 들고 있는 것이 어색하지 않은 모습이지만 그 순간 우산은 내가 가장 의지할 수 있는 호신용 무기였다.

지도에 체크해 두었던 주소지를 찾아가 보았지만 호스텔은 보이질 않았다. 혹시 주변에 다른 호스텔이 있을까 싶어서 여기저기 기웃거려 보아도 역시 호스텔이 있을 만한 분위기가 아니었다.

그때 클랙슨이 울리며 차 한 대가 내 옆에 정차했다. 그 순간 기분은 반신반의, 모 아니면 도였다. 보조석의 창문이 열렸고 운전석에는 서른 살쯤 되어 보이는 건장한 남자가 앉아 있었다. 어디를 찾고 있냐며, 여기는 혼자 걸어 다니면 매우 위험한 곳이니 빨리 차에 타라는 것이었다. 하얀색 셔츠를 입고 젤을 발라 깔끔하게 빗어 넘긴 헤어스타일이 나쁜 사람 같아 보이지는 않았다. 여기서 더 머물러 봐야 무슨 뾰족한 수가 있을 것 같지도 않아 일단 차에 올라탔다. 하지만 속으로는 무슨 일이 생기면 이 차에서 어떻게 뛰어내려야 할까 궁리하고 있었다.

"두려움과 편견을 가지고 사람을 대하면 그들은 적이 되지만, 마음을 열고 다가가면 친구가 된다."는 어느 여행자의 말이 떠올랐다. 그에게 마음을 열고 현재 내 상황을 설명하기 시작했다. 그는 내가 적어 온 주소지와 지도에 체크해 놓았던 위치를 번갈아 살피더니 호스텔의 주소가 잘못된 것 같다며 여기가 아니라고 했다. 그러고는 이내 또 쏟아져 내리는 빗속에서 숙소에 전화를 걸어 주소를 확인해 주고 길 가는 사람들에게 물어 2시간 만에 호스텔을 찾아 나를 내려 주었다.

외국인들에게 고마움을 표현할 때 우리의 풍습처럼 머리를 조아릴 필요까지는 없지만 나도 모르게 연신 머리가 조아려졌다. 또 입에서는 "Thank you very much! Muchas Gracias! 정말 감사합니다!"가 자동 반복되었다.

만약 보고타에서 키토까지 직행 인터내셔널 버스를 탔다면 국경 앞에서 헨리를 만나지 못했을 것이다. 헨리를 만나지 못했다면 밤늦게 잘못된 주소인 줄도 모르고 할렘가를 헤매다 위험한 상황과 직면했을지도 모른다. 또 친절한 에콰도르의 아주머니와 청년을 만나는 행운 또한 누려 보지 못했을 것이다.

내 스스로 자처했던 고행 길이었지만 그 안에서 만났던 소중한 인연들로 인해 그 길은 더 이상 고행길이 아니었다. 그 길은 평생 잊지 못할 추억 길로 바뀌어 오래도록 간직되어질 것만 같았다. 이렇게 보고타에서 키토까지 내려오는 4일간의 여정 속에서 세상의 따스함과 아름다움을 선물로 받아 왔다.

#02 - 사람의 생각까지도 중용에 이르게 만들던 적도의 나라

에콰도르에 머무는 동안 하루에 한 차례씩 꼬박 폭우 같은 장대비가 쏟아져 내렸다. 그렇다고 여행자 입장에서 숙소에만 머물러 있을 수는 없는 노릇이었다. 우산을 챙겨 길을 나섰다. 그러나 적도 지방 특유의 강력한 빗줄기에 단 하루도 물에 빠진 생쥐 꼴을 면할 수가 없었었다.

그렇게 매일 비를 맞고 돌아다녔던 탓인지 살짝 맛이 갔다. 정착 생활이 주는 안락함이 그리워지며 현재의 유목 생활이 별로 흥미롭게 다가오지 않는 것이었다. 다음 나라 페루까지 또 다시 3일에 걸쳐 찾아가야 할 여정도 지루하게만 느껴졌다. 새로운 나라를 경험하는 것도, 새로운 친구를 사귀는 것도, 새로운 풍경을 바라보며 사진을 찍는 것도 모두 무의미하게만 여겨지는 허무주의가 찾아들었다.

여행 전, 1년 이상 장기 여행을 했던 사람들을 통해 여행에서도 통상 3, 6, 9개월 단위로 '내가 지금 뭐 하고 있는 건가?'라는 슬럼프의 시기가 찾아온다는 이야기를 들었었다. 9개월 차인 현재의 내가 바로 그들이 말했던 슬럼프인 것 같았다.

3개월 차에 슬럼프가 오지 않았던 이유는 사고 후 치료와 함께 멕시코에서 한국 시장을 상대로 '필리핀 진주 크림'을 판매해야 했던 이중고의 상황 때문이었을 것이다. 슬럼프를 느낄 겨를조차 없었다. 그리고 그 이후로 이어졌던 과테말라의 봉사 활동은 그 자체만으로도 이 여행을 값진 의미로 만들어 준 감사한 시간들이었기 때문에 6개월 차에도 슬럼프 없이 지나갔던 것 같다.

내 최초의 여행은 스스로 '무역 여행'이라 칭하며 거래 아이템을 찾고 투자와 거래라는 비즈니스를 직접 체험을 통해 익혀 보겠다는 콘셉트를 가지고 있었다. 뿐만 아니라 2년간의 행적 속에서 인류의 위대한 문화유산인 세계 7대 불가사의와 문명의 발상지를 둘러보며 그 안에서 투자의 영감을 얻고 거래와 연결시켜 보겠다는 의도도 있었다. 그렇게 영감과 투자, 거래로 이어지는 비즈니스 이야기를 책으로 쓴 다음 대한민국의 청춘들에게 나처럼 비즈니스 경험이 전무한 사람도 세상에 나와 직접 몸으로 부딪히다 보면 살아남을 수 있다는 걸 보여 주고 싶었다. 더 많은 청춘들이 좀 더 과감하게 세계 일주에 도전해 볼 수 있도록 말이다.

하지만 작금의 내 모습을 들여다보니 애초에 생각했던 것과는 다르게 일반 여행객의 신세를 면치 못하고 있다. 그 사실을 더 이상 부인할 수가 없었다. 아마도 이 점이 슬럼프를 초래한 주요 원인일 것이다.

애시당초 순수하게 7대 불가사의와 문명의 발상지를 둘러보며 그 자체로 투자의 영감과 아이디어를 얻을 수 있을 거라고는 생각지 않았다. 물론 인류 문화유산을 둘러보며 내 안에서 창의적인 영감과 아이디어가 떠올라 그 생각들을 투자로 이어 간다면 더없이 이상적이고 좋은 스토리가 될 수 있을 거라고는 생각했다. 하지만 삼십 대가 되고 알았다. 그렇게 순수하고 이상적인 사고만으로는 내가 원하는 삶을 얻거나 만들어 낼 수 없다는 것을.

삼십 대와 이십 대의 가장 큰 차이는 '현실주의적 감각'이라고 생각한다. 친구들과의 술자리에서 이상향, 이상적인 삶의 모습이 어떤 건지 논하던 지난 이십 대. 그때는 나도 내가 이렇게 현실주의적 사고로 중무장한 사람이 되리라고는 예상치 못했다. 이는 아마도 대학을 졸업하고 직장 생활을 하다가 결혼해야 할 언저리쯤이 되어서 '아, 결혼이라는 게 단순히 사랑만으로는 이루어질 수 없는 거구나.' 하며 겪게 되는 심경의 변화가 아닐까 싶었다.

현실이라는 벽을 통해서 삶에 대한 지표와 기준 잣대가 이상주의에서 현실주의로 내려오는 과정. 이는 아마도 평균적으로 나이 서른 줄에 겪게 되는 통과 의례인 것 같다. 나 역시도 이 수순에서 벗어나지 못했다. 또 서른 초반 줄에 읽었던 칸트의 『순수 이성 비판』, 마키아벨리의 『군주론』, 니체의 『신은 죽었다』 같은 책들도 현실주의적 사고가 결코 정의롭지 못하거나 순수하지 못한 사고가 아니라 세상을 살아가는 처세술이자 전략적인 사고라는 생각을 갖게 하는 데에 큰 몫을 했다. 라틴아메리카의 혁명 영웅 체 게바라도 말하지 않았던가. "우리 모두 리얼리스트(Realist)가 되자. 그러나 가슴속에는 불가능한 꿈을 품자."라고!

자신의 나이에 작대기 하나가 그어지는(二 → 三) 삼십 대에는 이상과 현실의 중간에 서서 중도, 중용, 과유불급이 무엇인지를 깨우쳐야 한다고 말했던 지난 이십 대의 마지막 날도 기억이 난다.

이런 생각들을 바탕으로 내가 구상한 책의 콘셉트는 분명 인류의 자취를 둘러보고 떠오른 영감을 투자로 연결해서 돈을 번다는 기획 의도를 가지고 있었다. 처음 생각처럼 고대 유산을 둘러보며 아무런 영감이 떠오르지 않아도 나중에 퍼즐을 짜 맞추듯 '선(先) 투자 후(後) 영감'의 스토리를 각색해 내겠다는 의도도 (조금은 타락한 사고라고 생각할지도 모르겠지만) 품고 있었던 게 사실이다.

시간적 여유가 많았던 이십 대 때와는 달리 일의 성공만큼 평생의 동반자가 될 좋은 배우자를 만나서 행복한 가정을 꾸리는 것도 무엇과 바꿀 수 없는 삶의 중요한 업적이라는 것을 지금은 안다. 어느덧 그 유통 기한의 마지노선에 서 있는 삼십 대가 느끼는 현실의 벽은 이십 대보다도 더 긴박한 위기감을 내포하고 있기 때문에 현실과 더 쉽게 타협하게 되는 걸지도 모르겠다.

한편 나에게 현실적인 사고가 이상적인 사고보다 더 가치 있는 일이 될 수도 있겠다는 생각을 하게 만든 전환의 계기가 있었다.

몇 해 전 수학 능력 시험에서 역사 과목의 비중을 줄이자 각 학교들도 덩달아 역사 수업 시간을 줄여서 생긴 파장을 다루는 TV 프로그램을 본 적이 있었다. 한 리포터가 고등학교에 찾아가 학생들에게 '3·1절'과 '8·15 광복절'을 읽어 보라고 했다. 그런데 '삼점일절'과 '팔점일오 광복절'이라고 읽는 학생들이 한둘이 아닌 것이었다.

도무지 믿기지 않는 현실이었다. 그러면서 고민했다. 분명 머지않은 미래에 나 역시 이 사회의 기성세대라는 자리에 앉게 될 텐데 과연 그때 난 과연 어떤 생각을 지닌 기성세대가 될 것인가. 당시 성찰의 결과가 만들어 낸 것이 바로 '세계 일주, 그리고 무역과 역사'라는 콘셉트였다. 그래서 이번 여행은 누구나 세계 일주를 하며 비즈니스의 실무 경험을 쌓을 수 있고, 또 역사 공부가 돈을 버는 데에도 도움을 줄 수 있다는 것이 요지였다.

여행을 떠나기 전에 친구들, 대학 선후배들, 전우들, 사회생활을 하며 맺은 인연들과 그룹별 송별회를 하며 똑같은 이야기를 반복했었다. 아마도 1년에서 1년 반 정도는 고전을 면치 못할 것 같다고. 그래서 2년을 계획한 거라고. 말이 씨가 되었다기보다는 말의 씨가 자라나서 현재의 시간을 경험하게 만들었다는 말이 더 정확한 표현 일 것이다.

대학 동기들에게 요즘 생각처럼 여행이 풀리질 않아서 고민이 많다는 속내를 드러냈더니 직장 생활 10년 차는 더 지루하고 힘든 생활이니 그냥 버티라고 답을 주는 것이 아닌가. 그 말을 듣고 나니 정신이 좀 들었다. 만약 내가 군 생활을 계속했다면 마음 한편에 있는 세상에 대한 궁금증과 답답함을 인내하고만 있었을 것이다. 이 상황과 대조해 보니 현재의 고민은 분명 더 행복한 것이었다.

남반구와 북반구가 공존하고 있는 지구의 중심에 서 있으니 고민 또한 어느덧 중심을 찾아가고 있는 것 같았다. 그런 것을 보면 적도의 나라 에콰도르는 현실과 이상의 중간에서 중도, 중용, 과유불급을 깨우쳐야 하는 삼십대가 여행하기에 좋은 나라인 것 같다.

내 안의 찾아든 슬럼프를 극복하기 위해 다시 한번 새로운 땅으로 나를 데려가 봐야겠다. 그리고 그 안에서 여행을 반복하고, 세상에 대한 탐미를 반복하고, 사물에 대한 관찰을 반복하고, 언젠가는 이 경험들이 쌓이고 쌓여 거래의 영감이 봇물 터지듯 흘러넘치는 순간들을 맞이할 때까지 반복해 봐야겠다.

PERU

13
페루

#01 - 허우적 속의 편린들

계획한 일을 달성하지 못하고 중도에 멈춰 서서 방황하고 있는 내 자신과 조우할 때면 늘 처참한 상실감이 함께 찾아들었다. 그 상실감은 능력도 안 되는데 허황된 꿈만 좇는 과대 망상자로 확대해서 비춰 주는 스포트라이트이자 스머프처럼 작아져 있는 자아를 그로기 상태로 녹다운시켜 버리는 괴력의 소유자 같았다.

태풍의 눈 속에 고립되어 혼자 덩그러니 남은 듯 길을 잃어버린 상실의 마음에는 스치듯 지나가는 유행가 한 소절에도 기존과는 다른 중력이 작용해 왔다. 지구의 중력이 오직 나하고만 작용하고 있다는 듯 노래 속에 동화시켜 물아일체의 경지로 빠져들게 만들었다. 멀쩡할 때에는 달팽이관까지만 타고 들어오던 노래가 비참한 상실감으로 얼룩덜룩해진 마음일 때는 왜 그렇게 깊숙한 곳까지 파고들어 오는 건지. 마치 내 마음의 상태를 진단하러 들어오는 내시경 카메라 같다고 할까. 음악으로 마음의 상태를 진단받고 있는 것이니 '음악 내시경'이라고 불러야 할지도 모르겠다.

그렇게 내 마음을 살피러 들어온 노래가 유재석의 '말하는 대로'였다. '내일 뭐 하지, 내일 뭐 하지, 걱정을 했지. 난 왜 안 되지, 왜 난 안 되지, 되뇌였지.'라는 가사가 반복되는 노래다. 전에는 중독성 있는 멜로디 라인을 반복시키는 후크송적 요소라며 그냥 그렇게 흘려들었었다. 하지만 지금은 이 노래를 받아들이는 내 슈퍼에고가 달라진 것이다. 개그맨 공채 시험에 합격했지만 어느 프로그램에서도 자신을 불러 주지 않아 방황해야 했던 스무 살 유재석의 심정을 표현한 이 노래가, 여행은 시작했지만 계획한 대로 생각을 펼쳐내지 못하고 있는 내 자신의 무능력함과 오버랩 되며 격한 공감을 불러일으켰다.

상실의 마음에 젖어들 때면 "우리는 내 삶의 주인이 되기 위해 나 자신을 끊임없이 실험할 권리가 있다."고 한 독일의 프리드리히 니체가 원망스럽게 느껴졌다. 그러다가 "세상과 맞서 내 삶을 멋진 이야기로 꾸려나가기란 결코 쉬운 일이 아니구나."라며 먼발치로 밀어 두었던 말들도 홀연히 뱉곤 했다. 더 이상 누구의 지시나 감독, 조직이라는 울타리의 보호막 없이도 혼자서 잘 할 수 있다는 자신감으로 이곳까지 온 내게 '현실의 벽 신(神)'이 나타나 비웃음을 주고 있는 것만 같았다. "세상은 결코 네가 생각하는 것만큼 만만한 상대가 아니다."라는 말에도 다시금 인정의 고개가 숙여졌다. 어느 누구도 나에게 이렇게 살아 보라고 강요하지 않았는데 어디서 그런 자신감이 튀어나와 이곳까지 나를 데리고 온 건지 이제는 나도 잘 모르겠다.

그러나 아이러니한 건 이렇게 쉽게 풀리지 않는 과제를 끌어안은 채 끙끙거리고 있으면 있을수록 한편에서는 묘한 즐거움이 있었다는 것이다. 도대체 사람의 마음이란 어떻게 생겨 먹은 놈인 거지. 가학성 변태 성욕을 즐기는 사디스트들의 마음이 이런 건가 싶은 생각이 들었다. 나 자신을 고통스럽게 만드는 가운데 얻어지는 희열과 쾌락을 즐기는 변태 같은 마음이라고.

이 세상 어느 누구도 정답을 가르쳐 줄 수 없는 내 인생길에서 맞서야만 하는 좌절과 시련들, 그 반대편에서는 반드시 풀어내고 말겠다는 의지라는 이름의 숯과 언젠가는 풀린다는 희망이라는 불씨가 아직 위태위태하지만 완전히 연소되지는 않은 채 살아 숨 쉬고 있었다.

흔들림의 근원은 기초 공사 부실이라는 생각이 들어 인생의 밑바탕으로 섬기고 있는 『대학(大学)』의 팔조목(격물, 치지, 성의, 정심, 수신, 제가, 치국, 평천하)에 다시금 내 현재를 빗대어 본다. 사내대장부가 세상에 나아가기 전에는 몸과 마음을 바로 세워야 한다고 했는데 한동안 내 자신을 너무 돌보지 않았다는 반성이 들었다. 페루에 도착하게 되면 잠시 모든 것을 내려놓고 나라는 주체가 올곧게 설 수 있도록 시간을 좀 줘야 할 것 같았다. 세상의 중심에서 나를 외치기 위해 비긴 어게인(Begin Again) 할 수 있도록 재정비의 시간을 갖자고 생각하며 페루로 이동했다.

#02 - 있는 게 없는 곳

일주일째 숙박을 하고 있는 리마의 게스트 하우스. 한적한 주택가 골목길에 위치한 가정집 2층을 게스트 하우스로 꾸민 집이었다. 그동안 매번 내 집처럼 드나들던 전형적인 호스텔들과는 달리 이곳 게스트 하우스에는 없는 것 투성이였다.

지난 키토의 호스텔은 펍이 있는 골목길에 위치해서 술 마시는 소리가 끊이지 않았던 반면 이곳은 한적한 주택가라 그런 소음을 신경 쓸 필요가 없었다. 주변 환경이 조용해서 그런지 내부에도 원치 않았던 수다스러움이나 왁자지껄함이 없었다. 내가 무엇을 하든 관여하거나 불편하게 만드는 사람도 없었다. 언제든 끓여 마실 수 있는 커피와 차가 구비되어 있어서 따로 구매할 필요도 없었다. 지금껏 여행하며 늘 사 마셔야 했던 생수도 따로 살 필요가 없었다. 친절한 주인아주머니에 대한 신의가 생겨서 후불인 숙박비를 선불로 내고도 영수증을 받아 둘 필요가 없었다. 주인집과 위아래 층으로 나뉘어서 지내다 보니 눈치를 볼 필요도 없었다. 비록 바게트와 커피가 다였지만 아침마다 식사를 준비해야 하는 번거로움도 없었다. 속도가 느리고 때때로 자주 끊겨 속 끓이게 만들었던 와이파이의 문제도 없었다.

"얻는 것에는 항상 상실이 뒤따른다."고 에머슨이 말했던가. 다행히 이곳은 없는 것 투성이라 보니 상실할 것조차 없을 거란 생각이 들었다. 그래서일까? 이렇게 몸도 마음도 진을 치고 무위자연에서 안빈낙도를 넘어 음풍농월하고 있는 게.

리마의 H 게스트 하우스에서.

비록 아름다운 호수나 바다를 하루 종일 내다볼 수 있는 게스트 하우스는 아니었지만 조용함과 아늑함, 친절함과 와이파이의 재빠름, 심심할 때 데리

있는 게 없던 리마의 게스트 하우스

고 놀 수 있는 강아지가 있었다. 그래서 당분간 이곳에서 쉬었다 가기로 마음을 정했다. 이럴 때 보면 어쩔 수 없는 '서울놈'이라는 생각이 든다. 대자연보다 도심의 한복판에서 마음이 더 편안해지고 이런 곳에서 휴식을 취하겠다고 선택한 걸 보면.

#03 - 잃어버린 공중 도시를 찾아서

'재충전 中'이라고 공표한 지도 어느덧 3주가량이 흘렀다. 그 사이 달력의 날짜도 어느새 시월의 마지막 주만을 남겨 놓고 있었다. 어느 노래의 가사처럼 작년 '시월의 마지막 날'에 전역을 했다. 7년 반 만에 군인에서 다시 민간인으로 되던 날이었다. 전역사에서 "지금까지 국가를 지키는 인재로 살아 왔다면 이제부터는 국가를 키우는 인재로 살아 보고 싶다."고 말했던 기억이 났다.

시간이 참 유수와 같다. 언제 이렇게 또 1년이 훌쩍 지나간 건지. 잠시 지나온 1년에 대한 상념에 젖어 들다 보니 불현듯 시월이 가기 전에 전역 1주년 기념 자축 행사를 거행해야겠다는 생각이 스쳤다. 작년에는 대대 사열대에 올라 전역사를 낭독했으니 올해는 어디에 올라 전역 1주년 기념사를 낭독하면 좋을지 찾기 시작했다.

마추픽추라면 지나온 1년을 돌이켜 보는 시간을 갖는 데 하등 손색이 없을 것 같았다. 내일 당장 출발하면 시월이 가기 전에 그곳에 오를 수 있을 듯도 싶었다. 바로 짐을 쌌다. 아직 100%의 에너지는 아니었지만 나머지는 가면서 채우자는 마음으로 그간 정들었던 리마의 게스트 하우스를 나섰다.

리마에서 쿠스코까지 냉난방이 안 되는 버스를 타고 26시간을 연속해서 달렸다. 달리는 버스 안에서 낮에는 흙먼지를 뒤집어쓰고 밤에는 고산 지대의 맹추위와 씨름해야 했다. 고산 지대의 일교차로 마치 하루 사이에 겨울과 여름을 동시에 체험하는 듯했다. 버스는 중간중간 벌판에서 휴식을 취했다. 남자들은 버스의 뒤편에서, 여자들은 수풀이 우거진 곳에서 용변을 해결하고 다시 버스에 올랐다. 늦은 저녁에 도착한 쿠스코에서는 고산 지대에 위치한 호스텔을 찾다가 고산병에 걸려 밤새 끙끙 앓기도 했다. 쿠스코에서 마추픽추로 가던 길에 산사태를 만나 하루 종일 도로 위에 갇힌 채 굶주린 배를 움

마추픽추로 가던 길에 만난 산사태

켜잡고 버틴 일도 있었다.

힘들게 찾아왔기 때문일까? 리마를 출발해 5일 만에 마주하게 된 마추픽추의 감동은 지금껏 여행에서 경험했던 것과는 차원이 달랐다. 마치 한 편의 스펙터클한 대서사시가 두 눈앞에 펼쳐지는 것 같았고, 장엄하고 웅장한 오케스트라의 사운드가 양 귓가에서 울려 퍼지는 듯했다. 사람이 여행을 해야 하는 이유의 근원적 본질과 맞닿아 '행복이란 지금 이런 감각의 상태를 두고 말하는 거구나!' 하고 영혼이 전율하는 감동이었다. 바라만 보고 있어도 행복하다는 말의 진정한 의미를 알 수 있을 것 같았다. 마추픽추는 정말 죽기 전에 꼭 한번 와 봐야 하는 곳이라는 생각이 들었다.

하지만 두 번 찾아갔다가는 내가 먼저 죽을지도 모르겠다. 그 정도로 결코 쉽지만은 않은 여정이었다. 이번 리마에서 마추픽추까지의 여정이 금번 세계 일주를 통틀어 가장 힘들지 않았을까 싶을 정도로 고단했기 때문이다.

쿠스코에서 마추픽추까지 가는 방법 중에는 기차와 버스를 이용하는 루트도 있었다. 하지만 개인적으로는 최대한 걸어서 마추픽추에 올라 보라고 추천하고 싶다. 옛 잉카인들의 자취를 따라서 마추픽추에 걸어 오르다 보면 분명 어느 순간 내가 옛 잉카인의 숨결과 함께 호흡하고 있다는 걸 느껴볼 수 있을 것이다.

마추픽추에 올라 신비롭고 경이로운 잉카인의 숨결을 두 눈으로 담아내고 있자 그곳을 가득 채우고 있는 관람객들의 모습이 마치 400여 년 전 이곳에서 집을 짓기 위해 돌을 나르고, 농사를 짓기 위해 땅을 일구고, 빼앗긴 조국을 되찾기 위해 군사 훈련을 하던 잉카인들의 모습을 연상하게 했다.

마추픽추가 왜 세계 7대 불가사의로 선정될 수밖에 없었는지 그 이유를 알 것 같았다. 그 순간 마추픽추는 나에게 '잃어버린 공중 도시'가 아닌 여전히 숨 쉬는 '살아 있는 공중 도시'로 느껴지고 있었다.

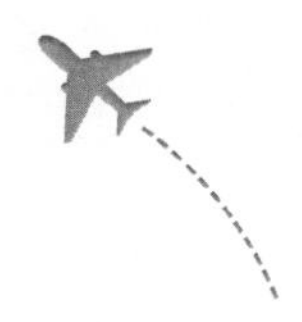

#04 - 마추픽추에서 받은 메아리

마추픽추를 한눈에 내려다볼 수 있는 태양의 신전에 앉아 지나온 1년을 되돌아보았다. 어느 나라를 여행해야 할지 막막해서 전 세계 240개의 나라를 일일이 조사하던 시간. 어떤 루트로 일주를 해야 할지 고민에 고민을 거듭하다 태양의 고도를 따라서 여행하면 되겠다는 아이디어에 기뻐했던 순간. 항공 수하물 할증료가 붙는 15kg를 넘기지 않기 위해 짐을 쌌다가 풀었다 하며 어떤 짐을 더 빼야 할지 고민했던 순간. 호주 비자가 없어 싱가포르 공항에서 당황했던 순간부터 브리즈번행 비행기를 놓쳐 속상했던 순간까지. 필리핀에서의 사고와 멕시코에 건너가 혼자서 힘겨워했던 순간들도 생생했고, 과테말라에서 봉사 활동을 하며 아름다운 사람들과 함께했던 기억들도 떠올랐다.

지난 1년을 돌이켜 보니 정말 수많은 과정들을 거치고 거쳐서 여기까지 온 것이라는 생각이 그제야 들었다. 그리고 마음속에서는 여기까지 온 스스로가 대단해 자긍심과 자존감이 차올랐다. 여행을 통해서 세상의 절반을 공부했고, 그 안에서 다국적의 다양한 인적 네트워킹을 형성했다. 그것이 아마도 가장 큰 성과가 아닐까 싶다. 아직 눈에 보이고 손에 잡히는 명확한 성과를 내지는 못했지만 분명 내 안에서는 인비저블(invisible)한 성장점들이 쌓여 가고 있었던 것이다.

앞으로의 인생을 위한 기초를 착실하게 다져 나가고 있다는 의미에서 스스로에게 잘하고 있다는 칭찬을 아낌없이 보내 주며 마추픽추의 여정을 마치고 돌아왔다. 이렇게 마추픽추에 올라 전역 1주년 기념행사를 거행하고 나니 모든 에너지가 다시 충전된 것 같은 기분이 들었다. 마치 오늘의 기념행사를 위해 슬럼프에 빠져 있던 사람처럼 마추픽추에 다녀온 것만으로 모든 것이 한순간에 정리된 듯 홀가분해졌다.

마추픽추에서 거행한 전역 1주년 기념 사진

이렇게 마추픽추는 나에게 다시 자유롭게 여행을 떠나라고 메아리쳐 주고 있었다.

<티티카카를 바라보며>

세상에서 가장 높은 호수를 두 눈에 담아내며
지나온 삶을 돌아보고 살아갈 삶도 담아 본다
이웃 나라와 티티카카를 사이좋게 나누고 있는
볼리비아의 코파카바나 마을
잔잔한 호수의 물결 진동처럼
고요함이 흐르는 마을
앞으로 걸어갈 길도 이곳처럼
유유하기만을 바란다

거칠고 황량하고 한없이 크게만 느껴지던 세상을
걸어오고 걸어갈 발걸음을 통해서
내 마음속에 가두어 작고 좁게 느껴지도록 만들고 싶었다
하늘길도 바닷길도 땅의 길도 어디든 가 보고 싶었다
그 안에서 만들어질 또 다른 나와 만나보고 싶었다
그 안에서 나는 어떤 사람인지 찾아보고 싶었다
그 길을 통해 외면도 내면도 강해지고 싶었다

페루와 볼리비아 국경에 있는 티티카카 호수

지금처럼 고요하게 다가올 길도
때로는 거칠게 다가올 길도
모두 다 내 길이다
이렇게 인생길은
지나온 길도 걸어갈 길도
모두 다 내 길이다

— 세상에서 가장 높은 호수, 볼리비아의 '티티카카 호수'에서

BOLIVIA

14
볼리비아

#01 - 모르면 더 많이 배울 수 있다 vs 아는 만큼 보인다

3박 4일간 이곳저곳을 떠돌아다니다 볼리비아의 헌법 수도이자 도시 전체가 세계 문화유산으로 지정된 수크레에 안착했다. 남미에서 가장 못사는 나라인 이곳이 오히려 여행객인 나에게는 (객반위주 격이지만 못살기 때문에) 더 큰 행복을 주었다. 하룻밤에 버스를 타고 500㎞를 이동해도 30~50볼리비안 페소(원화 5,000~8,000원가량)의 비용만 지불하면 어디든지 갈 수 있고, 10페소(원화 1,600원가량)면 고기와 야채와 밥으로 한 끼 식사도 해결할 수 있었기 때문이다.

먼저 볼리비아 제3의 도시 코차밤바에 예수상을 보러 다녀왔다. 세계 7대 불가사의 중 세 번째로 만나게 될 브라질 리우데자네이루의 예수상의 비교 대상으로 삼아 보기 위해서였다. 볼리비아의 예수상이 브라질의 예수상보다 더 크게 만들어져 세상에서 가장 큰 예수상으로 기록되어 있지만 분명 그 안에는 더 큰 차이점들이 숨어 있을 것이다. 어떠한 이유로 하나는 세계 7대 불가사의로 선정될 수 있었고 다른 하나는 될 수 없었는지 궁금했다. 그래서 볼리비아의 예수상을 보고 난 후 브라질의 예수상을 보게 되면 더 많은 것을 느끼고 얻어 낼 수 있을 것이라 기대했다.

세계 7대 불가사의 중 첫 번째였던 멕시코의 치첸이트사를 바라보며 일말의 감흥도 받지 못하고 돌아온 것에 대해 후회하고 반성했다. 그래서 두 번째였던 페루의 마추픽추는 가기 전부터 관련 자료들을 열심히 찾았다. 충분한 사전 지식을 갖추고 간 덕분인지 그 위대함 앞에 섰을 때 받았던 감흥이 남달랐었다.

때로는 아무런 기대와 준비 없이 찾아가서 예상치 못했던 풍경과 광경을 바라보며 마음속 깊숙한 곳에서부터 차오르는 감동에 젖어들어 보는 것도 여행의 매력이자 방법 중 하나일 것이다. 나 역시 '미리 다 알고 나서 가게 되면 기대와 흥미가 반감되어 감동이 덜하지 않을까?'라는 생각으로 한동안은 무작정 가서 본 후 부족한 부분을 자료로 채워 보기도 했었다.

하지만 여행의 시간이 거듭될수록 생각이 달라졌다. 아무것도 모르고 보는 것보다 하나라도 더 알고 난 후 보는 게 더 많은 것을 얻어 낼 수 있다는 쪽으로 말이다. 여행의 중반부가 지나가고 있는 지금의 잠정 결론을 내렸다. '모르면 더 많이 배울 수 있다.'보다 '아는 만큼 보인다.'라는 말이 더 큰 진리라고.

#02 - 체 게바라, 이념의 반대편에 서서

코차밤바 예수상 다음으로 찾아간 곳은 체 게바라의 마지막 순간이 간직되어 있는 볼리비아의 외딴 시골 마을 발레그란데였다. 오랜 시간 쿠바와 볼리비아가 발굴하기 위해 많은 노력을 기울였지만 10년 전에서야 처음으로 그 유해가 세상에 발견되었다.

체 게바라가 혁명가로서의 삶을 살아가게 된 계기는 대학 시절 떠났던 두 차례의 중남미 여행으로부터 기인한다. 그 여행을 통해 체 게바라는 그동안 말과 글로만 배워 왔던 세상과 실제로 확인하게 된 세상 사이에 큰 괴리가 존재한다는 걸 자각하게 되었다. 그 간극을 좁히고자 한 인간으로서 '앞으로 세상을 위해서 어떻게 살아갈 것인가.' 하고 고뇌했던 것이 의사로서의 보장된 삶을 저버리고 혁명가로서 살도록 그를 인도했던 것이다.

나는 이념을 떠나 군과 사회의 지도자로서 보여 준 체 게바라의 실천적 삶에 대해 깊은 존경심을 표하고 있다. 물론 시대가 변하기는 했지만 어느덧 중남미 여행이 막바지로 치닫고 있는 입장에서 나는 체 게바라와 같이 현세의 문제점들에 대해 깊은 자각과 성찰을 하고 있지 못하다는 점이 부끄럽게 느껴졌다. 그래서 체 게바라를 더욱 존경하게 되었다.

어떻게 체 게바라는 마흔도 채 되지 않은 젊은 나이에 쿠바 혁명의 성공으로 얻어낸 모든 기득권을 버리고 투쟁을 위해 불모지와 같은 볼리비아의 깊은 산자락으로 자신을 내몰 수 있었던 걸까. 체 게바라는 도대체 어떤 신념을 지니고 있던 인물이었기에 지금까지도 중남미의 많은 사람들로부터 존경받는 것을 넘어서 전 세계적으로 추앙받는 걸까. 체 게바라의 마지막 발자취를 따라 거닐어 보며 그에 대해서 좀 더 알아보고 싶었다.

저녁 무렵, 코차밤바에서 버스를 타고 새벽 4시쯤 발레그란데에 도착했다.

체 게바라의 유해가 발견된 볼리비아의 발레그란데

BMNT[1] 이전 체 게바라가 마지막 격전지로 삼았을 법한 주변의 산들을 바라보며 살을 파고드는 칼바람에 맞서 우두커니 서 있다 보니 군 시절 산속에서 전술 훈련을 하던 순간들이 스쳤다. 체 게바라 역시 이 산자락에 숨어서 게릴라 작전을 펼쳤을 것이다. 그 시간들이 얼마나 고생스러웠을지 생각하면 동병상련의 마음이 들다가도, 어찌 나의 틀에 짜여 있던 지난 훈련들과 목숨을 걸고 싸우던 당시의 실제 전투 상황을 비교해 볼 수 있을까 싶어 부끄러워지기도 했다.

세계에서 유일한 분단국가에서 살고 있는 국민으로서 한 번쯤은 왜 우리 민족의 절반이나 되는 사람들이 서로 다른 사상과 이념으로 나뉘어 싸우게 되었는지 돌이켜보고 올바른 사관을 정리해 둘 필요가 있다고 생각한다. 이 부분에 대해서는 나도 전역 후 조정래 작가의 『태백산맥』 10권을 읽기 전까지는 그 발단이 어디에서부터였는지 특히나 이해하기 힘들었다. (진작부터 읽어 보고 싶었지만 읽고 나면 자유민주주의의 이념을 확고하게 고수해야 하는 군인으로서 사상적 문제가 생길 수도 있을지 모른다는 우려감에 그 시기를 전역 이후로 미루고 있었다.)

한반도의 반이 사회주의 사상에 물들어 오늘날까지 이어지게 된 것은 어

1 군사 용어. 해상 박명초(Beginning Morning Nautical Twilight)라고도 한다. 해가 뜨기 대략 30분 전 정도의 시간으로 군대에서 해상 박명종, 즉 EENT(End of Evening Nautical Twilight)와 함께 주야간 작전 전환을 위해 매일 중요하게 체크하는 시간이다.

느 날 갑자기 김일성이라는 인물이 등장해서만은 아니었을 것이다. 몇몇 지성들에 의해 소련과 중국으로부터 사회주의 사상이 국내로 유입된 것이라 해도 어떻게 국민의 절반이나 되는 많은 사람들이 그 사상을 받아들이고 신봉할 수 있었던 걸까. 분명히 내가 이해하지 못한 당시의 사회적 배경이 있었을 것이라는 의문이 계속 따라다니고 있었는데 마침 그 궁금증을 『태백산맥』을 통해 해결할 수 있었다.

오늘날 분단 역사의 첫 신호탄은 조선 말 녹두 장군 전봉준이 이끈 '동학혁명'으로부터 출발한다. 당시 지주의 횡포 속에서 죽어라 농사를 지어도 먹고살기 힘들었던 대다수의 농민들에게 '모두가 잘 먹고 잘 사는 공평한 사회를 만들자!'라는 슬로건은 더없이 반가운 천지개벽 같은 소식이었다. 또 당대의 일부 깨어 있는 지성들에게도 이 사상은 못 배우고 힘들게 살아가는 백성들을 구제하기 위해 반드시 채택해야 할 사상이라고 받아들여졌던 것이다.

이렇게 『태백산맥』은 당시 사람들의 심정과 사회적 현실을 헤아려 볼 수 있는 기회를 제공해 주었다. 오늘날 우리가 안고 있는 분단의 멍에가 단순히 이념이 옳고 그르다는 이분법적 사고에서 시발된 것이 아니라 우리 사회 안에 내재되어 있던 현실적 문제들로 필수 불가분하게 수반할 수밖에 없었다는 이야기를 통해 우리 현대사를 올바르게 바라볼 수 있도록 단초를 주기도 했다.

책을 읽어 나가는 한 달 동안 '내가 만약 1940년대에 대학 시절을 보낸 주인공 김범우나 염상진의 입장이었다면 나 역시도 사회주의 편에 서서 투쟁을 할 수밖에 없지 않았을까?'라며 공감을 했고, 당시 왜 그렇게 많은 사람들이 이 땅을 사회주의 국가로 만들기 위해 열광했었는지 그 마음들을 헤아려 볼 수 있었다. 또한 MDL(Military Demarcation Line, 군사 분계선) 반대편 사람들을 바라보는 시각도 더 이상 적대적이지 않았고 그들도 우리와 똑같은 민족임을 진심으로 인정하게 되었다. '당시 그들이야말로 모두가 잘 살 수 있는 세상을 만들고자 싸웠던 진정한 실천가들이 아니었는가.'라는 이해와 함께 생각의 지평 또한 넓히게 된 시간이었다.

하지만 러시아의 대문호 도스토예프스키가 『죄와 벌』에서 초인 사상에 빠진 라스콜니코프의 살인 후 겪게 되는 심리적 갈등을 통해 "아무리 훌륭한 이론이라도 현실에 적용하는 데에는 분명한 차이가 있다."라고 이야기해 주고 싶었던 것처럼, 그들이 확고하게 믿었던 당시의 사상은 현실적으로 실현 불가능한 이념이었다는 사실을 반세기도 지나지 않은 역사가 명백하게 증명해 주었다. 그런 의미에서 우리는 한반도의 자유민주주의를 수호하기 위해 끝까지 싸웠던 분들의 노고에 대해 진심으로 감사하며 살아가야 한다는 결론에 도달하게 된다.

이렇게 지난 며칠간 이념의 반대편에 서 있었던 체 게바라의 마지막 발자취를 따라 거닐어 보며 우리 민족의 현대사를 되돌아 볼 수 있는 기회를 제공받아 생각을 정리할 수 있었다.

<우유니 소금 사막>

하늘인지 육지인지
호수인지 사막인지
물빛인지 거울인지
염전인지 눈밭인지

수평선인지 염평선인지
세상일인지 별천지인지
지상인지 천상인지
꿈속인지 생시인지

상실한 원근감인지
재생한 초현실인지
영원한 행복인지
한낮의 춘몽인지

이 아름다운 빛깔을 언제 다시 볼 수 있을지
이 아름다운 시간을 멈추어 놓을 순 없을지
이 아름다움을 조금만 훔쳐갈 순 없을는지
이 아름다움을 내 안에 가둬둘 순 없는 건지

저 물결같이 유유한 인생을 살아갈지
저 빛같이 강렬한 인생을 살아갈지
저 소금같이 필요한 인생을 살아갈지
저 우유같이 영양 있는 인생을 살아갈지

어떠한 인생인들 어떠하리

우유니처럼 아름답게만 살아가리

– 볼리비아 '우유니 소금 사막'에서

CHILE

15
칠레

#01 - 여행자들이 칠레의 물가를 비싸게 느끼는 이유

브라질은 중남미에서 가장 부유한 나라일 뿐만 아니라 국가별 경제 성장률을 나타내는 GDP 순위에서도 미국, 중국, 일본, 독일, 프랑스, 영국 다음으로 많은 경제 활동을 하고 있는 세계 7위의 경제 국가이다. 국토의 면적 크기에서도 러시아, 캐나다, 미국, 중국 다음으로 세계 5위이다. 이런 브라질과 남아메리카 대륙에서 국경을 접하고 있지 않은 나라는 남미 13개국 중 에콰도르와 칠레가 유일하다.

내가 한창 중학교와 고등학교를 다니던 1990년대만 하더라도 한 나라의 경제 성장률을 나타내는 지표인 GNP(국민 총생산)와 GDP(국내 총생산) 중 GNP가 더 공신력 있는 지표로 활용되어 학교 시험 문제에도 단골로 나왔었다. 하지만 어느덧 세계화의 물결 속에 해외 투자 장벽이 허물어졌고 현재는 한 국가의 경제 성장률을 나타낼 때 GNP보다 GDP가 더 신뢰받는 지표로 활용된다. 세상의 변화와 시간의 흐름 속에서 그 가치도 전이된 것이다.

2010년 칠레는 선진국의 척도로 불리는 OECD에 가입한 남미 최초의 국가였다. 뿐만 아니라 현재까지도 남미 유일의 OECD 회원국이다. 이는 명실공히 칠레가 남미에서 가장 선진화된 국가라는 사실을 입증하고 있다고 해도 과언이 아닐 것이다.

OECD 회원국이 될 정도로 경제 발전을 이룩한 칠레는 정치와 경제에 있어 우리와 닮은 점이 많은 국가이기도 하다. 우리가 1961년 박정희의 5·16 군사 쿠데타를 시작으로 1993년 김영삼의 문민정부가 들어서기까지 근 30여 년간을 군사 독재 정권 아래 민주화를 향한 열망과 경제 발전이라는 두 마리 토끼를 쫓으며 성장해 왔던 것처럼 칠레 역시 17년간 군사 독재 정권 아래 항거와 경제 발전이라는 현대사를 함께 이룩해 냈다. 그런 공통점 때문이었을까? 2004년, 칠레는 우리나라가 전 세계 국가 중 가장 먼저 FTA 협정을 체결한 국가가 되었다.

중남미를 여행하는 대부분의 여행자들은 나처럼 멕시코를 기점으로 남하하거나 정반대로 브라질이나 아르헨티나를 기점으로 북상한다. 마치 길이 잘 닦인 2차선 도로를 통행하는 것처럼 여행자들의 동선 또한 정형화되어 있다고 해도 과언이 아닐 정도로 비슷했다. 그래서 각자의 방향을 가던 여행자들이 버스 터미널이나 호스텔 같은 중간 휴게소에서 교차하게 되면 대화는 "내려가는 중이냐, 올라가는 중이냐?"로 시작되었고, 그 다음에 갈 나라들에 대한 정보를 서로 공유하는 것이 자연스러운 일이 되었다.

나와 반대 방향으로 북상하고 있는 여행자들을 만나게 될 때면 어느 나라의 여행자든 공통적으로 하는 말이 있었다. 바로 브라질과 칠레는 물가가 너무 비싸다는 것이었다. 세계 경제 순위 7위인 브라질의 물가가 비싸다는 건 아직 가 보지 않았어도 상식적으로 쉽게 이해할 수 있는 부분이다. 경제가 성장하는 만큼 동반되는 인플레이션 현상에 따라 물가 지수가 높아진다는 건 당연하니 말이다.

그러나 칠레는 좀 의외였다. 2,030억 불 정도의 교역량으로 GDP 총량에서도 우리나라의 7분의 1 수준인(2014년 기준, 대한민국의 GDP 총량은 약 1조 5천억 불가량이었다.) 칠레의 물가 지수가 우리나라와 엇비슷하다는 건 상식적으로 쉽게 이해되지 않았다. 소위 경제 전문가들이 자주 쓰는 "경제에 거품이 끼었다."거나 "경제에 버블이 조성되어 있다."라는 말처럼 경제 성장 정도에 비해 과도한 인플레이션이 발생한 나라가 아닌가 추측해 볼 뿐이었다.

남미에서 물가가 가장 비싼 브라질과 국경을 접하고 있지 않다는 것도 여행자들이 칠레의 물가를 유독 더 비싸게 느끼는 이유 중 하나일 것 같다. 칠레는 페루, 볼리비아, 아르헨티나와 국경을 맞대고 있는 나라다. 저 세 나라를 여행하다 넘어온 여행자들은 칠레에 들어선 순간부터 인플레이션에 따른 심리적 쇼크를 체험하게 된다. 어제까지 500원이면 살 수 있었던 물 한 병을 하루 사이에 2,000원을 줘야만 살 수 있을 정도로 식비, 숙박비, 교통비 등 모든 것이 두세 배 이상으로 뛰어 있기 때문이다. 가뜩이나 가난한 배낭 여행자들이 하루아침에 이와 같은 하이퍼인플레이션의 충격을 경험하고 나면 '칠레는 하이 프라이스(high price) 국가다.'라는 인식이 뇌리 속에 각인되는 것 같았다. 나도 마찬가지로 남미에서 물가가 가장 싼 볼리비아를 여행하다가 칠레의 국경을 넘어섰다. 모든 것이 순식간에 5~6배 이상 인상되어 있는 인플레이션 공포를 체감해야만 했었다. 이는 마치 1998년 겨울에 불어 닥쳤던 IMF 한파가 다시 찾아온 듯한 혼돈이었고 '세계 경제 대공황의 공포란 이런 거겠구나.' 하는 심리적 간접 체험이기도 했다.

현재 칠레는 전 세계에서 가장 많은 국가와 FTA 협정을 체결하여 발효하고 있는 나라이기도 하다. 칠레가 높은 물가 수준을 형성하게 된 배경에는 FTA 협정을 통해 많은 나라와 교역을 하게 된 점이 있을 것이다. FTA 협정은 상호 간 관세를 낮추고 시장을 넓게 쓰려는 것이 주목적이다. 그러다 보니 상대국의 저가 물품 대량 공세뿐만 아니라 가격은 비싸지만 질과 성능이 우수한 고급품들도 자국 시장 안으로 유입되기 마련이다. 이런 상대국의 고급품들은 차츰 경제가 성장하면서 소득 수준이 높아지는 소비자들의 지갑을 열게 만들고, 그에 따라 자국의 상품들 역시 가격이 올라도 팔린다는 인식으로 전환되어 실제 판매 가격이 오르게 된다. 아마도 이런 물가 상승의 순환 고리가 칠레의 물가 수준을 그들이 갖추고 있는 경제적 능력 이상으로 상승시켜 놓은 것이 아닌가 싶었다. 우리도 단시간에 '한강의 기적'이라는 놀라운 경제 성장을 이룩했지만 그 이면에서 고공 인플레이션에 따른 진통을 치러야만 하지 않았는가. 우리보다 더 짧은 기간에 폭발적 성장을 이뤄낸 칠레는 보이지 않는 손에 의해 형성되어야 할 '적정 가격'의 틀이 우리보다 더 심각하게 파손되어 버린 것이 아닐까.

중남미에 살고 있는 교민들을 만나서 대화를 나누다 보면 간혹 이런 이야기를 듣는다. 칠레와 아르헨티나인들은 여타 중남미의 국민들과 다르게 마치 자신들을 유럽인처럼 생각하는 경향을 보일 때가 있다고. 칠레에 오기 전까지는 '인종적으로 백인들이 주를 이루고 있는 사회이다 보니 그런가 보다.'라고 짐작했었다. 하지만 일주일간 칠레에 머물면서 칠리안들을 관찰해 보니 생각이 좀 달라졌다. 칠리안들이 자신들은 다른 중남미의 국민들보다 좀 더 우월하다는 인식을 갖게 된 것이 단순히 인종적 우월감 때문만은 아닌 것 같았다.

다소 거만하다 싶을 정도로 자신감 넘쳐 보이는 칠리안들을 보면서 그들 안에 우월주의가 자리 잡게 된 배경이 무얼까 생각했다. 과거 독재 정권에 항거하며 자기 손으로 민주화를 이루어냈다는 자부심, 그리고 냉혹한 약육강식의 논리만이 지배하는 무한 시장 경쟁 체제에서 전 세계 국가 중 가장 많이 자신을 개방하고 살아남은 자의 생존 본능. 그런 것들이 그들의 저변에 깔려 있기 때문이 아닐까 싶었다. 생존 경쟁에서 살아남기 위한 야성적 감각이 그들을 외향적으로 자신감 넘치게 만들어 준 것 같았다.

이렇게 칠레라는 나라를 통해서는 자신을 성장시키기 위해 무한 경쟁의 세계에 과감히 뛰어든 자의 용기와 그 경쟁에서 살아남은 자의 당당함이 어떤 모습인지 되새겨보게 된다.

ARGENTINA

16
아르헨티나

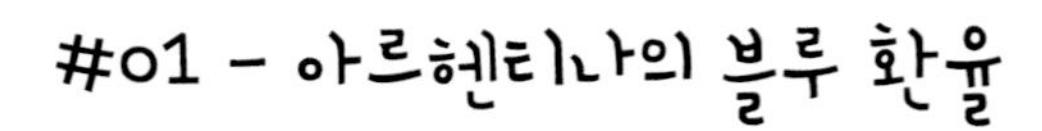

#01 - 아르헨티나의 블루 환율

가장 남쪽에 있어서일까, 남미 국가 중 가장 백인이 많아서일까? 아니면 남미 국가 중 가장 먼저 경제적 발전을 이룩했던 국가여서?

아르헨티나는 여태껏 보았던 중남미의 다른 나라들보다 더 세련되고 모던한 도시 경관을 갖추고 있었다. 라티노 특유의 활기와 여유로움 또한 더 오랜 시간의 세례를 거쳐서인지 성숙해 보였다. 보면 볼수록 매력적인 나라였다. 기회가 된다면 이 나라에서 살아 보고 싶다는 마음도 들었다. 그런데 어쩌다 아르헨티나는 100년이라는 시간동안 후퇴만 한 것일까? 문득 그 이유가 궁금해졌다.

아르헨티나의 경제 위기가 정점을 찍었다는 지난 10월의 기사들을 살펴보니 '사상 최고치의 환율, 30%에 이르는 물가 상승률, 기준 금리 27%, 8년 만에 최저치를 기록한 외환 보유액' 같은 문구들이 눈에 띄었다. 아르헨티나 경제의 현주소가 어떤 상태인지 대략 가늠해 볼 수 있게 하는 내용들이었다.

지난 7월 31일, 아르헨티나는 국가 부도 사태인 디폴트를 공식 선언했다. 이후 10월을 기점으로 위기감이 최고치에 달하다가 12월에 다소 진정된 국면을 보였다. 지난 10월에 미국 달러를 들고 아르헨티나를 왔었다면 1달러당 16페소에 환전하고 50%의 할인율 속에서 'I love Argentina!' 하며 여행하지 않았을까 싶다. (내가 갔을 당시에는 1달러당 12페소의 환전율로 30%가량의 할인이 이어지고 있었다.)

볼리비아 수크레의 호스텔에서 저녁 식사 준비를 하다가 일본계 캐나다인 한 명을 만난 적이 있었다. 아르헨티나와 칠레 여행을 마친 뒤 북상하고 있던 그는 아르헨티나에 가기 전에 꼭 미국 달러를 준비해서 가라는 팁을 주었다. 현재 아르헨티나 내 미국 달러 환전율이 현금 카드 인출 시에 적용되는 환전율보다 훨씬 더 높다는 것이었다. 내가 여행을 시작하기 직전 신문에서는 연일 아르헨티나 경제 위기에 관한 기사들이 쏟아지고 있었다. 아마도 달러의 외환 보유고가 부족해져서 미화의 가치가 절상된 건가 보다 어림짐작하며 볼리비아에서 미국 달러를 준비해 뒀었다.

실제로 와서 보니 아르헨티나에서는 공식 환율과 블루 환율이라는 이중 환율 체제가 광범위하게 통용되고 있었다. 공식 환율이 1달러당 8.5페소 정도의 환전율이었다면 블루 환율은 1달러당 12.5페소 정도로 공식 환율에 비해 무려 30%가량이나 높은 것이었다. 거리 도처에 깔려 있는 환전상들과 암거래를 하면 최소 30% 이상의 할인율이 발생했다. 이는 여행자 입장에서 보면 아르헨티나 내에서 사용하는 일체의 경비에 대해 30% 할인을 받고 있는 셈이나 마찬가지였다.

배낭여행자들 사이에서 아르헨티나는 소고기와 와인의 세례를 받을 수 있는 축복의 땅으로 정평이 나 있다. 아르헨티나에 가면 무조건 삼시 세끼를 소고기와 와인으로만 먹을 수 있다는 말이 있을 정도로 아르헨티나의 소고기와 와인 가격은 저렴하기로 소문이 파다하다. 그런데 여기에 추가로 30% 할인까지 받을 수 있다고 하니 암거래 환전은 고단하고 가난한 배낭여행자들에게 단비와도 같을 수밖에. 원화 1,000~2,000원 정도면 한국에서 살 수 없는 많은 양의 소고기와 와인 한 병을 살 수 있는 이 나라를 어느 누가 사랑하지 않을 수 있을까.

하지만 매일 저녁 와인을 마시고 행복감에 도취되어 있다가도 인간이기에, 사유의 동물인 인간이기 때문에 또 다시 궁금해졌다. 왜 다른 나라들과는 다르게 아르헨티나에서는 이중 환율 체제가 통용되고 있는 것일까? 그 발단은 무엇일까?

아르헨티나 경제를 바라보는 시각은 아리송했다. 상반된 견해를 지닌 경제 기사들을 접하면서 어느 쪽에 무게를 두고 게이트키핑하여 올바른 관점을 견지해야 할지 궁금증만 더 증폭될 뿐이었다. 일부에서는 아르헨티나 경제가 회복 불능 상태에 빠져 있는 심각한 사태라고 주장하고 있는 반면 다른 일부에서는 아르헨티나 경제 위기는 진짜 위기가 아니라 내년 대선을 앞둔 정치적 이벤트에 불과하다는 주장을 했다. 의견들이 대치하고 있었다.

지난 8월 1일자 한국 경제에 실린 '국가 부도 맞아? … 헷갈리는 아르헨티나 디폴트'라는 제목의 기사에는 다음과 같은 내용이 일부 나온다.

> 아르헨티나는 지난 7월 30일 밤 12시까지 국채에 대한 이자 5억 3,900만 달러를 지급하지 못해 13년 만에 또다시 디폴트에 빠졌다. 뉴욕 법원이 미국 헤지 펀드(벌처 펀드)들이 제기한 소송을 받아들여 헤지 펀드들에 돈을 갚기 전엔 다른 채무자들에게 이자 상환을 할 수 없도록 했기 때문이다. 뉴욕 법원의 판결이 나오자 신용 평가사 S&P는 아르헨티나의 신용 등급을 '선택적 디폴트'로 낮췄고, 이어 피치도 '제한적 디폴트'로 하향 조정했다. 신용 평가사들이 이번 디폴트를 '선택적' 또는 '제한적'이라고 본 것은 아르헨티나 정부가 돈을 갚을 능력은 있으나 법원 판결로 결제를 못하는 상황이라는 점을 반영한 것이다.

돈을 갚을 능력은 있으나 결제를 못하는 상태라……. 국가 부도가 맞다는 건지 아니라는 건지 기사를 보면서도 감이 잡히질 않았다.

모든 국가는 공공 및 재정 투·융자금을 조성하기 위해 국채를 발행한다. 국채는 국가의 부채, 즉 국가 채무이다. 더 쉽게 말해서 국채는 '나라를 꾸려 가기 위해 돈을 빌리고 나서 준 증서' 정도로 이해하면 될 것이다.

기사를 풀어 보면 이런 내용일 듯했다. 아르헨티나 역시 국가 재정을 꾸려 나가기 위해 미국 헤지 펀드들에게 국채를 발행하고 돈을 빌려 썼다. 그러나 돈을 빌려 준 헤지 펀드들이 그동안 밀린 이자를 모두 갚으라고 하자 돈은 있지만 못 갚겠다고 버티고 있다는 것. 못 갚는 이유는 RUFO(Rights Upon Future Offers, 채권자 동등 대우 조항) 때문이었다. 아르헨티나가 미국 헤지 펀드들에게 빌린 돈의 이자를 모두 상환하게 되면 RUFO의 법적 효력이 발생하여 다른 곳(벌처 펀드)에서 빌린 돈의 이자도 모두 다 변제해야만 했기 때문이다.

하지만 현재 아르헨티나 내에는 모든 채무에 대한 이자를 한꺼번에 상환할 수 있는 외환 보유고가 없다. 따라서 아르헨티나는 그 이자를 갚으나 안 갚으나 국가 부도 사태를 피할 길이 없는 입장인 것이다. 어차피 똑같은 종착지로 향하는 갈림길에서 아르헨티나가 기술적 디폴트, 즉 '채무 불이행, 우리는 갚을 수 없다.'라는 최종 선택을 했다는 것이 위 기사의 각주가 되지 않을까 싶다.

대부분 중남미 국가에서 한국 교민들의 주거지는 그 나라의 수도에서도 비교적 안정되고 잘 사는 구역에 있다. 하지만 유독 아르헨티나 부에노스아이레스의 한인 타운은 다운타운과는 다소 거리가 먼 외진 곳에 위치하고 있었다. 좀 의외였다. 왜냐면 아르헨티나 내 한인 교민은 약 2만 5천여 명가량으로 중남미에서 브라질 다음으로 많을 뿐만 아니라, 한인 골프장 및 전 세계 교민 사회에서 유일한 한인 공동묘지까지 갖추고 있을 정도로 번창했다는 말을 들었기 때문이다. 아르헨티나 내에서 확실한 삶의 터전을 다져 놓은 한국 교민들이 왜 굳이 부에노스아이레스의 후미진 외곽에서 살고 있는 걸까? 쉽게 이해가 안 되는 부분이었다.

아르헨티나 부에노스아이레스 한인 타운의 별칭은 '백구촌'이다. 백구촌이라는 별칭은 예전에 한인촌을 오가던 유일한 버스인 109번 버스에서 유래한 것이다. 부에노스아이레스의 한인촌은 바로 이 109번 버스의 종점에 위치하고 있었다. 버스 종점에 위치해 있다는 말을 통해서도 예상할 수 있듯이 백구촌은 도심의 중심가와 다소 거리가 있다.

한번은 아르헨티나에서 30여 년째 살고 계시다는 교민분을 만나서 대화를 나눴다. 그리고 그분과 대화를 나누던 중 왜 아르헨티나 한인 타운이 유독 도심에서 멀리 떨어진 외곽 지역에 자릴 잡고 있는 건지 유추해 볼 만한 단서를 얻었다. 그분의 말씀 중에 "1960년대 초에 처음 아르헨티나에 이주했을 때 아르헨티나 사람들이 한국 사람들을 불쌍히 여겨 먹을 것을 나눠 주었다."라는 내용이 있었다. 현재는 그 위상이 바뀌어서 대한민국이 아르헨티나보다

거리 곳곳 어디서나 탱고를 볼 수 있던 아르헨티나

경제적으로 부유한 나라가 되었지만 우리 한인들이 처음 아르헨티나로 이주할 때만 하더라도 상황은 달랐다. 그러니 가난한 나라의 이민자였던 한인들은 도심에서 멀리 떨어진 외곽 지역에 터를 잡고 시작할 수밖에 없었던 것이다. 그리고 그때부터 이어진 삶의 터전이 오늘날까지도 계속되었다.

100여 년 전 아르헨티나는 세계 경제 순위 10위권 안에 드는 선진국이었다. 1980년대까지만 하더라도 우리 한인들이 아르헨티나로 투자 이민을 떠났을 정도로 잘살았다고 한다. 비옥한 온대 초원인 팜파스를 기반으로 부를 축적하며 선진국 대열에 들어섰지만 그 이후 제1, 2차 세계 대전과 경제 대공황, 수차례의 군사 쿠데타와 내정 불안, 경제 정책의 실패가 이어지며 아르헨티나를 후퇴하게 만든 것이다. 특히 1946년 집권한 페론 정부의 포퓰리즘 정책은 아르헨티나 경제의 발목을 잡는 데 심각한 역할을 했다고 한다. 또 소수 자원에만 의존하는 취약한 경제 구조와 산업, 정치 개혁의 실패도 아르헨티나 후퇴의 역사에 결정적 역할을 했다. 그 결과 현재는 이웃 나라인 칠레와 우루과이보다도 뒤처진 평범한 중진국 수준을 면치 못하고 있다.

저축률이 낮고 외자 의존도가 높아 외부의 충격에 취약한 경제 구조를 지닌 국가는 세계 경제가 조금만 흔들려도 큰 위기가 찾아온다고 한다. 이 이야기는 비단 아르헨티나뿐만 아니라 우리나라도 마찬가지일 것이다. 한때 드림 컨츄리였던 아르헨티나의 100년에 걸친 후퇴의 역사를 통해 변화와 개혁의 실패는 국가도 무너뜨릴 수 있다는 반면교사의 교훈을 되새겨 본다. 분명 또 100년이라는 시간이 흐르면 세계 경제 질서는 재편되어 있을 것이고 또 다른 아르헨티나와 같은 나라들도 탄생할 것이다. 부디 그 나라가 우리나라만은 아니기를 바랄 뿐이다.

비록 세계 경제 속에서 아르헨티나의 명성은 계속해서 추락하고 있지만 와인, 소고기, 신이 주신 천해의 자연 경관, 온대 초원 팜파스, 탱고, 축구 등 여전히 아르헨티나를 사랑하지 않을 수 없는 이유들이 가득하다. 알면 알수록 매력적인 이 나라가 하루 빨리 재건과 부흥의 역사를 새로 써서 가난한 열정이 아닌, 여유가 넘치는 열정의 나라로 거듭나기를 바라며 아르헨티나의 모든 일정을 끝마친다.

PARAGUAY

17
파라과이

#01 - 시공간의 반대편에서 맞이한 새해

40℃를 넘나드는 폭염이 기승을 부리다가도 예고 없이 장대 같은 소나기가 쏟아져 내린다. 8월 같은 날씨. "어디 바닷가로 바캉스라도 떠나야 하는 거 아닌가?"라는 말이 부지중 무시로 흘러나온다.

하지만 이곳은 아메리카 대륙에서도 볼리비아처럼 바다가 없는 내륙 국가이다. 또 이웃 볼리비아와 함께 가장 못사는 나라이기도 하다. 거대한 남아메리카 대륙의 정중앙에 자리를 잡고 있어서 '남미의 심장'이라고도 불리는 곳 파라과이. 이곳에서 다시금 '좋은 이웃'(국내의 모 NGO 단체)과 인연을 맺어 '사랑 나눔'의 시간들을 채워 나가고 있다.

아마도 내 마음속 한편에 커다란 삶의 변화와 아픈 사고를 딛고 일어난 2014년 한 해를 조금은 더 경건하게 마무리 짓고 싶은 바람이 있었나 보다. 분주한 여정에 치이다 이곳에 도착해 호흡을 가다듬고 마음을 정착시키고 나니 그제야 '무엇이 나를 이곳으로 이끌었는가?'에 대해 생각해 보게 된다.

하지만 그동안 내 안에 축적되어 온 외부 온도 감지 시스템이 자꾸만 현재의 시점을 망각시킨다. 지난 서른여 해 동안 '12월은 삼한 사온'이라고 학습화된 계절 감지 시스템에 난생 처음 느닷없는 한여름의 삼복더위가 찾아드니 지금이 도대체 12월인지 8월인지, 연말연시인지 바캉스철인지 헷갈려 제 기능을 발휘하지 못하는 것이다.

파라과이의 국토 중앙부에는 태양도 더 이상 내려가기를 포기하는 남회귀선이 통과하고 있다. 남회귀선은 지구라는 별에서 아열대와 온대 기후를 구분 지어 주는 선이기도 하다. 한국에서 일 년 중 밤이 가장 긴 12월 22일 동짓날에는 태양의 남중 고도가 북반구에서 최소, 남반구에서 최대가 된다. 그래서 북반구의 12월 22일 동짓날은 남반구에서 절기상 하지이다. 그러고 보니 한국과 이곳의 시차도 꼬박 12시간이다.

이렇게 계절과 밤낮이 정반대인 것 외에도 남반구에서의 자연 현상을 관찰하고 있으면 북반구와 다른 점이 한두 가지가 아니다. 이곳에서는 북극성이 보이지 않는다. 남반구의 사람들은 북극성이 아닌 남십자성을 기준으로 동서남북을 가늠해 배의 항로를 찾는다고 한다. 밤하늘의 그믐달과 초승달의 위치도 북반구에서 보던 것과는 정반대 방향에 자리를 잡고 있다. 뿐만 아니라 개수대의 물도 반대로 회오리치면서 흘러나간다.

그동안 경험해 보지 못했던 새로운 자연 현상들을 유심히 관찰하고 있으니 내가 정말 지구 반대편에 와 있다는 사실이 더욱 실감났다. 아인슈타인이 특수 상대성 이론에서 "시간과 공간은 절대적 개념이 아니라 관측자에 따라 달라지는 상대적 개념이다. 같은 시간은 같은 시간이 아니다."라고 했던 말이 무슨 의미였는지 조금 더 잘 이해할 수 있을 것 같다.

북반구와 남반구라는 공간의 차이에서 발생하는 자연 현상을 관찰하며 '공간'이라는 개념의 상대성에 대해 사유하고 관점의 지평을 넓힐 수 있었다. 그렇다면 '같은 시간은 같은 시간이 아니다.'라는 시간의 상대적 개념은 어떻게 받아들여야 할까. 한 해가 오고 가는 이 시점에서 이 생각 또한 정리해 '사회적 시간의 구애'에서 해방되고 싶어진다.

인생의 멘토로 삼고 있는 시골 의사 박경철 씨는 저서 『자기 혁명』에서 시간에 대해 이렇게 정의를 내렸다.

> 시간에는 시계가 가르쳐 주는 절대적인 시간과 내면화하는 시간이 있다. (중략) 우리는 시간을 대할 때 사회화된 나로서 의식할 시간과 내면화된 나로서 의식할 시간의 개념을 구분하고, 시간의 밀도를 높이는 일과 파편처럼 흩어진 시간들을 질서 있게 배열하는 데 관심을 두어야 한다.

물리적인 시간의 흐름으로 한 해를 보내고 새로운 한 해를 맞이하고 있다. 그러나 내 안의 내면화된 시간의 퇴적층이 합당한 시간으로 채워진 건지는 모르겠다. 내가 먹은 나이의 수만큼 성장의 퇴적층을 쌓아 오긴 한 건지, 그저 한 살씩 물리적인 나이만 더 먹고 있던 것은 아니었는지 지나온 삶을 돌이켜 보게 된다.

시공간의 개념 모두가 반대인 이곳에서 잠시 내 삶의 방정식도 반대로 풀어 본다. 숨 가쁘게 정보를 찾아서 다음은 어디로 갈까 끊임없이 결정하고 이동해야만 했던 행보들을 잠시 내려놓는다. 그리고 한곳에 머물며 잠시나마 마더 테레사 수녀처럼 내 모든 에너지를 나 자신이 아닌 윤택한 사회적 공동선을 추구하는 데 써 보는 삶을 살아 본다. 나 자신만이 나를 조종할 수 있었던 자유로운 여행길에서 벗어나 누군가, 어딘가에 구속되어 시키는 일만 하면 되는 수동적인 삶을 통해 혼자서 갈 수 있는 에너지를 다시 충전받아야겠다.

봉사 활동을 하는 이유? 솔직히 아직은 그 명확한 이유를 잘 모르겠다. 사람들이 봉사 활동을 하는 진정한 이유가 무엇인지, 진정 남을 위한 것인지, 나를 위한 것인지, 그 개념도 생각도 마음도 애매모호하게만 느껴진다. 톨스토이가 "인생의 의의는 자기완성과 사회의 조화를 위해 다른 어려운 사람을 돕는 데 있다. 우리는 이 세상을 사는 동안 어떠한 분야든 봉사를 통해 자신을 완성시킬 수 있다."라고 이야기했다. 그처럼 나 역시도 타인에게 베푸는 이타적 선의를 통해서 나 자신을 완성시키려는 의도가 내 안에 숨어 있던 건 아니었을까. 이 또한 부인할 수만은 없다는 게 진짜 속내이기도 하다.

자원 봉사란 무엇일까? 봉사 활동은 왜 하는 걸까? 진정 남을 위한 활동일까, 아니면 나를 위한 활동일까? 한편으로는 꼭 그 답을 찾아야 할 필요가 있을까 싶은 생각이 들기도 한다. 때로는 왜 하는지 몰라도 그저 그 일을 하고 있다는 것으로 즐거울 때가 있다. 봉사도 그런 맛에 하는 것 같다. 진정한 이타심인지, 내 삶의 윤택함인지, 사회적 의무감인지, 그 이유를 명확하게 구분 지을 수는 없다. 하지만 하다 보면 마음이 즐겁다. 계속 즐기면 이 일을 왜 하고 있는지 언젠가 그 이유가 좀 더 명확해지지 않을까. 한편으로는 그 이유를 명확히 알아차릴 수 없기 때문에 점점 그 매력에 빠져들고 있는 걸지도 모른다는 생각이 든다.

8개월이 넘는 시간을 중남미에서 메스티소들과 한데 어우러져 지내다 보니 어느새 내 피부색과 생김새도 그들과 흡사해져 있다. 처음에는 동화되는 이 느낌이 나쁘지 않았지만 요즘은 별로 탐탁치 않게 다가온다. 독일의 철학자 하이데거가 "낯선 것과의 조우를 통해 이성이 시작된다."고 말했는데 나에게 중남미는 더 이상 '낯선 곳'이 될 수 없었기 때문이다.

지난 8개월간의 행보가 중남미의 어느 나라에 데려다 놓아도 잘 살 수 있을 것 같은 사람으로 나를 성장시켜 놓았다. 하지만 이 말은 뒤집어 보면, 그만큼 이곳에서는 새로운 생각을 얻어내기 힘든, 감각이 무던해진 사람이 되었다는 의미이기도 하다.

2015년 1월 17일, 드디어 아메리카 대륙을 떠나 검은 대륙 아프리카로 간다. 새로운 사람들과 새로운 길에서 어떤 낯선 것들과 조우해 인생의 깨달음으로 치환시킬 수 있을지, 또 그곳에서도 동화되어 구릿빛 피부색이 흙빛으로 변할 수 있을지 기대해 본다.

BRAZIL

18

브라질

#01 - 새로운 나이 계산 패러다임

세 번째 불가사의인 브라질 예수상을 보기 위해 한적한 산길을 오르다가 옛 생각에 젖어 들었다. 약관의 나이에 청춘이라 여기며 좋아하던 대학 새내기 시절이 엊그제 같은데 어느덧 이립도 중반을 넘어섰다. 다시 15년이라는 시간이 황망하게 흘러가 지천명이라는 나이가 내 앞에 붙어 있을 것을 떠올려 보니 절로 몸서리가 쳐졌다. 그러고 보니 몇 해 전부터 누군가 나이를 물어 오면 선뜻 대답하지 못하고 속으로 '만 나이로 대답할까?'를 고민하고는 했다.

아직도 마음은 이팔청춘인데 어느덧 어엿한 삼십 대 중반이 되었다. 스무 살 시절 서른 줄을 올려다 볼 때면 당연히 직장과 집, 차, 가정, 자녀 한둘쯤은 필수에 많은 것들을 깨우치고 통달한 이 사회의 의젓한 구성원으로 자리매김해 있을 줄 알았다. 하지만 막상 서른 줄이 되어 보니 이십 대 때와 다른 게 하나도 없다. 조금, 아주 조금은 정신적 성숙이 있었던 것 같을 뿐. 철이 조금은 더 든 것 같다는 느낌 외에 대체 뭐가 달라진 걸까? 그래서 누군가와 삼십 대의 인생에 대해 설왕설래할 때면 마치 삼십 대는 이십 대의 연장선 위에 있는 것 같다며, 서른하나는 성숙한 스물한 살 같고 서른셋은 성숙한 스물세 살 같다는 이야기를 하고는 했다.

내 나이 지천명이 되는 2030년에는 우리나라의 인구 4명 중 1명이 노인인 고령사회가 될 거라고 한다. 지금의 내가 청년인지 중년인지 헷갈려하고 내 행동, 삶의 방식의 무게를 청년과 중년 중 어느 쪽에 더 두어야 하는지 고민하며 살고 있는 것처럼 그때도 분명 똑같은 고민을 하며 살아가고 있지 않을까. 그런 생각에 피식하고 웃음이 나온다. "어느덧 내 나이 쉰 살! 나는 지금 중년인가, 장년인가?" 하면서 말이다.

이번 여행의 성과가 어떻게 나올지는 끝까지 가 봐야 알겠지만 "청년이 실패가 두려워 움츠러든다면 그는 청년이 아니고, 기성세대가 실패를 두려워하지 않고 새로운 여정을 시작한다면 그는 아직 청년인 것이다."라는 말에 빗대어서라도 언제까지나 청년이고만 싶은 게 솔직한 속내이다.

'화병'을 세계 정신의학 용어로 등극시킨 이시형 박사의 저서 『행복한 독종』이라는 책을 보면 이전에는 듣지 못했던 새로운 용어들이 많이 등장한다. 'YO(Young Old) 세대'라는 용어는 의학 기술의 발달과 식·영양 및 라이프스타일 개선에 따라 젊은 시절 못지않게 왕성한 활동을 하고 있는 55세부터 75세까지의 세대를 말한다. '연장된 중년', '신(新) 중년'이라는 의미를 담은 'YO 세대'인 것이다.

'에이징 파워'는 나이가 들면서 정신적, 사회적으로 이십 대가 갖지 못한 특별한 강점을 갖게 되는 것을 개념화한 용어이다. 그 외에도 '파워 시니어'는 이런 에이징 파워를 십분 발휘하여 노후를 보내고 있는 노인들을 칭하는 용어였다.

무엇보다 이 책은 고령사회 진입이 목전이지만 아직까지도 '학교-취업-은퇴'라는 전통 라이프 사이클에 얽매여 남은 미래를 대비하지 못하는 사람들을 직시시키는 데 중점을 두고 있다. 현재 우리가 적용하고 있는 '학교-취업-은퇴'라는 인생 설계 패러다임은 과거 평균 수명 60세에 맞추어진 라이프 사이클로, 60세 이후에도 40년이라는 여생을 더 살아야 하는 현대인에게는 결코 맞지 않다는 주장이다. 그래서 '공부-취업, 또 공부-취업'과 같은 현 시대에 맞는 라이프 사이클로 바꿔어야 한다고 저자는 말한다.

또 이 책은 전통 라이프 사이클로부터 벗어나기 위해 '호모 헌드레드(Homo-hundred) 시대'를 대비한 새로운 나이 계산 패러다임들도 소개하고 있었다. 여러 나라의 새로운 나이 계산 패러다임 중 이웃 나라이자 장수 국가인 일본에서 적용하고 있다는 나이 계산법이 특히 인상적이었다. 일본에서는 이미 30년 전부터 고령사회에 따른 사회 문제를 해결하기 위해 자신의 나이에 0.7을 곱해서 계산한 나이를 기준으로 100세 인생을 설계하자는 패러다임 전환 운동이 전개되고 있었다고 한다. 일본의 나이 계산법을 적용해 내 나이를 계산해 보니 아직 스물다섯 살이 채 안 되었다. 생각 하나 바꾸었을 뿐인데 마음속에서는 절로 힘이 난다.

앞으로 남은 인생 75년을 어떻게 꾸려 가면 좋을지 궁리하며 걷다 보니 어느새 예수상이 있는 코르코바도 언덕이 눈앞에 펼쳐지기 시작했다.

#02 - 브라질 예수상과 세계 7대 불가사의

2007년, 브라질 예수상이 신(新) 세계 7대 불가사의로 선정되었을 때 많은 논란과 비난의 여론들이 들끓었다. 특히 자신들이 자랑하는 고대 문화유산이 비선된 영국과 이탈리아에서는 "이번 세계 7대 불가사의의 투표 방식과 선정 결과는 전 세계적 차원의 코미디였다."며 대대적인 조롱의 언론 플레이를 펼치기도 했다.

세계 7대 불가사의란 '불가사의한 지구 상의 일곱 가지 건축 및 사물'을 일컫는 것으로 기원전 2세기경 비잔틴의 수학자이자 언어학자인 필론의 저서 『세계의 7대 경관』에서 처음 사용되었다. 당시 필론이 선정했던 7대 불가사의를 '고대 세계 7대 불가사의'라고 일컫는다.

고대 세계 7대 불가사의에는 이집트의 피라미드, 바빌론의 공중 정원, 알렉산드리아의 파로스 등대, 에페소스의 아르테미스 신전, 할리카르나소스의 마우솔로스 영묘, 올림피아의 제우스상, 로도스의 크로이소스 대거상이 포함되어 있었다. 그중 현존하는 건축물은 이집트의 피라미드뿐이다. 그 이후 근대로 넘어오면서 재선정된 7대 불가사의가 중국의 만리장성, 이탈리아의 콜로세움, 칠레의 마오이 거석상, 이탈리아의 피사의 사탑, 이집트의 피라미드, 영국의 스톤헨지, 터키의 성소피아 성당이며 이를 '현대 7대 불가사의'라고 칭했다.

이렇게 고대와 현대 세계 7대 불가사의라는 두 가지 목록이 공존하던 중, 스위스의 뉴세븐원더스 재단이 유네스코와 손을 잡고 새 천년을 기념하기 위한 '신(新) 세계 7대 불가사의'를 재선정하자는 제안을 했다. 그 제안을 통해 새롭게 재선정된 불가사의가 오늘날 우리가 알고 있는 '신(新) 세계 7대 불가사의'이다. 최초 200여 개의 후보에서 출발하여 1999년 21개의 후보로 압축, 6년간 1억 명의 투표를 통해 선정된 신(新) 세계 7대 불가사의는 중국의 만리장성, 이탈리아의 콜로세움, 페루의 마추픽추, 멕시코의 치첸이트사, 브라질의 예수상, 인도의 타지마할, 요르단의 페트라다.

200여 개의 후보지가 있었을 만큼 불가사의에 포함될 기념비적인 건축과 사물이 많았다. 그런데 왜 7개로 한정했을까? 그건 기원전 500년 전부터 7이라는 숫자가 피타고라스에 의해 완벽한 숫자라고 거론되어져 왔기 때문이다. 또 숫자 7이 1개의 항성(태양)과 6개의 행성(수성, 금성, 지구, 화성, 목성, 토성)을 합한 숫자로 우주를 담아내는 숫자이기 때문이기도 했다. 이렇게 고대, 현대, 신(新) 세계 7대 불가사의까지 해서 불가사의를 선정한 진정한 의미는 위대한 건축물을 탄생시킨 인류에 대한 찬사이자 시대를 초월한 존경심과 외경심의 표현이었다.

그러나 세계 7대 불가사의 중 한 곳이라도 방문해 본 사람이라면 이런 생각을 했을 것이다.

'이 건축물이 왜 불가사의지?'

불가사의로 선정된 건축물들을 보고 있으면 도대체 어떤 점이 불가사의라는 건지 도통 이해되지 않을 때가 있다. 불가사의를 선정하기 위한 스물한 곳의 후보에는 파리의 에펠탑, 시드니의 오페라 하우스, 뉴욕의 자유의 여신상 같은 현대의 건축물들도 포함되어 있었다. 이 건축물들이 인류가 만들어 낸 위대한 건축물이라는 사실은 분명 인정한다. 하지만 '사람의 생각으로는 미루어 헤아릴 수 없는, 또는 사람의 힘이 미치지 못할 정도로 상상조차 할 수 없는 오묘한 것'이라는 불가사의의 사전적 의미에 적용하여 해석하기에는 다소 무리가 따른다.

세계 7대 불가사의의 영문 명칭은 'Seven Wonders of the World'다. 우리말로 경탄, 경이로운 것이라는 의미를 지닌 'Wonder'의 의미가 번역되는 과정에서 '불가사의'라고 해석되었다. 그러다 보니 '사람의 손으로 일구어 낸 가장 경이로운 건축물 일곱 가지' 정도로 받아들여야 할 불가사의의 의미

세계 7대 불가사의 '브라질 예수상'

와 실제 불가사의의 사전적 의미 사이에 어폐가 생긴 것이다.

신(新) 세계 7대 불가사의를 투표하는 과정에서 인터넷과 전화의 중복 투표가 허용되었다. 그러다 보니 후보지를 두고 있던 국가 중 인구가 많은 중국(13억 5천), 인도(12억 3천), 브라질(2억), 멕시코(1억 2천) 같은 나라들에게는 좀 더 유리하게 작용할 수밖에 없었다. 실제 투표 당시 브라질 대통령은 예수상이 세계 7대 불가사의로 선정될 수 있도록 투표에 적극 참여하라며 국민들에게 직접 홍보 활동을 했었다고 한다. 이런 브라질의 모습을 두고 영국과 이탈리아는 "왜 브라질 국민들은 세계의 문화유산을 선정하는 과정에서 합리적이고 객관적인 판단을 하지 못하고 자국의 이익만을 우선시하느냐."며 힐난했다.

영국과 이탈리아의 견해가 갖는 논점이 무엇인지에 대해서는 충분히 이해가 된다. 하지만 과연 그렇게 비난하는 것은 합당한 행동일까? 2012년에 있었던 '세계 7대 자연 경관'을 투표하던 당시 나의 모습에 빗대어 보니 자국의 이익만을 우선시했다는 브라질 국민들을 힐책하기에는 먼저 지난 내 행동이 떳떳하지 못했다.

2012년, 스위스의 뉴세븐원더스 재단이 전 세계인들에게 좋은 자연 경관을 소개하고 자연을 더 보호하자는 캠페인의 일환으로 '세계 7대 자연 경관(Seven Wonders of Nature)'을 선정해 발표한 사례가 있었다. 2007년 첫 후보지 선정 투표를 시작으로 총 스물여덟 곳의 후보 중 세계에서 가장 아름다운 자연 경관으로 선정된 곳은 남미 7개국의 아마존 우림, 베트남의 하롱베이, 브라질과 아르헨티나의 이구아수 폭포, 대한민국의 제주도, 남아프리카공화국의 테이블 마운틴, 인도네시아의 코모도 국립공원, 필리핀의 푸에르토프린세사, 이렇게 일곱 곳이었다.

7월 7일 최종 발표를 앞두고 세계 7대 자연 경관을 선정하기 위한 막바지 투표가 한창이던 2012년 5월과 6월 사이, 공교롭게도 나는 그 후보지 중 한 곳인 제주도에 머물고 있었다. 특전사에 복무하고 있던 시절이었다.

하루는 대대장님께서 중대장들에게 현재 세계 7대 자연 경관을 선정하는 투표가 한창 진행 중이니 많은 병력들이 관심을 기울일 수 있도록 홍보를 부탁한다는 말씀을 하셨다. 강요는 아니었지만 부하된 도리로 상급 지휘관의 의도를 그냥 흘릴 수만은 없었다.

대대장님과 자리 후 중대로 돌아와 우리 제주도가 7대 자연 경관에 선정될 수 있도록 팀 전원을 투표에 참여시켰다. 그리고 신속하게 결과를 보고 드리는 센스까지 유감없이 발휘했었다. 그런데 그날의 행동이 3년 후 브라질 예수상 앞에서 '당시 나의 판단과 행동은 전 세계인의 입장을 고려한 객관적이고 합리적인 행동이었던가?'라며 스스로를 되돌아보게 만들 줄이야.

나의 행동을 합리화하기 위해서 하는 말은 아니지만 당시의 나처럼 브라질 국민들, 아니, 브라질 국민뿐만 아니라 자국의 문화유산이 후보에 노미네이트되었던 국가의 국민들 모두가 나와 같이 별생각 없지 않았을까? 대부분이 전 세계인들을 가치 판단의 기준으로 삼아 공정하고 객관적인 판단에 근거해 투표에 참여하기보다는 자국의 문화유산이 선정되기 바라는 마음에서 별 사리 판단 없이 투표에 참여하지 않았을까? 과연 전 세계에 몇이나 되는 사람들이 세계 7대 불가사의 후보를 두루 살펴보고 검토한 후 투표에 참여했을까? 그렇다면 애시 당초 공정성과 객관성이 부재된 비합리적인 투표 방식이 아니었을까? 별의별 생각들이 다 들며 점점 어떤 판단 기준이 더 올바른 건지 딜레마에 빠져들었다.

마이클 샌들은 『정의란 무엇인가』에서 어떤 상황이 자신의 이익과 직결되었을 때 그 이익에 지배당하지 않고 얼마나 자유로운 판단과 선택, 행동을 할 수 있을지 우리에게 물었다. 과연 정의란 뭘까. 최대 다수의 최대 행복을 추구하는 공리주의를 따르는 것일까? 개인의 선택 자유를 최대한 존중해 주는 것일까? 사회적 미덕을 키우고 공동선을 추구하기 위해 합의점을 도출해 나가는 과정일까?

세계의 수많은 건축물들 중 일곱 번째 안에 꼽힌다는, 세계 7대 불가사의라고 하기에는 다소 무리가 따를 것 같은 브라질 예수상을 바라보고 있으니 어느 판단이 맞는 건지 딜레마를 넘어 트릴레마에 빠져든다.

REPUBLIC OF SOUTH AFRICA

19

남아프리카공화국

#01 - 케이프타운, 세계사의 서막, 그 현장에 서다

금요일 밤 브라질의 리우데자네이루를 출발해 토요일은 스페인의 마드리드에서, 일요일은 영국의 런던에서 시간을 때우다가 아프리카 대륙 최남단 도시 남아프리카공화국의 케이프타운으로 향하는 비행기 안이다. 문득 아프리카로 가는 사람들은 어떤 사람들일지 궁금해져 주위를 둘러보았다. 열에 아홉이 백인이었다. 순간 비행기를 잘못 탄 게 아닌가 싶은 생각이 들었다. 남아프리카공화국에는 유독 백인들이 많다고 하던데 그 말이 정말이었나 보다. 그런 생각을 하며 기내식으로 제공된 남아프리카공화국산 화이트 와인의 맛을 봤다.

아프리카산 화이트 와인과 아프리카로 향하고 있는 백인들, 그리고 세계사의 서막을 연 희망봉이 있는 케이프타운까지. 무언가 연결 고리 안에 있는 듯했다. 마치 샐러드 볼 안에 담겨져 있는 샐러드처럼 맛이 전혀 섞일 것 같지 않은 세 단어였지만 분명 그 안에는 어떤 숨겨진 조합이 있을 것 같은 느낌이었다.

남아프리카공화국의 역사는 원주민 시대부터 희망봉 항해 시대, 네덜란드 동인도 회사 시대, 다이아몬드와 황금의 시대, 아파르트헤이트 시대를 거쳐 오늘날 민주화 시대까지 크게 여섯 시대로 구분된다.

오늘날 터키의 전신이자 아시아, 아프리카, 유럽에 걸쳐 광대한 영토를 거느렸던 오스만 튀르크 제국은 15세기 후반 당시 동서양의 유일한 무역로였던 육상 교통로를 장악하게 되었다. 육상 교통로를 독점하게 된 오스만 튀르크 제국은 통행하는 모든 물품에 대해 막대한 관세를 부과하기 시작했고, 이로 인해 동양과의 무역에 차질을 빚게 된 유럽 국가들은 새로운 방안을 모색해야만 했다.

이에 이베리아 반도의 해상 강국 포르투갈이 가장 먼저 해상 교통로를 찾기 위해 바다로 뛰어들었다. 그리고 이때부터 18세기 중반까지 유럽의 탐험가들은 전 세계를 누비며 신항로를 개척하고 국가 간 교역을 이끌어 냈다. 바로 '대항해 시대(Age of Discovery)' 또는 '대탐험 시대(Age of Exploration)'라고 일컬어지는 시기이다.

이 시기의 탐험가들 중 길이 이름을 남긴 인물들이 있다. 1488년 아프리카의 희망봉을 처음 발견한 포르투갈의 바르톨로메우 디아스, 1492년 아메리카 대륙을 발견하고 죽을 때까지 그곳이 인도인 줄 알았던 크리스토퍼 콜럼버스, 1497년 최초로 유럽에서 아프리카 대륙을 돌아 인도에 닿으며 동서양 간 첫 해상 교통로를 개척했던 바스코 다 가마, 1519년 역사상 최초로 세계 일주에 성공했던 페르디난드 마젤란이다. ('향신료 무역'이나 '노예 무역'도 이 시기에 등장한 용어들이다.)

아프리카 대륙의 끝이 어디인지를 알게 되면서 바닷길로도 동양에 닿을 수 있다는 희망이 생겼다 하여 붙여진 이름이 바로 '희망봉(Cape of Good Hope)'이었다. 희망봉은 아프리카 대륙의 최남단 도시 케이프타운의 맨 끝을 가리키는 암석 곶이다. 포르투갈의 바르톨로메우 디아스에 의해 처음으로 희망봉이 발견되며 아프리카 대륙의 해상권은 포르투갈에 의해 장악되었다. 최초로 유럽에서 아프리카를 돌아 동양으로 갈 수 있는 해상권을 장악하게 된 포르투갈의 선원들은 동양과의 향신료 무역을 독점하며 막대한 부를 축적해 나가기 시작했다. 이후 콜럼버스에 의해 발견된 신대륙에서는 유럽으로 공급하기 위한 설탕, 담배, 커피 등의 신(新) 작물을 재배하기 위해 노동력이 대거로 필요해졌고, 이에 유럽의 선원들이 아프리카 원주민을 포획해 신대륙에 팔아넘기는 노예 무역이 성행하기 시작했다.

1652년에는 네덜란드의 동인도 회사가 동양으로 가기 위한 중간 무역 거점으로 케이프타운에 자리를 잡게 되었다. 장기간 항해로 지친 체력을 보충하고, 떨어진 식량을 보급받거나 부서진 선박을 수리하는 중간 거점으로 케이프타운은 최적지였다.

이때 동인도 회사의 초대 총독으로 얀 반 리빅이라는 인물이 파견되었다. 그는 케이프타운의 기후가 와인의 명산지인 프랑스와 비슷하다는 걸 알게 되었고 포도밭을 조성하기 시작했다. 장기간 항해로 지쳐 있는 선원들에게 비타민을 공급할 음료와 와인을 생산할 목적이었다. 하지만 와인 생산 경험이 전무했던 네덜란드인들에게 와인 생산은 역부족이었다.

그러던 중 종교 박해를 피해서 보어인이라고 불리는 네덜란드계 농민들과 프랑스의 위그노파 교도들이 대거 케이프타운으로 이주해 오는 일이 생겼다. 그때 이주해 온 위그노파 교도들에 의해 프랑스의 와인 생산 기술이 전수되었고 남아프리카공화국의 와인 생산 품질이 향상되기 시작했다.

한편 이 시기에 정착한 보어인과 위그노파 후손들이 현재까지도 남아프리카공화국에 거주하게 되면서 오늘날 '남아프리카공화국에는 백인들이 많이 산다.'는 말의 진원지가 된 것이다.

15세기 후반부터 18세기 중반까지 '대항해 시대'를 거치며 유럽은 식민지로부터 다양한 신(新) 작물을 공급받았고, 거기에 대량의 황금들이 유입되면서 이전 시대와는 비교할 수 없는 경제적 성장을 이룩할 수 있었다. 상품의 가격도 20~30배 이상 상승하는 가격 혁명이 이루어졌다. 자본의 축적과 가격의 혁명은 자연스럽게 유럽 내의 상공업과 금융업의 발전을 가져왔다. 상공업과 금융업의 발전은 거대 자본가들을 양산해 내며 자본주의적 대규모 경영의 풍조를 낳았고, 이러한 시대적 조류 속에서 인류 제2의 물결, 산업 혁명이 탄생하게 된 것이었다.

산업 혁명으로까지 이어질 수 있었던 시대적 조류에는 '대항해 시대'만 있었던 것이 아니다. 14세기부터 시작된 르네상스 운동 또한 인간의 능력을 마음껏 발휘할 수 있는 사회적 풍토를 조성하며 사회 문화, 과학 기술 전 분야에 걸쳐 커다란 혁신을 이루어 낼 수 있도록 견인차 역할을 했다. 르네상스 운동을 통해 자연을 있는 그대로 관찰, 탐구하려는 경향이 고조되면서 등장

한 코페르니쿠스와 갈릴레이의 지동설은 인류에게 혁명적 우주관을 탄생시켜 주었고, 1445년 구텐베르크에 의해 발명된 활판 인쇄술은 지식을 널리 보급하는 데 지대한 공헌을 하며 인류 역사 발전에 기여했다. (중국으로부터 전래된 화약과 나침반이라는 혁신품은 중세 유럽의 기사 계급을 몰락시키고 대항해 시대를 가능하도록 만드는 데 결정적이었다.) 이렇게 18세기 중반에 있었던 산업 혁명은 르네상스 운동과 대항해 시대로부터 파생된 결과물이라고 해도 과언이 아닐 정도로 씨줄과 날줄처럼 엮여 있었다.

18세기 후반 산업 혁명을 거친 유럽의 기업들은 대량 생산된 상품들을 내다 팔 수 있는 새로운 시장의 개척이 절실했다. 유럽의 은행들 또한 산업 혁명을 통해 축적된 자본을 순환시킬 새로운 투자처가 필요한 상황이었다. 당시 이러한 사회적 분위기는 자연스럽게 문제 해결의 방향을 새로운 식민지 개척으로 흐르게 했다. 결국 시대적 담론을 반영한 유럽 열강들 사이에서는 제국주의 정책이 등장하게 되었고 새로운 식민지를 개척하기 위한 전쟁이 시작된 것이었다.

이 시기에 케이프타운에 거주하고 있던 네덜란드계 보어인들은 제국주의 정책을 펼치며 침략해 온 영국에 점령당해 쫓겨났다. 그들은 북동쪽으로 이주하였고 '오렌지 자유국'과 '트란스발 공화국'이라는 새로운 나라를 건국해 삶의 터전을 꾸려나갔다. 그 후 오렌지 자유국 내에서는 다이아몬드 광산이, 트란스발 공화국 내에서는 대량의 금광이 발견되었는데 영국은 이 두 나라를 차지하기 위해 또다시 전쟁을 일으켰다. 이 두 차례의 전쟁을 보어 전쟁이라고 한다.

전 세계 곳곳에 식민지를 확장해 '한 곳에서 해가 지면 다른 한 곳에서 해가 뜬다.'며 불리기 시작한 '해가 지지 않는 나라' 영국. 영국은 아프리카 대륙의 남단 케이프타운에서 북단 카이로까지 연결시키겠다는 종단 정책을 인도의 서북 도시 콜카타까지 확장하기 위해 '3C 정책'으로 추진해 나가고 있었다.

한편 프랑스는 아프리카 대륙 서북단의 알제리를 기점으로 동남단의 마다가스카르 섬까지 프랑스령으로 만들겠다는 횡단 정책을 추진했는데, 영국의 종단 정책과 프랑스의 횡단 정책은 결국 1898년 아프리카의 수단 파쇼다에서 충돌하게 되었다. 프랑스의 양보로 무력 충돌 없이 일단락되었지만 이 '파쇼다 사건'은 19세기 말 유럽 열강의 식민지 확대 경쟁이 얼마나 치열했었는지를 대변해 주는 상징적 의미를 지니게 되었다.

유럽 열강의 제국주의 팽창 경쟁은 제1차 세계 대전을 발발시키는 배경으로 작용하게 되었다. 제1차 세계대전에서 승리한 연합국이 패전국인 독일에 가혹한 전쟁 배상금을 요구하며 제2차 세계 대전으로 이어졌다는 이 이야기가 15세기 후반 희망봉 발견부터 20세기 중반까지 이어지는 근현대사의 커다란 맥이라고 할 수 있다. 그래서 일부에서는 희망봉 발견을 진정한 세계사의 시작이라고 일컫는다.

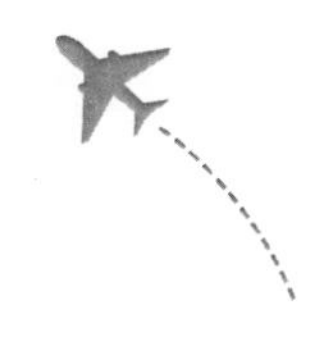

#02 - 영원한 적도 영원한 우방도 없는 국제 사회

제2차 세계 대전 이후 남아프리카공화국 내에서는 아파르트헤이트(Apartheid)라는 인종 차별 정책이 실시되었다. 백인들이 주를 이루고 있던 남아프리카공화국 정부가 소수 백인들만을 위한 차별법을 제정한 것이다. 남아프리카공화국 내 흑인 비율은 전체 인구의 80%가 넘었지만 이 법에 따르면 전체 국토 면적 중 13%의 지정된 장소에서만 거주해야 했다. 그뿐만이 아니었다. 흑인들의 직업 선택 자유는 제한되었고, 흑인과 백인의 결혼은 금지되었으며, 흑인은 토지를 소유할 수도, 국가 공공시설을 이용할 수도 없었다.

이 아파르트헤이트 불복종 운동을 주창하던 한 청년이 정치범으로 연행되어 흑인 전용 수용소에서 27년간 복역을 하고 석방되는 일이 있었다. 바로 1994년 남아프리카공화국 최초로 흑인 대통령이 된 세계 인권 운동의 상징, 넬슨 만델라였다.

금과 다이아몬드의 풍부한 광물 자원과 천혜의 자연 경관을 지닌 덕분에 아프리카 대륙 최대 경제국으로 성장, 2010년에는 아프리카 대륙 최초로 월드컵까지 개최했을 정도로 발전을 이룩한 남아프리카공화국. 하지만 그 안에 있는 대다수의 흑인들은 불과 이십여 년 전까지만 하더라도 상상할 수조차 없는 가혹한 인종 차별 정책에 인권을 유린당해야 했다. 남아프리카공화국은 그런 아픔의 현대사가 공존하고 있는 곳이기도 했다.

화이트 와인과 백인, 케이프타운이라는 세 가지 단어를 조합하기 위해 이런저런 생각에 빠져 있다 보니 어느새 런던을 출발한 비행기가 케이프타운에 다다르고 있었다.

남아프리카공화국은 아프리카 대륙 54개국 중 비자 없이 여행할 수 있는 몇 안 되는 국가 중 한 곳이다. 그래서 별 걱정 없이 입국 사무소를 찾아가 여권을 제시했다. 그런데 사무소 직원이 아프리카 대륙 아웃 티켓이 없으면 입국을 허가할 수 없다며 입국 자체를 거부하는 것이었다. 육로로 이집트 카이로까지 이동해서 요르단으로 갈 계획이라고 설명했지만 전혀 통하지 않았다.

그때 어디선가 금발의 브리티시 항공사 스튜어디스가 원더우먼처럼 나타났다. 그러더니 나에게 자기를 따라오라고 하는 것이 아닌가. 그 스튜어디스는 나를 브리티시 항공사 사무실로 데려가서는 전에도 이런 일이 몇 차례 있었다는 듯 카이로에서 런던까지 항공권을 예약해 줄 테니 그걸로 일단 입국 절차를 마치라고 했다. 오면 바로 취소해 주겠다고 하면서 말이다.

런던에서 브리티시 항공을 타고 여기까지 오는 내내 지난 유럽 열강의 제국주의 침략사를 되돌아봤다. 그러면서 그 선봉에 섰던 영국이라는 나라에 대해 반감과 반목의 감정들이 들끓고 있었는데 일순간 눈 녹듯 사라졌다. 이래서 국제 사회에서는 영원한 적도 영원한 우방도 없다고 하나 보다.

입국 사무소로 되돌아가 입국 절차를 마친 뒤 공항 라운지로 빠져나오자 한쪽 벽면에 남아프리카공화국의 상징답게 넬슨 만델라의 대형 브로마이드가 걸려 있다.

순간 만델라가 어느 인터뷰에서 했던 용기에 관한 말이 떠올랐다.

> 용기란 두려움이 없는 것이 아니라 두려움을 이기는 것이라는 걸 나는 알았습니다. 지금 기억나는 것보다 더 여러 번 두려움을 느꼈지만 담대함의 가면을 쓰고 두려움을 감췄습니다. 용감한 사람은 무서움을 느끼지 않는 사람이 아니라 두려움을 정복하는 사람입니다.

처음 밟아 보는 미지의 세계 검은 대륙 아프리카 땅이 그 순간 더없이 두렵게 느껴졌지만 만델라의 말처럼 용기를 내어 보기로 했다. 그리고 용기란 두려움이 없는 게 아니라 담대함이라는 가면을 쓰고 두려움을 감추는 것이라는 말처럼 내 안에서 자라나는 두려움을 잠재우고 새로운 대륙 아프리카를 향해 힘찬 발걸음을 내디뎌 본다.

추신.

이렇게 마음먹고 공항을 나왔는데 1시간도 안 되어서 강도에게 태블릿을 빼앗겼다. 이 이야기를 쓸까 말까 고민했다. 그래도 이렇게나마 적는 이유는 아직까지 아프리카는 혼자 배낭여행을 하기에 다분히 위험한 곳이니 만약 가게 된다면 안전에 만전을 기하라는 이야기를 해 주고 싶어서다.

ZIMBABWE

20

짐바브웨

#01 - 자국 통화 대신 미국 달러를 쓰는 짐바브웨

토요일 오전 11시 반, 남아프리카공화국의 요하네스버그 어느 버스 정류장에서 짐바브웨 제2의 도시 블라와요행 버스를 기다린다. 출발 예정 시간인 2시 반까지는 3시간이나 남아 있다.

정류장에 앉아서 3시간을 기다렸지만 버스가 오지 않는다. 3시간에 3시간이 더 지나서야 버스는 나를 태우러 왔다. 주머니에서 버스표를 꺼냈다. 'Arriving Time Sunday 5 A.M.'이라고 적혀 있는 것을 다시 확인했다. 하지만 시간은 이미 일요일 11시를 넘어서고 있었다. 언제쯤 목적지에 도착할 수 있을지 알 길이 없었다.

아침 7시에 터미널에서 만나기로 약속했던 친구가 지금까지 기다리고 있을 리 만무했다. 일단 그에게 전화부터 걸어야 했다. 전화를 걸려면 짐바브웨 돈이 있어야 했지만 일요일이라 환전소와 은행이 모두 문을 닫은 상태였다. 경비를 서고 있던 시큐리티 요원에게 사정을 이야기하며 미화 1달러를 줄 테니까 전화를 한 통 쓸 수 있겠냐고 부탁했다. 물론이라며 흔쾌히 전화를 걸어 주었다.

그가 통화를 연결해 주며 "왜 환전을 하려고 하냐? 짐바브웨에서는 미국 달러와 남아공 랜드가 그대로 사용되고 있는데."라고 말했다. 통화 후 그의 말이 사실인가 싶어서 슈퍼마켓에도 가 보고 식당에도 가 보았다. 그런데 정말 모든 가격표에 미국 달러와 남아공 랜드가 이중으로 표기되어 있는 것이 아닌가. 엘살바도르와 에콰도르를 여행할 때도 자국 통화 대신 미국 달러를 사용하고 있던데 짐바브웨 역시 마찬가지였던 것이다.

소개받은 현지인 친구를 만나 인사를 나누었다. 그러고는 그의 안내를 받아 오늘 하루 머물 호스텔을 찾기 시작했다. 그러나 관광지가 아닌 탓에 마땅한 가격대의 호스텔이 없었다. 빅토리아 폭포까지 한 번에 이동하기에는 너무 피로할 것 같아서 블라와요를 구경할 겸 하룻밤 쉬었다 갈 참이었는데 달리 선택의 여지가 없었다. 그대로 빅토리아 폴스까지 직행하기로 마음을 바꾸고는 야간 기차를 타기 위해 기차역으로 향했다.

기차 시간표도 버스 시간표와 별반 다르지 않았다. 저녁 7시 반에 출발 예정이라던 기차는 8시 반이 넘어서야 출발 준비를 했고, 다음 날 오전 10시에 도착할 거라던 기차는 오후 1시가 넘어서야 목적지에 내려주었다. 멕시코부터 브라질까지 아메리카 대륙 전체를 버스로 종단했지만 이렇게까지 차량 시간표가 고무줄처럼 늘어난 적은 단 한 번도 없었다. 역시 아프리카 여행은 중남미보다 한 단계 더 고차원의 인내를 요구하고 있었다.

빅토리아 폴스 역에 내리니 유명 관광지답게 여기저기서 호객꾼들이 들러붙기 시작했다. 호스텔과 투어 상품을 소개하는 호객꾼들로부터 기념품과 조각품을 팔려는 상인들, 은근슬쩍 마리화나를 제시하는 사람들까지. “No, Thank you! I don’t need!”를 외치며 한 명씩 물리치고 호스텔로 갔다.

도착해서 짐을 풀고 한숨 돌리자 오던 길에 호객꾼들이 제시했던 상품 중 하나가 자꾸만 아른거렸다. 그 상품은 바로 0이 몇 개인지 한눈에 셀 수도 없었던 짐바브웨 지폐였다. 언뜻 봐도 50Billion, 100Billion이라고 적혀 있었으니 아마 500억, 1,000억짜리 짐바브웨 화폐였을 것이다.

처음엔 당연히 기념 지폐나 모조 지폐일거라고 생각했지만 이내 아니라는 걸 알게 되었다. 얼마 전까지 진짜로 사용되던 짐바브웨 돈이었던 것이다. 도대체 짐바브웨 화폐에는 왜 그렇게 0이 많이 붙게 된 걸까. 또 왜 짐바브웨는 자국 통화를 쓰지 못하고 엘살바도르와 에콰도르처럼 미국 달러를 대신 사용하고 있는 걸까. 이제는 이 의문점을 풀고 가야겠다는 생각이 들었다.

궁금증을 풀기 위해서는 먼저 ‘하이퍼인플레이션’이 무엇인지부터 이해해야 했다. 인플레이션은 물가 상승을 의미한다. 매년 평균적으로 2~5% 정도의 인플레이션이 발생하고 있으니 수입이나 자산 가치도 매년 2~5%가량의

200억짜리 짐바브웨 달러

인상률이 동반되어야만 인플레이션과 비례해 가치가 하회하지 않고 유지되는 셈이다.

인플레이션은 '화폐 가치가 하락하여 물가가 전반적, 지속적으로 상승하여 나타나는 현상'이라고 경제 사전은 정의하고 있다. 여기에 '들뜬' 또는 '흥분한'이란 의미를 지닌 영어 접두사 'hyper'가 붙은 하이퍼인플레이션은 물가가 전반적, 지속적으로 상승하는 것이 아니라 '단기간에 미친 듯이 상승해서 나타나는 현상'이라고 이해하면 될 것이다. 그러니까 하이퍼인플레이션은 과도한 인플레이션이 발생하여 사람의 손(정부의 정책)으로는 통제할 수 없는 상태, 즉 '통제 불능의 인플레이션'을 말하는 것이다.

1923년 독일에서 처음으로 하이퍼인플레이션이 발생한 이래 전 세계적으로 평균 3년마다 한 번씩 총 29번의 하이퍼인플레이션이 발생했었다고 한다. 인플레이션이 발생하는 요인은 천차만별이어서 어느 특정 원인에 의해 발생했다고 규정하기 어렵지만 하이퍼인플레이션은 역사적으로 단 한 가지 요인에 의해서만 발생했다. 바로 정부의 과도한 통화 공급 때문이었다. 부채와 재정 적자가 쌓여 경제가 어려워진 상황에서 난국을 타계하기 위한 궁여

지책으로 화폐를 더 찍어 문제를 해결하고자 시도했던 방법들이 결국 그 국가들을 하이퍼인플레이션으로 끌고 들어갔다는 것이다.

제1차 세계 대전 후 체결된 베르사유 조약에 따라 독일은 1년에 20억 마르크씩 총 1,320억 마르크의 전쟁 배상금을 상환해야만 했다. 막대한 금액의 전쟁 배상금을 갚기 위해 독일은 마르크화의 발행량을 늘리기 시작했다. 국채 또한 대량으로 발행하여 헐값에 매각했다. 그러자 물가가 1년간 7,500배 상승, 2개월 뒤 다시 24만 배 상승, 3개월 뒤 다시 75억 배 상승하는 사태가 벌어졌다. 당시 하이퍼인플레이션 상태에서 독일의 물가는 평균적으로 매 28시간마다 두 배씩 상승했다. 우스갯소리로 커피 한 잔을 시켜 놓고 다 마실 때쯤이 되면 그 커피 가격이 두 배로 올라 있었다는 말이 나올 정도였다고 한다.

이런 상황은 2008년 짐바브웨에서도 마찬가지였다. 당시 짐바브웨에서도 두루마리 화장지 한 롤의 가격이 15만 짐바브웨 달러, 빵 한 조각은 300억 짐바브웨 달러, 계란 3개의 가격이 100조 짐바브웨 달러까지 치솟았을 정도로 물가의 고공 행진은 끝이 없었다는 것이다.

화폐도 여타 물건과 마찬가지로 수요와 공급 법칙이 그대로 적용된다. 수요에 변화가 없는 상태에서 공급의 증가는 자연히 실물의 가치 하락으로 이어지게 마련이다. 또 화폐는 시간이 흘러도 구매력이 안정적으로 유지될 거라는 믿음에 크게 의존하고 있는 특성이 있다. 이를 화폐의 신뢰도라고 한다. 화폐에 대한 신뢰도가 무너지면 통화로부터 급격한 도피 현상이 발생한다. 다시 말해 돈의 가치가 떨어질 거라고 예상되면 사람들은 더 떨어지기 전에 실물을 구입해서 대체시켜 놓으려고 달려든다는 것이다. 그래서 하이퍼인플레이션이 발생하면 돈의 가치는 점점 더 떨어지고 돈의 유통 속도가 가속화되어 물건 값이 점점 더 치솟는 현상이 발생하게 되는 것이다.

짐바브웨 사례를 구체적으로 살펴보면 다음과 같다.

1980년 짐바브웨는 영국으로부터 독립을 이뤄냈고, 짐바브웨의 독립 영웅 무가베는 대통령으로 당선되었다. (무가베 대통령은 현재까지도 30년 넘게 집권 중이다.) 그러나 1990년대 말 극심한 가뭄과 정치인들의 부정부패 사건이 연이어 터지며 짐바브웨 경제는 급속도로 무너져 내리기 시작했다. 짐바브웨는 IMF에 구제 금융을 신청하게 되었고 무가베 정권의 지지도는 곤두박질치기 시작했다. 정권 연장의 위기를 느낀 무가베 대통령은 각종 포퓰리즘 정책을 내놓았다. 백인들의 토지를 몰수해 흑인들에게 재분배해 주었고, 외국계 기업 지분의 51% 이상을 흑인에게 양도한다는 법안을 통과시켰지만 결국 역효과만 낳았다.

침체된 경제 속에서 국가를 운영하기 위한 세수를 거두어들일 방도가 없게 되자 무가베 정권은 이를 메우기 위해 대량의 화폐를 발행하기 시작했다. 그 결과 하이퍼인플레이션이 발생하여 짐바브웨 정부는 2006년에 1차 화폐 개혁 단행, 2008년에 1,000억 짐바브웨 달러를 1짐바브웨 달러로 줄이는 2차 화폐 개혁 단행, 2009년에는 1조 짐바브웨 달러를 1짐바브웨 달러로 줄이는 3차 화폐 개혁까지 단행했으나 치솟는 물가를 잡는 데는 실패했다. 결국 2009년 4월, 짐바브웨 달러 사용을 포기한다는 공식 발표와 함께 미국 달러를 도입하기 시작했다는 것이다.

#02 - 유로화 대신 자국 통화로 돌아가고 싶은 그리스

세상에는 엘살바도르, 에콰도르, 짐바브웨처럼 자국 통화 대신 미국 달러를 도입해서 써야만 하는 나라들이 있는가 하면 이와는 반대로 그리스처럼 자국 통화보다 신뢰도와 유용성이 더 뛰어난 유로화를 쓰고 있으면서도 다시 자국 통화로 돌아가려 하는 나라들도 있다.

왜 그리스는 다시 자국 통화로 돌아가려고 하는 걸까? 짐바브웨에 관한 의문점을 풀었더니 꼬리에 꼬리를 물고 궁금증이 이어졌다.

몇 해 전부터 신문의 국제 사회면에 '그렉시트[2]'라는 신조어와 함께 그리스가 유로 존을 이탈할 것인지 말 것인지에 관한 기사들이 등장했다. 유로 존이란 유럽 연합의 단일 화폐 유로화를 국가 통화로 사용하고 있는 19개국[3]을 통틀어서 지칭하는 말이다. 그렇다고 모든 유럽 연합 국가들이 유로 존에 속해 있는 것은 아니다. 유럽 연합 전체 28개국 중 영국, 덴마크, 스웨덴 등 9개국은 유로화를 채택하지 않고 기존의 자국 통화를 그대로 사용하고 있기 때문이다. 그 밖에도 유럽 연합이 아니면서 승인을 받고 유로화를 사용하고 있는 모나코, 바티칸시국 같은 나라들이 있는가 하면, 유럽 연합의 승인을 얻은 건 아니지만 어쩌다 보니 유로화를 쓰고 있는 코소보, 몬테네그로 같은 나라들도 있다.

독일, 프랑스, 이탈리아와 같이 유럽 연합 내 많은 무역 비중을 차지하고 있는 강대국들은 유로 존에 가입하게 됨으로써 유로 존 내 거래의 환 위험으

---

2 그렉시트(Grexit)는 그리스(Greece)와 탈퇴, 탈출을 뜻하는 영어 엑시트(Exit)의 합성어다.

3 독일, 프랑스, 이탈리아, 네덜란드, 스페인, 포르투갈, 아일랜드, 오스트리아, 벨기에, 룩셈부르크, 핀란드, 그리스, 에스토니아, 키프로스, 슬로바키아, 몰타, 슬로베니아, 라트비아, 리투아니아.

로부터 벗어나고 비관세의 자유 무역이 가능해진다는 장점을 갖게 된다. 반면 그리스와 같은 중소국들은 독일, 프랑스와 같이 신용 등급이 높은 나라들과 함께 유로 존 안에 묶인다는 이유로 국가 신용 등급이 높아져 저금리로 국채를 발행할 수 있게 된다. 실제 그리스는 유로 존 가입 전 재정 상황이 좋지 않아 국채 금리가 매우 높은 편이었으나 유로 존 가입 후 낮아진 국채 금리를 이용하여 많은 외자를 싸게 빌려 쓸 수 있었다.

하지만 그리스의 경제 상황이 계속해서 예상치를 하회하자 국채 금리는 다시 상승하기 시작했고 현재는 9.5%까지 치솟았다고 한다. 지난 1998년 IMF 외환 위기 당시 우리나라의 국채 금리가 6% 내외였던 것과 비교해 보면 현재 그리스의 경제 상태가 얼마나 심각한 상태인지 가늠해 볼 수 있을 것이다.

한 국가가 국가 부도 위기에 처하게 되면 해당 국가들은 금리를 조절하는 금리 정책을 써 보기도 하고, 환율을 낮추어 수출 경쟁력을 확보하기 위한 환율 정책을 써 보기도 하고, 투자 활성화를 위해 시중에 통화를 확대 공급하는 통화 정책을 써 보기도 하는 등 다양한 시도들을 하게 된다. 하지만 유로 존에 속한 그리스는 당면한 위기를 탈출하기 위해 위 세 가지 중 어떤 정책도 손써 볼 수 없다. 그것이 그리스가 유로 존을 탈퇴하고 싶어 하는 가장 큰 이유다. 이는 유로 존에 가입하며 자국 통화 정책에 관한 모든 권리를 유럽 중앙은행으로 이양했기 때문이다.

현 상황에서 그리스가 할 수 있는 유일한 방법은 같은 유로화를 사용하고 있는 유로 존 내에서 돈을 빌려 오는 재정 정책뿐이다. 하지만 이마저도 입지가 좁아져 더 이상 쉽지만은 않은 상황이다. 그래서 그리스는 한동안 들이닥칠지도 모를 뱅크 런 사태와 하이퍼인플레이션의 후폭풍을 감수하더라도 기존의 자국 통화인 드라크마화로 되돌아가고 싶다는 입장을 표명하고 있는 것이다.

#03 - 유로화 대신 자국 통화를 고집하는 영국

그리스와 정반대로 유럽 연합 내에는 끝까지 유로화를 도입하지 않고 자국 통화를 고집하는 영국 같은 나라도 있다. 영국은 유럽 내 대미 무역이 가장 활발한 나라로 유럽보다는 미국과 더 밀접한 관계를 맺고 있는 나라이다. 그래서 유로화를 도입해 봤자 별 이득이 없다는 것이 영국의 주된 이유다. (그리스 사태와 같은 문제가 발생할 때마다 자신의 혈세를 수혈해 주어야 할지 말지를 고민하고 있는 독일과 프랑스를 보면서도 영국은 다시 한 번 심사숙고했을 것이다.)

이런 경제적 이유 말고도 영국이 유로화를 도입하지 않는 이유는 또 있다. 바로 국민 정서상 맞지 않기 때문이다. 여왕이 최고라고 생각하는 영국인들에게 있어 여왕이 새겨져 있는 파운드화를 더 이상 쓸 수 없게 된다는 건 애국심 문제까지 거론될 정도로 민감한 사안이기 때문이다.

또 유로화를 도입하게 되면 영국의 모든 통화 정책 권리를 독일에 위치한 유럽 중앙은행으로 이양해야 하는데, 이 또한 과거에 패전국으로 다루던 독일에게 자신의 경제권을 귀속시키는 느낌이 들어 영국인들의 자존심이 허락하질 않는다는 것이다.

뿐만 아니라 비록 지금은 미국에게 패권자의 지위를 넘겨주었지만 제1차 세계 대전 전까지만 하더라도 전 세계를 호령하며 미국 달러보다 앞서 기축통화로 사용되었던 파운드화에 대한 자존심이 남아 있기 때문에 고집하고 있다는 설도 있다.

#04 - 기축 통화 싸움

현재 세계의 기축 통화는 단연 미국 달러이다. 미국 달러가 세계의 기축 통화로 자리 잡고 있는 한 미국 경제의 문제는 더 이상 미국만의 문제가 아니다. 전 지구적 차원의 경제 위기로 확산된다는 걸 지난 2008년 미국 발 금융위기 서브 프라임 모기지 사태가 확실하게 증명해 주었다.

2014년 말 미국의 경상 수지 적자는 1,000억 달러를 넘어섰다고 한다. 1998년 IMF 외환 위기 당시 우리나라의 경상 수지 적자가 200억 달러 정도였던 것과 비교해 보면 현재 미국의 적자 수준이 얼마나 천문학적인 수치인지 가늠해 볼 수 있다. 그럼에도 불구하고 미국은 IMF에 구제 금융 요청을 하지 않는다. 또 2013년 말 '헬리콥터 버냉키'라고 불릴 정도로 미 연방 준비은행에서 달러를 마구 찍어내 통화 공급을 확대했음에도 불구하고 하이퍼인플레이션이 발생하지 않았다.

이는 모두 미국 달러가 기축 통화로 사용되고 있기 때문이다. 이런 기축 통화가 갖고 있는 특전을 누리기 위해 달러화가 약세를 보일 때마다 일본의 엔화, 유럽 연합의 유로화, 중국의 위안화가 호시탐탐 차세대 기축 통화로써 세대교체를 노리고 있지만 실현 가능성은 희박해 보인다.

그러나 중국의 쑹훙빈이 『화폐 전쟁』에서 제시한 시나리오는 그냥 흘려듣기가 쉽지 않다.

> 중국이 이렇게 왕성한 식욕으로 5년 동안 황금을 먹어 치운다면 국제 금값의 상승으로 국제 금융 재벌들이 설치한 달러 장기 금리의 상한선을 자극할 것이다. 결국 사람들은 세계에서 가장 강한 달러 화폐 체계가 맥없이 무너지는 모습을 생생히 지켜보게 될 것이다. (중략) 금과 은으로 배서하는 중국 위안화의 발행량이 많아질수록 중국 위안화는 세계 금융업계에서 관심의 초점

이 될 것이다. 금과 은으로 자유롭게 교환할 수 있는 중국 위안화가 세계에서 가장 튼튼하고 강한 화폐가 될 것이며, 자연스럽게 '포스트 달러' 시대에 세계 각국이 선호하는 기축 화폐로 자리 잡을 것이다.

쑹홍빈, 『화폐 전쟁』 중에서

중국이 막대한 경상 수지 흑자로 세계의 금을 사들인다면 현재 미국이 누리고 있는 기축 통화의 특권을 중국에게 이양할 수밖에 없을 것이라는 시나리오다. 세상에서 싸움 구경이 가장 재미있는 구경이라고 하는데 정말 흥미진진한 승부가 아닐 수 없다.

1980년대 말 전 세계의 가전제품과 자동차 시장을 휩쓸며 10년 후 미국을 능가할지도 모른다던 일본은 1990년대 초 월 스트리트의 금융 엘리트들이 내놓은 파생 금융 상품이라는 융단 폭격을 맞고 쓰러져 현재까지 다시 일어서지 못하고 있다. 2016년 말이면 중국이 GDP 총량에서 미국을 제치고 G1으로 등극할 거라고 경제 전문가들은 예견했다. 중국도 일본처럼 미국의 보이지 않는 금융 핵주먹을 맞고 문턱에서 좌절할까, 아니면 일본을 타산지석의 디딤돌로 삼아 미국이라는 난공불락의 요새를 뚫을 수 있을까. 앞으로 어떤 세상이 올지 이 또한 흥미롭기만 하다.

며칠을 이렇게 짐바브웨 지폐에 얽힌 궁금증과 꼬리에 꼬리를 무는 의문들을 풀기 위해 매달렸다. 그랬더니 정작 다음 행선지인 잠비아의 루사카까지는 어떻게 가야 할지, 어디서 묵을 것인지, 며칠을 머무르고 탄자니아로 넘어갈 것인지에 대한 답은 하나도 구하지 못했다. 지금 당장 내 앞길은 내다보지도 못하면서 짐바브웨가 어쩌고 그리스가 어쩌고 중국 위안화가 미국 달러를 제치고 기축 통화가 될 것인지 말 것인지 장광설만 늘어놓고 있었다니. 못내 뭐 하는 짓인가 싶은 한숨이 나온다.

이게 바로 인간만이 가지고 있는 특성이라고 위안을 해 보지만, 지금 당장 내 발등에 떨어진 불도 헤아리지 못하면서 강 건너 불구경에 너무 많은 시간을 할애했다는 생각을 잠재울 수가 없다. 정작 내 할 일은 하나도 안 하면서 남 걱정에만 너무 많은 시간과 에너지를 소모하며 살고 있던 건 아니었는지 문득 현재의 삶을 되돌아본다.

ZAMBIA

21
잠비아

#01 - 왜 아프리카인들은 아시아인을 하대하려 드는 걸까?

중남미 현지 혼혈인[4]들은 나 같은 동양인을 볼 때 장난 반 무시 반으로 "치노(Chino)"라고 부르는데(중국인을 얕잡아 칭하는 말이다.) 기분이 몹시 언짢다. 때로는 혈압이 상승해서 눈을 흘기기도 했고, 에콰도르인의 멱살을 잡은 적도 있을 정도였다.

대서양을 횡단해 아메리카에서 아프리카로 대륙을 이동해 왔건만 현지인들이 동양인을 하대하려는 문화가 여전히 존재하고 있음이 피부로 느껴진다. 아메리카에서 '치노'라는 비아냥거림을 평균적으로 하루에 한 번 정도 들으면서 지냈다면 이곳 아프리카에서는 그 횟수와 강도가 서너 배는 되었다.

아프리카의 거리를 걷고 있으면 여기저기서 흑인들이 "니하오(你好)!"를 외치며 치근덕거리는 일들이 빈번하게 발생한다. 하루는 이런 일이 있었다. 잠비아의 수도 루사카의 터미널에서 버스에 올라 출발을 기다리다 깜빡 잠이 들었을 때였다. 누군가 나를 향해 "니하오!"를 외쳐대는 것 같아 잠결에 창밖을 내다보니 웬 뚱뚱한 흑인이 나를 보고 손을 흔들며 연신 "니하오!"를 외쳐대고 있는 것이 아닌가. 그 흑인의 무례한 행동에 불쾌하기 짝이 없었지만 참아야 한다는 생각에 시선을 돌렸다. 시계를 확인하니 곧 버스가 출발할 시간이었다. 버스가 출발하면 따라오지 못할 거라는 기회를 방패 삼아 그 무례한 흑인에게 한국말로 실컷 욕을 하며 유치한 맞대응을 펼쳐 주었다.

책을 소개하는 모 TV 프로그램에서 영화배우 장동건이 추천 도서로 선정하여 더 유명세를 탔었던 『불안』. 책에서 스위스의 철학자이자 에세이스트 알랭 드 보통은 이렇게 말했다.

---

4 메스티소, 물라토, 삼보.

> 철학적인 접근 방법의 장점은 심리적인 면에서 드러난다. 누가 우리에게 반대하거나 우리를 무시할 때마다 상처를 입는 대신 먼저 그 사람의 그런 행동이 정당한지 검토해 보게 되기 때문이다. 비난 가운데서도 오직 진실한 비난만이 우리의 자존심을 흔들어 놓을 수 있다. 따라서 사람들의 인정을 바라며 자학하는 습관을 버리고 그들의 의견이 과연 귀를 기울일 만한 것인지 자문해 보아야 한다.

알랭 드 보통의 이야기에 빗대어 과연 그들의 비난이 귀를 기울일 만한 의견인지, 그래서 내 자존심이 상했는지, 이런저런 생각들을 해 보았다. 하지만 아메리카 혼혈들과 아프리카 흑인들이 아시아의 황인들을 무시할 만한 정당한 근거가 좀처럼 떠오르지 않았다.

그들은 왜 황인들을 하대하려고 드는 걸까? 대체 저의는 무엇일까? 어디서부터 그런 악감정이 발로된 거지? 앞으로도 그들과 공존하며 살아가기 위해서는 그 마음을 이해할 수 있는 아량의 씨앗을 마음속에 심어 놓아야 한다. 언제까지나 그들에게 휘둘려 기분 상한 채 유치한 맞대응을 펼치는 어리석은 행동을 할 수만은 없지 않은가. 그런 생각이 차창 밖을 스쳐가는 바람처럼 머릿속을 스쳤다.

종로에서 뺨 맞고 한강에서 화풀이를 하고 있는 걸까? 15세기 중반부터 20세기 중반까지 근 400여 년간 백인들로부터 노예제와 식민 지배로 인종차별을 받았던 상처와 피해 의식이 백인들보다 덩치도 작고 피부색도 덜 하얀, 그래서 그들에게 다소 만만해 보이는 황인들에게 대신 분을 풀어내게 하는 건 아닌지 모르겠다.

아니면 그들 특유의 발랄함과 유머러스함을 중요시 여기는 문화적 차이가 원인이려나? 만나는 사람마다 반갑게 인사를 나누고, 처음 본 사람과도 친구처럼 대화를 나누는 것이 자연스러운 문화 속에서 주뼛거리며 어색해하는 동양인들이 그들의 눈에는 이상하게 보일지도 모르겠다.

전 세계 어느 나라에나 조성되어 있는 차이나타운을 볼 때면 중국의 13억 인구 파워에 대해서 절감하곤 한다. 하지만 그동안 수많은 중국인들이 전 세계 각 나라에 진출하며 살아남기 위해 펼쳤으리라고 짐작되는 치열한 생존 경쟁들이, 좀 더 유유자적하며 즐기며 살아가려던 현지인들에게는 눈에 가시처럼 박혔을 수도 있다. 그것이 모든 아시아인을 치노라고 비아냥거리게 된 발로가 되었던 건 아닌지.

그들의 마음을 헤아려 보려 하면서도 마음속 한구석에서는 지금 하고 있는 이 해석들조차 진짜 그들의 속내를 알기보다 나의 기준 잣대로만 이해하고 평가하려는 게 아닐까 싶어 어딘지 모르게 석연찮은 것이 사실이다. 상대방의 무례한 장난에도 웃음으로 품어낼 수 있는 호연지기를 기르고 스펀지처럼 흡수할 수 있는 마음속 쿠션의 볼륨을 높이기 위해 노력해야 한다. 그리고 가끔씩 나도 모르게 격한 반응들이 먼저 튀어나오는 이유는 공자님 말마따나 세상의 유혹에 흔들리지 않을 불혹에 섰을 때 그 나이 값을 하기 위함이라며 유치한 맞대응을 펼쳤던 수치심을 위안해 본다.

#02 - 사회 정의는 더 많이 가진 자들이 자신의 도의적 의무를 다할 때 이룩될 수 있다

이숲 작가는 『스무살엔 몰랐던 내한민국』에서 1세기 전, 즉 구한말과 일제 강점기 시대에 대한민국을 방문했거나 체류했었던 서구인들의 기록을 분석하여 당대 한국인들의 삶의 모습이 어떠했는지를 역동적으로 재현해 내고 있다. 저자는 당시 서구인들의 눈에 비추어진 대한민국의 모습이 우리가 상상하는 것 이상으로 낙후되어 있었고 미개한 문명을 지닌 민족으로 보였다는 사실을 발제하는 한편, 치밀한 자료 고증을 통해 잘못된 근대성 담론에 희생된 한국인의 정체성을 '착한 강인함'으로 재해석해 내고 있었다.

이 책으로 바라보게 된 백여 년 전 서구인들의 눈에 비친 우리의 모습은 내가 오늘날 중남미와 아프리카의 후진국들을 여행하며 바라보고 있는 시선들보다도 훨씬 더 뒤처져 있었다.

대한민국은 2009년 OECD DAC(OECD Development Assistance Committee, OECD 개발 협력 위원회)에 가입함으로써 100% 원조를 받던 수원국에서 100% 원조하는 공여국으로 탈바꿈한 지구 상의 유일한 나라가 되었다. 대한민국이 이렇게 원조 수원국에서 원조 공여국으로 탈바꿈할 수 있었던 배후에는 외국의 공적 원조라는 뒷받침이 있었다는 사실을 배제할 수가 없다. 눈부신 경제 발전의 견인차가 된 고속 도로, 제철소, 조선소, 발전소 등 대부분의 인프라가 해외 원조의 힘으로 이룩된 자원이라는 걸 대한민국 국민이라면 어느 누구도 부인할 수가 없기 때문이다.

특히 현대 그룹의 故 정주영 회장이 조선소를 건설하기 위해 영국의 선박 컨설턴트 A&P 애플 도어를 찾아가 거북선이 그려져 있는 500원짜리 지폐를 보여 주면서 "우리의 거북선이다. 당신네 영국의 조선 역사는 1800년대부터라고 알고 있다. 그러나 우리는 이미 1500년대에 이런 철갑선을 만들어서 일본을 물리쳤던 민족이다. 우리의 조선 역사는 당신네보다 300년이나 앞서 있다. 산업화가 늦어져 국민의 능력과 아이디어가 녹슬었을 뿐, 우리의 잠재력은 그대로 남아 있다."라고 설득해 차관을 빌려 왔다는 일화는 아직도 사회 각 분야에서 회자되고 있을 정도이다.

가진 것 하나 없던 빈털터리 아이에게 학교를 지어 주고, 등록금을 내 주고, 교육을 시켜 올바르게 성장할 수 있도록 해 주었는데 그 아이가 어른이 되어 잘살게 된 후 은혜에 대해 나 몰라라 한다면? 우리는 그런 부류의 사람을 '배은망덕한 놈'이라고 부르며 사회의 미덕을 해치는 부도덕한 인간이라고 평할 것이다.

그동안 우리 역시 선진국의 원조와 도움을 받으며 '한강의 기적'이라고 불리는 놀라운 경제 성장을 이룩할 수 있었다. 때문에 우리는 배은망덕한 국가가 되지 않도록 국제 사회에 받은 은혜를 보답해야만 하는 의무를 지니고 있다고 생각한다. 또 이러한 배경은 KOICA(한국 국제 협력단), 수많은 민간 NGO 단체들이 해외 원조 활동을 하게 된 이유이기도 할 것이다.

그럼 은혜에 어떻게 보답할 수 있을까? 기브 앤 테이크(Give and Take) 정신으로 받은 만큼 되돌려 주면 될까? "보상을 바라고 친절을 베풀면 서비스이고, 보상을 바라지 않고 친절을 베풀면 봉사며 사랑이다."라는 말이 있다. 또 "사랑은 나눌수록 커진다."라는 말도 있다. 기브 앤 테이크, 대가를 바라지 않는 친절, 사랑 나눔. 100% 원조 공여국 국민으로서 앞의 세 가지 의미를 조합하여 '받은 만큼 주긴 주되 그 가치가 더 커질 수 있도록 돌려주는 것'이 현명한 처사가 아닐까 싶다. 또 보상을 바라지 않고 준다면 금상첨화일 것이다.

과거 우리에게 도움을 주었지만 현재에도 어려움 없이 잘 살아가고 있는 나라들에게 감사의 마음으로 예를 다한다면 최소한 배은망덕하다는 소리는 듣지 않을 것이다. 대신 "사랑은 나눌수록 커진다."는 말의 가치를 실현하기 위해 못사는 나라들에게 우리가 받았던 사랑을 되돌려 준다면 우리에게 도움을 주었던 공여국들도 베풀었던 은혜에 대한 보답 이상으로 받아들이지

모 NGO 단체의 도움을 받아 오지 마을에서 홀로 하룻밤을 자고 왔다

않을까?

아직 우리나라에도 못 먹고 굶주린 아이들과 어려운 환경에 처해 있는 이웃들이 있지만 많은 사람들이 해외의 어려운 이웃들을 후원하며 돕고 있는 이유가 바로 이런 연유에서 근거한 것이 아닐까 싶다. 비록 논리적 성립은 불가하지만 'A가 B에게 주고, B가 C에게 돌려주는' 인간만이 이해할 수 있는 이 방정식이 종종 미담 사례로 전파되어 지구의 온도를 훈훈하게 높여 주는 경험들을 하게 된다.

우리가 살아가고 있는 대한민국은 비록 지구라는 별 안에서 1%의 비중도 되지 않는 극히 미미한 존재이다. 그러나 지구의 온도를 훈훈하게 만드는 데에 미치는 영향력은 세계 상위권에 랭크되어 있다. 그 이유가 한때 동방예의 지국이라고 불릴 정도로 예를 중시했던 우리의 정체성에서 근거한 것은 아닐까란 생각도 해 본다.

이런저런 생각들 속에 한 가지 마음을 먹었다. UN이 지정한 전 세계 최빈국 48개국 중 대부분이 속해 있는 아프리카 대륙에 가게 되면 필요한 최소한의 조건조차 채우지 못하고 살아가는 현실이 얼마나 힘든 삶인지 직접 경험을 하고 와야겠다고.

하지만 여행자 입장에서 관광지가 아닌 낙후된 지역에 들어가 현지인들과 교류한다는 건 결코 쉬운 일이 아니었다. 그래서 연결 고리 역할을 해 줄 수 있는 누군가의 도움이 절실했다. 그런 이유로 아프리카에 온 이후 오지에서 선교사역을 하시는 분들을 찾아뵙고 배움의 기회를 얻고자 손을 뻗치고 있었다. 그러나 여러 선교지에 메일과 전화를 드리고 답을 기다려 보았음에도 좀처럼 연결되는 곳이 없었다.

결국 잠비아에서도 선교지 찾기를 포기하고 다음을 기약하며 탄자니아행 버스표를 예약하러 가던 길이었다. 잠비아 한인 교회 목사님으로부터 전화 한 통을 받았다. "탄자니아에 계신 선교사님으로부터 와도 좋다."는 답장을 받았다고.

TANZANIA

22
탄자니아

#01 - 마사이족과 동행

50세의 마사이족 M은 태어나서 두 번째로 바다를 보게 되었다. 처음에 보았을 때보다 물이 많이 줄어 있자(밀물과 썰물의 차이였다.) 함께 간 마사이들에게 알은 체를 했다. "한동안 비가 오지 않아서 바닷물이 많이 가문 거 같다."고.

37세의 마사이족 S는 중력을 모른다. S에게 왜 사과나무의 사과가 땅에 떨어지는 줄 아냐고 질문하자 "아무도 잡지 않았기 때문에."라고 답했다. 그럼 사람은 어떻게 땅에 서 있을 수 있냐고 물었더니 이번에는 "사람이 균형을 잡아서."라고 답하는 것이었다. S에게 배낭 속에 있던 세계 지도를 꺼내 보여주었다. 그랬더니 도리어 "이거 당신이 그린 거냐?" 하고 묻는다. 내가 지도의 나라들을 가리키며 세계 일주를 하고 있다고 이야기하니 S가 자기도 도시에 가 본 적이 있다고 했다. "도시에는 옥수수 밭에 옥수숫대가 꽂혀 있는 것처럼 사람들이 많았다."라고 말하는 그의 기발한 비유법에 그만 실소가 터져 나오고 말았다.

지난 한 달여간 탄자니아의 마사이족 마을에서 마사이족과 함께 웅덩이에 물을 길으러 다니고, 빗물을 저장할 수 있는 물탱크를 설치하고, 마른 장작을 꺾어서 불을 피워 옥수수를 구워 먹다가 탄생한 에피소드들이다.

아프리카 최고봉 킬리만자로와 동물의 왕국 세렝게티 사파리 사이에 주소지도 없는 곳. 울퉁불퉁 먼지 가득한 비포장도로를 달리고 굽이굽이 비탈진 산길들을 넘어서면 억겁의 세월 속으로 빨려 들어온 듯한 착각을 불러일으키는 광활한 대초원 분지가 펼쳐진다. 그 안에는 당나귀 떼, 염소 떼, 소 떼가 모두 어우러져 고개를 숙인 채 오로지 일용할 양식에만 집중하고 있다. 그리고 그 무리 사이에서 새끼 염소만큼이나 연약해 보이지만 마사이 전통 의상 수카를 멋스럽게 차려 입은, 허리춤에는 단검을 차고 한 손에는 회초리를

탄자니아 몬들리 마을의 대초원 분지

든, 하지만 온갖 정신은 우리가 탄 차량에 빼앗긴 어린 목동이 연신 반가운 손을 흔들어 대고 있었다.

콜라병을 처음 본 아프리카인들의 희비극을 다룬 영화 '부시맨'의 주인공처럼 마사이족은 아직 문명의 때를 입지 않은 순수한 영혼의 사람들이었다. 함께 웅덩이에 고인 물을 길으러 갔을 때는 거머리가 피부색을 보고 무는 것도 아닌데 나에게만 특별히 거머리가 무니까 물속에 들어오지 말라며 차별 보호를 해 준다. 또 거푸집에 시멘트 바르는 작업을 하다가 흘러넘치는 시멘트를 두 손으로 받아 내니 절대 맨손으로 만지면 안 된다면서도 자신들은 맨손으로 흐르는 시멘트를 받아 내는 희생적인 사람들이었다. 비록 전혀 알아들을 수 없는 스와힐리어와 마사이어를 구사했지만 전 세계 공용어인 잉글리쉬와 만국 공통어인 바디랭귀지보다도 우선되는 마음의 소통이 이 모든 일들을 가능하게 만들고 있었다.

다른 피부색, 다른 헤어스타일, 다른 언어, 다른 복장, 다른 생활 방식 등

대초원 분지 안에 물을 길으러 가서

모든 것이 다른 마사이족과 함께 한 달여를 살아 보니 사람은 원초적으로 다른 게 아니라 관점의 차이가 다른 사람처럼 보이도록 만드는 것일지도 모르겠다는 생각이 들었다. '관점'의 사전적 정의는 사물을 관찰하거나 고찰할 때 그것을 바라보는 방향이나 생각의 입장이라고 한다. 피부색, 생김새의 태생적인 요소들과 산과 들, 바다, 도시라는 성장 환경이 사람을 다르게 보이게끔 만드는 바로 이 '관점'을 형성하는 데 지대한 영향력을 행사하고 있는 듯했다.

스물이 채 안 된 마사이족의 한 처자가 나에게 물었다. 왜 한국 남자들은 와이프를 더 많이 얻어서 여자들의 일을 분담시켜 주지 않고 한 여자만 고생시키느냐고. 일부다처제의 문화적 관점에서 와이프가 한 명인 남자는 여자를 고생시키는 무능한 남자였던 것이다. 또 바다를 한 번도 보지 못하고 살아온 사람에게 바다 생물은 생선이라는 음식이 아니라 쳐다보기도 싫을 정도로 징그러운 생물체일 수도 있다는 사실을 새로이 알게 되었다.

비가 오는데 빨래를 걷지 않고 그대로 널어놓은 아프리카의 집들을 처음에는 이해하지 못했다. 하지만 한 달간 물이 귀한 곳에서 살아 보니 '비가 오는데 빨래를 왜 하냐!'가 아니라 '비가 오니까 미뤄 뒀던 빨래를 해야 되겠다!'라는 생각이 들었다. 비를 바라보는 관점이 변화된 것이다. 이런 경험들을 통해서 '타인을 바꿀 수는 없지만 타인을 보는 관점은 바꿀 수 있다.'라는 말이 얼마나 우리에게 필요한 조언인지 다시금 되새겨 보게 된다.

현재 우리 사회는 제3의 물결인 정보 사회가 끝나고 가상 세계와 현실 세계가 혼재된 제4의 물결인 꿈의 사회로 전환 중이라고 미래학자들은 이야기하고 있다. 하지만 마사이 마을에서는 아직도 제1의 물결인 농업 혁명이 한창 진행 중이다. 또 이곳에는 아직도 유목 생활을 하는 사람들과 정착 생활을 하는 사람들이 혼재되어 있다. 같은 현대라는 시간을 살아가고 있지만 같은 현대라는 문명을 공유하며 살아가고 있던 건 아니었던 것이다.

아직 산업화, 근대화와는 거리가 먼 마사이족의 전통적인 삶의 모습을 들여다보고 있으면 어릴 적 할아버지, 할머니에게 전해 듣던 이야기들이 살아서 재생되는 것 같을 때가 있다. 그건 마치 직접 볼 수 없어 완전히 이해하지 못했던 부분들의 잔상이 되살아나 재인식될 때의 즐거움 같은 것이었다. 형제가 육남매다, 칠남매다, 팔남매다, 동생을 업어서 키웠다, 학교를 가기 위해 이십 리를 걸어 다녔다, 학교에서 돌아오면 소와 말을 치는 게 가장 먼저 할 일이었다, 모내기 철에는 학교를 가지 않고 논으로 나갔다, 사탕수수의 단물을 빨아 먹었다 등의 옛날이야기들이 이곳에서는 현재를 살아가는 오늘의 이야기였던 것이다.

70세 영감의 셋째 부인으로 시집가라는 아버지의 뜻을 거절하고 전통 관습에서 뛰쳐나온 마사이 처녀들도 있었다. 한국인 선교사님의 도움으로 학교를 다니며 유치원에서 아이들을 가르치는 그녀들을 볼 때면 오래전에 읽었던 소설 『상록수』의 주인공 '채영신'의 모습이 오버랩 되곤 했다. 농촌 계몽 운동가로 야학에서 학생들을 가르치며 집에서 정해 준 배필과의 결혼을 거부하고 스스로 결혼할 남자를 선택한다는 채영신. 그녀를 통해 그려졌던 당대의 '신여성'상이 지금 내가 옆에서 바라보고 있는 이십 대 초반 마사이 처녀들의 삶과 아주 흡사했을 것 같았다.

이렇게 21세기 대한민국에서는 더 이상 볼 수 없게 된 이야기들이 이곳 마사이 마을에서는 오늘도 현재 진행형으로 흘러간다. 모두가 2015년이라는 같은 시간을 살아가고 있는 듯 보이지만 그 안에 있는 삶의 모습은 저마다 다른 시대를 살아가고 있는 것이다. 한국이라는 국한된 시각에서 바라보면 '세대 차이'일지 몰라도 시야를 넓혀 세계를 바라보면 2015년이라는 시간에는 1950년대의 삶도, 1970년대의 삶도, 1990년대의 삶도 모두 다 섞여 있었다.

#02 - 세렝게티 사파리 대신 한 선택

탄자니아에서도 오지 중 오지인 이곳 마사이 마을은 반경 10㎞ 이내에 호수와 저수지는커녕 지하수조차 없다. 그러다 보니 사람이든 동물이든 식물이든 모든 살아 있는 생명체는 대초원 분지 안 고인 물에 의존하며 살아갈 수밖에 없는 실정이었다.

'고인 물은 썩기 마련이다.'라는 말처럼 대초원 분지 안에 고인 물은 발을 담그기조차 꺼려질 정도로 온갖 이물질과 오물로 뒤섞인 진흙탕이었다. 그러나 마사이족에게 그 물은 생명수와도 진배없는 물이었다. 만약 그 물마저 말라 버린다면 더 이상 대초원 분지 안에서의 삶은 영위될 수 없기 때문이었다.

그런 탓에 고인 물을 바라보고 있노라면 마음이 아련해지고는 했다. 특히 빡빡 깎은 고수머리에 까만 피부로 인해 동그란 눈이 유독 더 하얗고 커다래 보이는 아프리카의 아이들이 그 물을 떠서 마시는 모습을 지켜봐야 할 때면 생각이 많아졌다. 지구 반대편에서는 풍요가 넘치는데 한편에서는 부족함이 극을 치고 있는 대조적인 현실이 그렇게 안타까울 수가 없었다.

UN에서 지정한 최빈곤층 기준인 하루 평균 소득 1.25불 이하의 생활자들이 지구 인구 71억 명 중 12억 명에 해당한다고 한다. 평균 6명 중 1명이 절대 빈곤층인 셈이다. 문제는 그 1명이 대부분 아프리카인이라는 사실이다.

2년간 최소 비용 3만 불의 예산인 가난하고 고단한 배낭여행자의 신분이라 할지라도 나 역시 그들과 비교하면 더 많이 가진 자에 속한다. 아니, 그것을 넘어 그들이 상상하기조차 힘든 상대적 부유층에 해당된다. 그 사실을 결코 부인할 수가 없었다. 그럼 나도 사회 정의를 구현하기 위해서는 가진 걸 내놓아야 한다는 결론에 도달하게 된다.

탄자니아 여행이라고 하면 모두가 킬리만자로와 세렝게티 사파리를 떠올린다. 2년 전 여행 계획을 세우던 나 역시도 마찬가지였다. 여행 경비를 고려

부시맨 같은 친구 오리지널 마사이족 S와 그의 아이들

하여 두 곳을 모두 다 체험하기에는 무리일 것 같았고 동물의 왕국 세렝게티 사파리만큼은 꼭 보고 오겠다는 마음을 품고 있었다.

하지만 이 마음도 여행이 거듭되면서 변했다. '탄자니아' 하면 모두가 킬리만자로와 세렝게티를 떠올릴 때 다른 행보를 통해 다른 관점과 다른 생각들을 얻어낼 수는 없을까란 생각이 든 것이다. 탄자니아에 도착하고 세렝게티 사파리를 투어하기 위해서는 최소 450불 이상의 투어 비용을 지불해야 한다는 것을 확인했다. 2박 3일 일정의 투어 비용으로 결코 적지 않은 액수였다. 그래서 그만한 가치가 있을까 싶은 고민을 다시금 하게 되었다.

결국 세렝게티 사파리 투어는 '죽기 전에 다시 와야 할 장소' 목록에 넣고 비록 얼마 안 되는 돈이지만 그 투어 비용을 아프리카를 위해 내놓기로 했다. 세렝게티 사파리에 가서 동물의 세계를 보는 가치보다 마사이족이라는 또 하나의 인간 사회를 체험할 수 있도록 기회를 준 것에 보답하고 싶었기 때문이다.

또 이곳에서 만난 부시맨 같은 친구 S와의 인연을 더욱 오래도록 간직하고 싶어 미미하지만 매달 그에게 후원금을 보내 주기로 마음먹었다. 5년이 걸릴지, 10년이 걸릴지, 30년이 걸릴지는 모르겠지만 언젠가 이곳을 다시 찾겠다는 약속의 다짐으로 이렇게 기록을 남긴다. 그런 의미에서 탄자니아 에세이는 부시맨 같은 친구 S에게 보내는 후원 계약서이자 언젠가는 꼭 다시 만나자는 서약서인 셈이다.

MIDDLE EAST

23

중동

(이집트+요르단)

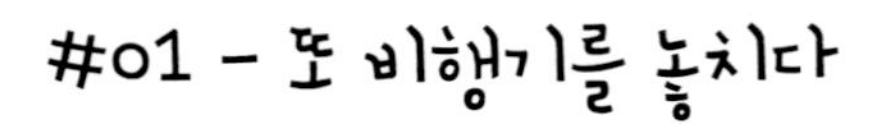

길을 잃어 6시간 동안 헤매다 겨우 도착한 호주 브리즈번의 호스텔, 그곳에 첫발을 내딛던 순간의 감회는 분명 달랐다. 페루의 리마를 출발해 산사태에 발이 묶이고 고산병에 시름하다 5일 만에 도착한 마추픽추, 그 감동도 남달랐다.

원하는 곳에 도달하거나 원하는 것을 얻기 위해 나아가다가 예상치 못했던 난관에 봉착해 마음 졸이고 발을 동동 구르며 애태우던 순간들. 그 과정 안에 머물러 있을 때에는 피가 마를 정도로 사람을 매우 당황스럽게 만들던 사건들도 끝나고 돌이켜 보면 일장춘몽의 추억거리에 불과해진다. 그러나 힘든 여정이 배가될수록 성취 후 얻어지는 감격의 기쁨은 하나의 빛을 파장에 따라 분해하여 배열해 놓은 스펙트럼처럼 한순간 한순간 더없이 소중하게만 다가왔다.

케냐에서 이집트로 오던 길도 그랬다. 세계에서 교통 체증이 가장 극심한 곳 중 한 곳인 케냐의 수도 나이로비. 그곳에서 공항으로 가기 위해 두 시간이나 여유를 두고 택시를 탔건만 결국 비행기를 놓치고 말았다. (여태껏 한국에만 있는 줄 알았던 5월 1일 '노동절'이 전 세계 많은 나라 근로자들에게 해당되는 공통된 기념일이었다는 사실도 이날 비행기를 놓친 덕분에 새롭게 알게 되었다.)

타지 못한 비행기를 변경하기 위해 에미레이트 항공사에 전화를 걸었다. 그런데 항공권을 구매했던 온라인 예약 사이트에서 보안 잠금을 걸어 놓아서 변경해 줄 수 없다고 하는 것이었다. 통상 비행기를 놓칠 경우 항공사에 지연 수수료 100불을 추가로 지불하면 다음 날 같은 시간의 비행기로 변경해 주기 마련이다. 호주에서 날짜를 착각하는 바람에 비행기를 놓쳤던 전례가 있어서 잘 알고 있었다.

하지만 이번에는 상황이 좀 더 복잡했다. 호주 때는 항공사 홈페이지를 통해서 직접 구매했던 티켓이라 항공사에 지연 수수료만 지불하면 변경이 가능했지만, 이번에는 온라인 예약 사이트를 통해서 구매한 것이라 그 사이트를 통해서만 변경할 수 있었다. 온라인 예약 사이트에서 만들어 놓은 취소, 변경 관련 규정 때문이었다. 내가 티켓을 구매했던 온라인 예약 사이트에서 변경 요청 시 항공사에 지불해야 할 지연 수수료 외에 별도의 변경 수수료 50불을 지불해야 하는 규정을 만들어 놓았던 것이다.

그러나 문제는 여기서 끝이 아니었다. 오늘이 5월 1일 금요일, 그러니까 노동절로부터 3일간의 황금연휴가 시작되는 목요일 저녁이라는 것이 가장 큰 문제였다. 그래서 나이로비의 교통 체증도 평소보다 더 극심했던 것이다.

항공권을 변경하기 위해 영국의 온라인 예약 사이트 콜 센터로 수없이 전화를 걸어 보았지만 도무지 상담원까지 연결이 되지 않았다. 홈페이지에 적혀 있던 전 세계 각 지점들의 콜 센터로 연결을 시도해 보아도 상황은 마찬가지였다. 여기서 또 하루가 지체된다면 다음 항공권과 호스텔 예약 일정에도 계속 차질이 빚어질 건 불 보듯 뻔한 일이었다. 그렇게 되면 갈수록 감당해야 할 손해만 더 커진다. 최악의 상황은 피해야겠다는 생각에 다음 날 같은 시간대로 비행기 티켓을 한 장 더 구매해 놓기로 했다. 그래서 만약 항공권을 변경하지 못하더라도 내일 밤만큼은 이집트행 비행기에 몸을 실을 수 있도록 말이다.

비행기 체크인 한 시간 전, 공항 내 에미레이트 항공사 사무실이 문을 열었다. 찾아가서 사정사정을 했더니 지연 수수료 120불에 항공권을 변경해 주겠다고 했다. 극적인 순간이 아닐 수 없었다. 하지만 아직 일이 다 끝난 건 아니었다. 오늘 구매한 예비 항공권을 취소해야만 했다. 체크인까지 남은 한 시간 동안 영국의 콜 센터로 다시 전화 연결을 시도했다.

그러나 결국 그날 최! 최! 최악의 상황을 맞이했다. 지연 수수료는 수수료대로 내고 정작 새로 산 항공권은 취소하지 못한 것이다. 호미로 막을 거 가래로 막으려다가 가래가 부러져 버린 셈이었다. 지연 수수료 120불만 날리면 됐을 것을 새로 산 티켓 350불까지 추가로 날려 버렸다.

이런 쓰라린 마음을 부여잡고 올라탄 비행기가 이집트에 안착해 카이로에 첫발을 내딛던 순간, 감회가 참 많이 달랐다. 아무 일 없이 왔다면 결코 느껴 보지 못했을 잊지 못할 감격(?)이 함께하는 순간이었다.

#02 - 중동에서는 세 명 이상에게 길을 물어라

메소포타미아, 황하, 인더스 문명과 더불어 이집트는 고대 4대 문명의 발원지이다. 4,000년 전 나일강 유역을 따라서 번성한 고대 문명의 흔적이 여전히 진한 향기로 남아 전 세계 관광객들을 불러들이고 있는 이집트. 이집트의 수많은 고대 유적들 중 기자의 피라미드는 단연 꽃 중의 꽃이라고 할 수 있다.

카이로에 도착한 이튿날 아침, 피라미드를 보기 위해 길을 나섰다. 지하철을 타고 기자 역에 내려서 버스를 타면 된다는 대략적인 정보만을 확인하고는 무작정 갔다. 설마 이집트에서 피라미드 하나 찾아가지 못할까 싶었기 때문이다.

기자 역에 내려 길 가는 사람들에게 버스 정류장을 물었다. 기자 피라미드로 가려면 어디에서 버스를 타야 하냐고. 하지만 예상치 못한 첫 번째 난관에 봉착했다. 이집트 사람들이 '피라미드'라는 말을 이해하지 못하는 것이었다. 아무리 사람들을 붙잡고 "피라미드! 피라미드! 기자 피라미드!"를 외쳐봐도 공허한 메아리만 되어 돌아올 뿐 어느 누구도 알아듣는 사람이 없었다. 달리 방도가 없어 가방에서 수첩을 꺼내어 피라미드 그림을 그린 후 사람들에게 보여 주었다. 그러자 그제서야 버스 정류장이 어디인지 가르쳐 주는 것이 아닌가.

버스에서 내리고 피라미드 입구까지 찾아가던 중 두 번째 난관에 봉착했다. 내가 서 있는 곳에서 저 멀리 거대한 산처럼 우뚝 솟아 있는 피라미드가 확연하게 식별되기는 했지만 대체 입구로 가는 길이 어디인지 감이 잡히질 않는 것이었다. 다시 길 가는 사람들에게 물어보았다. 그런데 길을 가르쳐 주는 사람마다 방향이 모두 제각각이었다. 이 사람은 이리로 가라고 하고,

저 사람은 저리로 가라고 하고. 심지어 어떤 사람은 (내가 생각해도 그 방향은 아닌 거 같은데) 왔던 길을 되돌아가야 한다고 가르쳐 주기도 했다.

나중에 그곳에 살고 있는 한국인을 만나고 나서야 그 내막을 이해할 수 있었다. 이집트 사람들은 자존심이 강해서 웬만해서는 "모른다."는 말을 하지 않는다는 것이다. 그래서 이집트 사람들과 일을 할 때는 최소 세 명 이상에게 의견을 물어보고 결정하라는 교훈까지 있다고 한다. 그러고 보니 언젠가 그와 비슷한 내용을 읽었던 기억이 났다. 중동을 여행할 때에는 꼭 세 명 이상에게 물어보고 갈 길을 정해야 한다고.

분명 이집트 사람들이 피라미드의 위치를 모를 리는 없었을 테고, 아마도 영어에 익숙하지 않은 아랍어권 사람들이라 말을 이해하지 못해서 벌어진 해프닝이 아닌가 싶었다. 그러면서 한편으로는 반성도 했다. 피라미드를 찾아가기 전 최소한 피라미드가 아랍어로 '알 하람'이라는 것 정도는 알고 왔어야 하는 게 아닌가 싶은 생각이 드는 것이었다.

#03 - 사막에서 꽃피운 찬란한 두 문명

파라오는 고대 이집트의 '최고 통치자'를 뜻하는 용어이다. 파라오 왕조는 기원전 3500년경 상(上)이집트와 하(下)이집트를 최초로 통일하며 세운 왕조로부터 출발하여 기원전 30년 로마에 의해 정복될 때까지 약 3,500년간 이집트를 통치했던 왕조이다. 이 3,500년간 이집트의 최고 통치자였던 파라오가 죽게 되면 영생불멸을 꿈꾸는 미라가 되어 피라미드에 묻혔다.

현재 이집트에는 총 85기의 피라미드가 발굴되어 있다. 그중 가장 거대하게 쌓인 피라미드는 기원전 2500년경 약 2.5톤의 돌 230만 개를 쌓아 축조했던 쿠푸왕 피라미드이다. 쿠푸왕 피라미드 옆에는 그의 아들 카프레왕 피라미드가 자리를 잡고 있다. 카프레왕 피라미드 앞으로는 피라미드를 지키는 수호신 스핑크스가 있는데 이곳이 바로 기자 피라미드이다.

피라미드의 축조 공법은 현대 과학으로도 풀지 못하는 미스터리가 되었다. 고대 이집트인들이 어디에서 그 큰 돌들을 수집했는지, 어떻게 운반했는지, 어떻게 차곡차곡 쌓아 올릴 수 있었는지는 여전히 불가사의로 남아 있다.

또 피라미드 안에는 다양한 수학적 원리들이 숨어 있다. 피라미드 밑면의 둘레를 지구의 둘레로, 피라미드의 높이를 지구의 반지름으로 계산하면 그 비율이 정확하게 일치한다고 한다. 고대 이집트인들이 피라미드 안에 지구를 담아내고자 했던 뜻이 반영된 것이라 해석되고 있지만 그 시대에 어떻게 지구의 크기를 알 수 있었는지에 대해서는 역시 불가사의인 것이다. 뿐만 아니라 피라미드의 축조 공법에는 1:1.618이라는 황금 비율이 곳곳에 스며들어 있다. 이처럼 피라미드에 얽힌 수학적 원리들을 하나씩 들춰 가며 관람하다 보면 어느새 피라미드의 매력은 점점 더 강력해져 보는 이의 마음을 사로잡는다.

3,500년간 이어진 파라오 왕조 중 오늘날 가장 유명한 파라오를 꼽으라면

세계 7대 불가사의 요르단의 페트라

단연 투탕카멘과 람세스 2세, 그리고 클레오파트라라고 할 수 있다. 투탕카멘은 어린 나이에 숨진 소년 왕으로 그의 미라에 씌워졌던 황금 마스크가 발견되면서 유명해진 파라오이다. 람세스 2세는 프랑스의 이집트 연구가 크리스티앙 자크의 장편 소설 『람세스』의 주인공이자, 구약 성경의 출애굽기에서 모세가 이스라엘 백성들을 이끌고 애굽(오늘날 이집트 지역) 땅을 탈출해 가나안 땅(오늘날 팔레스타인 지역)으로 이주하던 시기의 파라오로도 알려진 인물이다. 파스칼이 『팡세』에서 "클레오파트라의 코가 조금만 삐뚤어졌어도 세계의 역사는 바뀌었을 것이다."라고 극찬했을 정도로 천하절색이라 알려진 클레오파트라는 로마의 두 영웅 시저와 안토니우스를 사랑의 노예로 만들며 로마로부터 이집트를 지켜낸 여성 통치자였다. 사랑하는 연인 안토니우스의 죽음 후 최후를 맞이하게 된 그녀의 운명과 함께 찬란했던 파라오 왕조는 막을 내렸고 결국 로마의 통치 안으로 들어가게 되었다.

모세가 홍해에서 애굽의 군사를 물리치고 광야를 지나 가나안 땅으로 가던 통로에는 오늘날 세계 7대 불가사의 중 한 곳으로 선정된 요르단 남부의 대상 무역 도시 페트라가 포함되어 있었다. 페트라는 나바테아인이라고 불리는 아랍계 유목민들이 건설한 산악 도시로 나바테아인의 일부가 기원전 7세기 이곳에 정착하면서 붉은 사암 덩어리들을 깎고 파내어 집과 공중목욕탕, 야외극장, 신전 등을 지어 이룩한 왕국이었다.

페트라는 예로부터 사막의 대상들이 홍해와 지중해를 건너야 할 때 반드시 거쳐야만 하는 중간 기착지였다. 하지만 기원전 106년 로마 제국에 의해 정복되면서 찬란했던 역사는 막을 내리게 되었다. 그렇게 사그라지기 시작한 페트라의 역사는 6세기경 발생했을 것이라고 추정되는 대지진으로 인해 사라진 뒤 1812년 재발견될 때까지 약 천 년의 세월 동안 잿더미 속에 파묻혀 있었다.

#04 - 이집트처럼 돌을 차곡차곡 쌓아 가야 할까, 요르단처럼 정교하게 깎아 나가야 할까?

이집트의 피라미드와 요르단의 페트라, 황무지 같은 사막에서 피어난 찬란한 두 문명의 신비로움은 용호상박이었다. 한쪽은 거대한 바위를 차곡차곡 쌓아 올려서, 다른 한쪽은 거대한 암벽을 정교하게 깎아서 만들어 낸 축조 공법이 극명하게 대조적이었지만 그 감동의 깊이는 어느 쪽이 더 크다고 할 수 없을 정도로 우열을 가리기 힘겨웠다. 하지만 마음속 한편에서는 극명하게 대조되는 두 가지 방법 중 어느 쪽이 더 뛰어난 공법일지 비교하는 줄다리기가 시작되고 있었다.

군대에서 장교의 보직 중 격무에 시달리는 파트는 작전과 관련된 직책이다. 그중에서도 작전 장교와 작전 계획 장교(줄여서 작계 장교)는 1년 365일 야근을 해도 모자랄 정도로 많은 업무량에 치인다. 군 생활을 시작하던 소위 시절 "작전 장교와 작계 장교의 업무에 가장 큰 차이점은 무엇입니까?"라고 질문했던 기억이 난다. 당시 질문을 받으신 소령님께서 "작전 장교는 현행 작전을, 작계 장교는 장차 작전을 다룬다는 것이 가장 큰 차이이다."라고 명확하게 개념을 구분 지어 설명해 주셨다. 그 대답을 듣고 그때도 지금처럼 현행 작전과 장차 작전 중 어느 쪽이 더 우선되어야 할까 줄다리기를 해 보았던 기억이 있다. 또 그날 이후 부대 지휘를 할 때마다 현행 작전과 장차 작전 중 어느 쪽에 더 무게를 두고 오늘의 부대를 운영해야 하는지에 대해서도 늘 점검해 보고는 했었다.

츠지 히토나리와 에쿠니 가오리가 각각 남녀 파트를 적어 완성한 소설 『냉정과 열정 사이』를 읽을 때에도 비슷한 생각을 했던 것 같다. 냉정과 열정 중 어떤 마음을 더 품어야 할지에 대해서 말이다. 뜨거운 사막 한가운데에서 피라미드를 쌓기 위해 땀을 뻘뻘 흘려 가며 거대한 바위를 들어 올렸을 이집트인들을 떠올려 보면 뜨거운 열정이, 신전의 입구를 화려하게 수놓기 위해 거대한 사암 꼭대기에 밧줄을 매달고 온갖 정신을 집중해 돌을 깎아 냈을 나바테아인들을 떠올려 보면 차가운 냉정이 떠올랐다.

공자는 『논어』 위정편에서 학이불사즉망(学而不思則罔), 사이불학즉태(思而不学則殆), 즉 배우기만 하고 생각하지 않으면 어리석어지고, 생각하기만 하고 배우지 않으면 위태로워진다고 가르친다. 이 구절을 접했을 때도 곱씹어 보았다. '배움'과 '사색' 중 어느 쪽에 더 많은 시간을 써야 할까.

하지만 이들의 답은 언제나 명확히 구분되지 않았다. 답은 언제나 수학 문제의 정답처럼 절대화될 수 없었고 상대적이고 유동적이었다. 뿐만 아니라 답은 언제나 딜레마의 문제처럼 애매모호하거나, 아리송하거나, 이러지도 저러지도 못하게 만드는 진퇴양란, 사면초과와도 같았다. 어느 것 하나 명료하게, 명확하게, 확실하게 구분 지을 수 있는 것이 없었다.

그런데 왜 난 자꾸만 '모 아니면 도'처럼 이런 문제들을 구분 지으려고 하는 걸까? 스스로에게 질문을 던져 보았다. 그건 아마도 내 안에 흑백 논리나 이분법적 사고가 깊게 똬리를 틀고 있어서가 아닐까 싶었다. 아니면 애매모호한 불확실성 때문에 불안한 게 싫어 확실하게 매듭지으려고 그러는 게 아닌가 싶기도 하다.

明(밝을 명)은 '해와 달이 함께 비추고 있을 정도로 밝다.'라는 의미를 지닌 한자이다. 이를 역으로 풀어 보면 '밝아지기 위해서는 해와 달을 동시에 품어 낼 수 있어야 한다.'는 의미가 되기도 한다. 그렇다. 밝아지고, 명료해지고, 명확해지고, 확실해지기 위해서는 明처럼 해와 달을 동시에 품어 낼 수 있는 마음을 지녀야 했던 것이다. 대립된 두 계열을 명확히 구분 지으려고 해서는 절대 밝아질 수 없다. 해와 달을 동시에 품어 낼 수 있는 마음. 아마도 이 마음이 모든 딜레마에서 현답을 구할 수 있는 기준점이 아닐까.

이집트의 피라미드와 요르단의 페트라 중 어느 건축물이 더 위대할까를 가늠해 보려는 시도를 통해서 우문현답처럼 明이라는 깨달음을 얻게 된다.

NORWAY

24
노르웨이

#01 - 예정에 없었던 노르웨이 여행

폴란드 바르샤바에서 왕복 티켓을 끊고 4박 5일간 다녀온 노르웨이. 폴란드로 되돌아오던 길의 몸과 마음은 큰 산을 하나 넘고 돌아오는 사람처럼 지칠 대로 지쳐 있었다.

두 달 전 노르웨이 친구로부터 오슬로에 꼭 놀러 왔으면 좋겠다는 연락을 받았다. 하지만 정중하게 거절했었다. 애시 당초 물가가 너무 비싼 북유럽은 이번 여행에 포함시키지 않았을 뿐더러 친구의 집에 초대를 받았다 할지라도 지금까지의 경험상 여행지에서 누구를 만나거나 그 집에 머무르게 되면 혼자 호스텔에서 머물며 여행할 때 보다 그 이상의 경비가 들었으면 들었지, 더 적게 든 적은 없었기 때문이다. 특히나 노르웨이처럼 물가가 비싼 나라에서 보답으로 감사 표현이라도 하려고 하면…… 불 보듯 뻔한 시나리오였다.

또 이런 금전적인 문제 외에 영어에 대한 부담감이 있었다. 영어를 적당히 못하는 친구라면 부담감이 좀 덜하겠지만 아르네(Arne)는 뉴욕에서 4년을 유학했던 친구로 영어 구사 능력이 네이티브 스피커 수준이다. 이런 친구와 며칠간 영어로만 대화해야 한다니! 차라리 마라톤 풀코스를 한 번 더 뛰겠다! (좀 오버인가? 그만큼 부담스러웠다는 말을 하고 싶다.) 아무튼 이렇게 금전과 영어가 노르웨이 여행을 주저하게 만들고 있었다.

그러다가 한 달 전쯤 아르네로부터 다시 연락을 받았다. 유럽까지 온 김에 노르웨이에 들렀다 가는 걸 다시 생각해 주길 바란다고. 서양인들의 관습상 'No!'라는 대답에 의사를 되묻는 경우가 흔치 않은데 두 번이나 제안을 하니 이번에는 완강히 'No!'라고 답할 수가 없었다. 일단 내가 대단한 사람도 아닌데 상대방의 호의를 두 번씩이나 거절하는 것이 못내 마음에 걸렸고, 또 때때로 내가 가진 것들(특히 시간)을 양보해 주는 것도 사람들과의 관계 개선에 있어 하나의 좋은 방편이라는 생각을 갖고 있었기 때문이다. 그렇게 두 번의 고민 끝에 결국 노르웨이행이 결정되었다.

아르네는 작년 필리핀 여행 중 호스텔 로비에서 처음 만난 친구였다. 만나서 한 30분 정도 대화를 나눴을까? 말 그대로 스치는 인연이었다. 사실 그를 다시 만나기 위해 노르웨이까지 가게 될 거라고는 나조차 상상하지 못했다. 이럴 때 보면 인연은 따로 있다는 말에 한 표를 던지게 된다.

오슬로에 도착해 일 년 만에 아르네와 재회했다. 그런데 만나자마자 또 한 명의 반가운 친구가 오슬로를 찾아왔다며 함께 식사를 하러 가자는 게 아닌가. 재작년 아프리카 여행 중 짐바브웨에서 잠비아로 넘어가는 버스에서 만난 이탈리아인으로, 그 역시 2년째 세계 일주를 하고 있다며 나에게 꼭 소개시켜 주고 싶다고 했다.

여기서 한 가지 놀라운 사실이 있다면 그가 6년 전 스카이다이빙 사고로 두 눈을 잃었다는 것이다. 비록 세상의 아름다움은 볼 수 없지만 아름다운 사람들을 만나기 위해 여행을 한다는 이탈리아인 알렉산드로(Alessandro). 그는 문자를 소리로 인식하는 기능이 장착된 아이폰을 사용하며 한국인인 나에게 왜 삼성은 이런 기능을 만들어 주지 않냐며 농담을 던졌다. 블라인드 스틱에 의지해 혼자 길을 물어 여행지를 찾아다니고, 혼자 식당에 밥을 먹으러 가고, 마트에 장을 보러 다닌다는 그의 경험담을 직접 듣고 있으면서도 도무지 믿어지지가 않았다. 어떻게 그렇게 할 수 있을까? 불가능을 가능으로 만들고 있는 그의 용기와 정신에 그저 감탄만 나올 뿐이었다. 또 그에 견주어 보니 내가 여행하면서 겪는 불편들은 불편이라고조차 할 수 없는 투정이 아니었는지 조용히 반성을 하게 된다.

알렉산드로의 두 눈은 세상의 아름다움을 담아낼 수 없다. 그러나 그의 마음만큼은 분명 볼 수 있는 사람들보다 더 많은 유쾌함을 담아내고 있었다. 대부분의 이탈리아 남자들이 그렇듯이 연신 농담을 던지는 화법에 얼마나 많이 웃었는지 모른다. 그의 농담은 마치 '내 머릿속의 지우개' 같은 기능을 가지고 있었다. 그가 한 번씩 농담을 할 때마다 그를 바라보는 사람들의 시선

속에서 '내가 지금 장애인과 함께 하고 있다.'는 생각이 지워지게 만들었다.

다음 날 아르네의 친구들과 함께 만난 자리에서도 그의 농담은 빛을 발했다. 이탈리안 레스토랑 야외 테라스에 앉아 피자와 맥주를 시켜 놓고 대화를 나누는 중이었다. 남자들이 모인 자리가 그렇듯 술이 들어가고 나니 어느 틈엔가 '유럽 연합과 스위스'라는 주제의 진중한 대화가 흐르고 있었다.

위기관리 컨설팅 회사의 CEO답게 아르네가 "스위스는 은행만 개방하고 다른 것들에 대해서는 자국의 이익만 생각하며 철통같이 문을 닫고 있다."라는 다소 무거운 이야기를 꺼냈다. 그러자 옆에 있던 알렉산드로가 "무슨 말이냐! 스위스는 초콜릿도 개방했다!"고 조크를 던지는 것이었다. 일순간 분위기가 반전되었다. 웃음보가 터지며 너도나도 농담을 던지기 시작한 것이다. "무슨 말이냐! 스위스는 은행과 초콜릿 말고도 롤렉스도 개방했다!"라는 누군가의 농담에 구석에 조용히 앉아 있던 또 다른 노르웨이 친구는 "아니다! 스위스는 은행, 초콜릿, 롤렉스 말고도 스위스 아미 나이프도 개방했다!"라며 스위스 개그의 종지부를 찍는다.

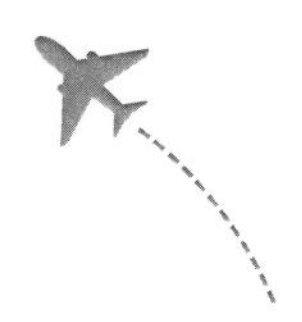

#02 - 노르웨이 이모저모

어느덧 서른여덟 번째 여행국이 된 노르웨이. 이 나라 사람들에게는 그동안 여느 나라에서 보지 못한 진귀한 모습 하나가 있었다.

동양인보다 영어 구사 능력이 더 우수한 서양 친구들을 만나게 되면 통상 나 같은 타국인이 함께 하는 자리에서는 모국어 대신 영어로 대화를 나누었다. 그렇게 처음에는 모두 영어로 대화를 나누다가도 어느 정도 대화가 진전되고 나서는 모국어를 혼용하는 것이 늘 보아 온 풍경이었다. 영어가 모국어가 아닌 이상 같은 나라 사람들끼리 또는 같은 민족끼리 끝까지 영어로 대화를 나누는 모습은 지금껏 본 적이 없었다. (아프리카인들이 영어로 대화를 나누는 건 그들의 모국어가 다르기 때문에 공용어인 영어를 사용하는 것이지, 결코 모국어가 같음에도 불구하고 영어를 사용하는 것은 아니었다.) 하지만 노르웨이 사람들은 달랐다. "Let's do English!"라는 말에 그 자리가 끝날 때까지 모든 대화가 영어로 이루어졌다. 그동안 만났던 여타 외국인들에게서는 결코 볼 수 없었던 모습이었다.

한국에서 친구가 왔다고 5일 동안 동네방네 돌아다니며 나를 소개시켜 주는 아르네의 호의(속으로는 '제발 좀 그만하고 좀 쉬자!'라는 생각이 들기도 했다.) 덕분에 남녀노소 가리지 않고 정말 많은 노르웨이인들과 인사를 나눌 수 있었다. 그렇게 인사를 나누었던 노르웨이인들 중 영어를 못하는 사람은 단 한 명도 없었을 뿐더러, 아르네와도 자연스럽게 영어로 대화를 나누는 모습은 실로 노르웨이에서만 볼 수 있는 진풍경이었다. 영어를 모국어처럼 자연스럽게 구사하는 노르웨이인들의 영어 실력에 대한 인상은 나에게 노르웨이가 자랑하는 천연의 광경 피오르드에서 받은 감명보다도 더 강렬했다.

또 한 가지 재미난 것이 있었다. 스칸디나비아 반도에 관한 다른 생각이었다. 아르네가 나에게 스칸디나비아 문화권에는 노르웨이, 스웨덴, 덴마크, 아이슬란드 이렇게 네 나라가 있다고 이야기하는 것이었다. 그의 말을 들으면서 좀 의아해했다. 여태껏 스칸디나비아 문화권이라고 하면 노르웨이, 스웨덴, 덴마크, 핀란드라고 알고 있었는데. 그와 내가 알고 있는 개념이 달랐다.

그의 말이 납득되지 않아서 확실히 맞는 거냐고 되물었다. 그러자 자기들은 핀란드를 스칸디나비아 문화권이라고 생각하지 않는단다. 스웨덴과 덴마크 사람들하고는 각자의 언어로도 대화가 통하지만 핀란드 사람들하고는 말도 통하지 않고(핀란드 특유의 딱딱한 말투를 흉내 내기까지 했다.) 문화와 스타일 또한 여타 스칸디나비아 반도의 나라들과는 확연히 달라서 같은 문화권의 나라라고 생각할 수 없다는 것이었다. 또 비록 스칸디나비아 반도 안에 있지는 않지만 아이슬란드 사람들의 성향과 문화가 자기들과 비슷해 노르웨이에서는 핀란드 대신 아이슬란드를 스칸디나비아 문화권으로 포함시키고 있다고 했다.

그러면서 나에게 도리어 질문을 하는 것이었다. 내가 생각하는 동아시아의 국가에는 어떤 국가들이 포함되어 있냐고. 나는 한국과 일본은 확실히 동아시아라고 보지만 중국 전체를 동아시아권으로 보기에는 다소 무리가 있다고 생각하며, 중국은 한국, 일본과는 좀 다른 국민성을 가지고 있는 것 같다고 답했다. 나의 이런 답변을 기다렸다는 듯 그는 지금껏 동아시아를 중국, 일본, 한국, 대만, 이렇게 4개국으로 배웠다고 했다.

순간 중미에서도 똑같은 일이 있었던 기억이 떠올랐다. 나는 멕시코를 중미의 국가라고 생각하며 여행 계획을 수립했었는데, 정작 중미의 과테말라, 엘살바도르, 온두라스, 니카라과, 코스타리카, 파나마에서 만난 현지인들과 한인들은 하나같이 멕시코는 중미라고 생각하지 않는다고 했다. 멕시코는 북미 자유 무역 협정국(NAFTA)으로 미국, 캐나다와 함께 북미로 포함시키고 있다고 말이다.

그동안 백과사전은 정답만을 이야기하는 책이라고 믿고 있었다. 그런데 이 생각 자체가 백과사전에 대한 선입견이자 편견이었던 것 같다. 물론 백과사전 집필자들이 스칸디나비아 반도 문화권에 핀란드와 아이슬란드 중 어떤 나라가 더 적합할지, 동아시아에는 어떤 국가들이 포함되어야 보편적일지, 멕시코를 북미로 볼 것인지 중미로 볼 것인지를 고려하지 않고 책을 만들지는 않았을 것이다. 그들도 여러 가지 다양한 정보와 의견들 속에서 합의점을 도출하고 최종안을 채택해 편찬했을 것이다.

오히려 그런 의미에서 백과사전 또한 100% 정답일 수만은 없다는 의문을 왜 그동안 한 번도 가져 보지 못했던 걸까? 그동안 뭘 하면서 살았길래 이런 작은 의문들조차 가진 적 없었던 건지. '익숙한 것을 낯선 것으로 치환시키는 힘'이 인문학적 성찰이라고 하던데, 갑자기 백과사전에 대한 신뢰도가 하락하며 낯설게 느껴지는 건 인문학적 성찰의 힘일까? 아무튼 이런 경험들을 통해서 내가 알고 있던 것들이 모두 다 정답일 수만은 없다는 사실을 되새겨 본다.

노르웨이는 진정 겨울 스포츠의 최강국이라고 할 수 있다. 금메달, 은메달, 동메달을 전부 포함하여 그동안 열렸던 동계 올림픽에서 메달을 가장 많이 획득한 국가가 노르웨이라는 사실이 증명한다. 그러다 보니 노르웨이라고 하면 항상 함박눈이 소복하게 쌓여 있을 것 같고, 사람들은 산타 할아버지처럼 루돌프가 끄는 썰매나 스키, 스케이트를 타고 있을 것 같은 이미지만 상상되었다. 그래서 '노르웨이는 여름에도 분명 추울 거야.'라고 나처럼 근본 없는 예상을 하고 왔다가는 한여름 북극해의 내리쬐는 뙤약볕에 얼굴이 벌겋게 구워져 보는 사람들로 하여금 "재 낮술 한잔했구나."라고 오해받기 딱 좋은 사진들을 찍게 될 수도 있다는 조언을 해 주고 싶다. (가끔은 이런 말도 안 되는 표현법들을 내가 쓰고 내가 놀라기도 한다.)

겨울에는 함박눈이 펑펑 내리고 여름에는 뙤약볕이 쨍쨍 내리쬐는 날씨의 차이만큼 노르웨이 사람들의 겨울과 여름의 라이프 스타일 또한 극명하게 대조적이다. 겨울에는 너무 추워서 애시당초 야외 활동 자체를 엄두도 내지 못한다. 오후 3시만 넘으면 해가 떨어지기 때문에 모두 집에만 들어앉아 우울한 겨울을 보내는 것이다.

반면 여름에는 백야 현상으로 밤 12시까지 해가 지지 않아 대부분의 사람

아르네의 서머 하우스

들이 밤늦게까지 야외 활동을 하며 시간을 보낸다고 한다. 퇴근 이후 잔디밭에 누워 일광욕을 즐기거나, 보트를 끌고 나와 피오르드 주변을 드라이브하거나, 수영과 낚시를 즐기는 그들의 서머 라이프 스타일은 과히 유토피아적이라고 할 수 있었다. 또 노르웨이인들은 4월부터 10월까지 여름의 따스한 햇볕과 함께 자연 속에서 살기 위해 산과 섬에 나무로 지어진 서머 하우스에서 산다고 한다. 노르웨이에 비해 국토 면적 크기는 4분의 1 수준이지만 인구수는 10배나 많은 우리로서는 도무지 상상할 수조차 없을 정도로 여유로운 삶의 모습이었다.

세상에서 맥도널드 햄버거가 가장 비싼 나라인 노르웨이의 물가 수준은 듣던 대로 과히 살인적이었다. (그 전까지 여행하며 대한민국보다 물가가 비싸다고 느꼈던 나라는 호주와 프랑스 정도였다.[5] 오스트리아는 한국과 비슷했던 것 같다.)

도착 첫날 500㎖ 물 한 병과 초코 바 하나를 사러 마트에 들어갔다가 차마

---

5 도시별 물가 순위라는 공식 자료를 살펴보면 흔히 싱가포르, 런던, 도쿄가 1, 2위를 다툰다. 그래서 그 순위와는 다소 상이하다고 생각할 수도 있을 것이다. 이는 여행자 입장과 그 도시에서 사는 사람들의 입장 차이가 다르기 때문이다. 여행자들은 그 도시에서 집을 렌트할 필요도, 세금을 낼 필요도 없기 때문에 단순히 생필품과 교통비 정도의 가격만을 고려한 것이다.

사지 못하고 그냥 나왔다. 물 한 병과 초코 바 하나의 가격이 우리 돈으로 무려 만 원! '이런 날강도 같은 놈들을 봤나!'라는 생각도 잠시, 노르웨이의 일인당 평균 국민 소득이 우리의 세 배가량인 9만 불 정도임을 감안해 보니 그들이 느끼고 있는 물가 지수는 우리가 체감하는 것과 다를 거라는 생각이 들었다.

때마침 아르네와 점심 식사를 하러 간 아시안 레스토랑에서 아르바이트를 하고 있던 한국인 유학생을 만났다. 그 아르바이트생에게 High salary, High price 국가인 노르웨이의 아르바이트 시급은 얼마나 되는지 살짝 물었더니 시간당 135크로네(원화로 2만 원가량)라고 했다. 2년째 오슬로에 살고 계시다는 한국분을 만나서 대화를 나눠 보기도 했는데 이제는 적응이 다 되어서 물가가 그렇게 비싸게 느껴지지 않는다고 하셨다. 그래서 이번에는 반대로 현재까지 90여 개국을 여행했던 아르네에게 물었다. 다른 나라에 갔을 때 물가가 비싸다고 느꼈던 적이 있었느냐고. 그러자 뉴욕과 앙골라에서 느껴 봤다고 하는 것이었다.

'뉴욕이야 물가가 비싸기로 유명한 곳이라 쉽게 납득되지만 서아프리카에 있는 앙골라가?'

대부분의 아프리카 나라들은 여행 인프라가 제대로 갖추어져 있지 않아 특히 관광객을 상대로 한 숙박 비용과 투어 비용이 여타 다른 대륙에 비해서 유독 비싸다. 그건 나 역시도 체감하고 돌아온 터였다. 특히 앙골라의 수도 루안다에 머물 때에는 고급 호텔 외에 숙박 시설이 없어서 하룻밤에 최소 300불 이상의 비용을 지불해야 했었다고 아르네는 말했다.

노르웨이의 전통 음식은 무엇이냐고 물었다. 그랬더니 '순록 스테이크'와 '고래 고기'란다. 고래 고기는 예전에 부산에서 맛을 본 적이 있었지만 순록은 아니었다. '순록이면 산타 할아버지의 친구 루돌프 아닌가! 산타 할아버지와 함께 전 세계 어린이들에게 선물을 주기 위해 이리 뛰고 저리 뛰는 루돌프를 먹는다니!'라고 생각하면서도 기껏 노르웨이까지 왔는데 그냥 돌아가면 나중에 얼마나 후회할까 싶어 맛을 봤다.

세상의 모든 스테이크가 다 맛있지 않나? 그 맛을 어떻게 표현하면 이 글을 읽는 사람들이 맛있다고 느낄까? 진부하게나마 육질이 특히나 연하고 순록 특유의 알싸한 맛이 감돌면서 “아! 이 맛이 바로 순록이구나!” 싶었다고 하면 될까. 역시 너무 진부해서 그 맛을 글로 표현하는 건 포기하기로.

그동안 여행을 하며 만났던 외국인들에게 한국과 관련해 가장 많이 받았던 질문이 바로 북한에 대해서 어떻게 생각하냐는 것이었다. 지금은 익숙해진 이 질문이 처음에는 정말 의외였다. 생각보다 많은 외국인들이 남북한의 정세에 관심을 갖고 지켜보고 있다는 사실을 여행 전에는 미처 몰랐기 때문이다. 그러고 보면 북한을 남한의 국가 브랜드 네임 재고에 혁혁한 공을 세운 공로자라고 해야 하나? 대한민국이 오늘날과 같이 전 세계에 이름을 널리 떨칠 수 있었던 건 삼성과 현대, 엘지 같은 글로벌 기업의 역할 덕분만이 아니었다. 보이지 않는 곳에서 숨은 공신처럼 자기만의 역할을 묵묵히 수행해 왔던 북한 김 부자(父子) 3인방의 노고를 어찌 그냥 간과할 수 있으랴!

그런 북한의 공로를 반영해서 통일에 대해 어떤 견해를 가지고 있는지 외국인 친구들에게 이야기해 주면 의외로 많은 사람들이 흥미롭게 받아들였다. “이런 자리야말로 진정한 문화 교류의 장이 아니겠는가?”라고 말하는 친구도 (아주 가끔) 있을 정도로 관심을 보였다. 그래서 종종 나에게 해외여행을 가기 전에 특별히 무엇을 준비해야 되냐고 묻는 지인들에게 이 이야기와 함께 “미리 영어 답변을 준비해서 가면 도움이 될 거야.”라고 말해 주고…… 싶지만 아직까지 단 한 명도 이런 질문을 한 사람이 없어서 못 하고 있다가 오늘에서야 여기에 글로 쓴다.

말을 꺼낸 김에 하나 더 추가하겠다. 한국인의 하드 워킹(Hard working)이나 헤비 드링킹(Heavy drinking) 문화, 또는 정 때문에 쉽게 ‘No!’라고 대답하지 못하는 문화 등에 대해서도 이야기를 해 주면 별나라 사람들의 이야기를 다 듣는다는 듯 서양인들의 반응은 매우 흥미로워진다는 것이다.

#03 - 뱁새가 황새 쫓아가다 가랑이 찢어진다 vs 왕이 되려는 자, 왕관의 무게를 버텨라

노르웨이를 찾아온 외국인 친구에게 자기 나라에 대해서 하나라도 더 보여 주고 알려 주고 싶은 (과도한) 마음에 5일간 (정말 잠시도 쉬지 않고 엄청 지나치게) 열정적으로 가이드를 펼치는 186㎝ 롱 다리 친구의 뒤를 졸졸 따라 다니고 있다 보니 '뱁새가 황새 쫓아가다가 가랑이 찢어진다.'라는 속담이 떠올랐다.

도대체 왜 다리도 짧은 뱁새는 다리 긴 황새를 쫓아가려고 했던 걸까? 황새가 좋아서? 길을 몰라서? 황새에게 꿔 준 빚을 받으려고? 혹시 나처럼 황새 동네에 놀러 와서 친구의 열정적 가이드 앞에 차마 'No!'라는 대답을 할 수 없어 따라다니고 있었던 건 아니었을까?

그럼 이 속담은 과연 누가 만들어 낸 것일까? 뱁새 측에서 스스로의 노력과 신세를 위안 삼기 위해? 아니면 황새 측에서 가랑이가 찢어질 정도로 끈질기게 쫓아오는 뱁새를 중도 포기시키기 위해? 그래! 분명 겉보기에는 뱁새를 위한 말 같아 보이지만 그 내막에는 뱁새에게 패배 의식을 심어 주어 시도도 하기 전에 포기시키려는 황새의 중상모략이 있는 게 분명하다! 이렇게 노르웨이에서 뱁새 꼴이 되어 보니 잠시나마 그 입장이 되어 속담이 만들어진 배경까지 헤아려 보게 되었다고 할까나.

내가 좋아하는 사자성어 중 하나가 역지사지이다. 잘 알다시피 다른 사람의 처지에서 생각해 보라는 뜻이다. 내가 아르네의 입장에서 역지사지해 보니 그의 '열정적 가이드' 심정이 이해가 (아주 조금) 된다. 열성적으로 추천하고 있는 친구의 면전에 대고 "나는 노르웨이의 항해사 콘티키 박물관에 대해서 별 관심이 없어!"라거나 "나는 노르웨이에 와서 굳이 네덜란드 화가 빈센트 반 고흐의 작품전을 보러 갈 의사가 없어!"라고 말할 수는 없었다. 차마 내 마음이 내키지 않더라도 "그래, 정말 기대된다. 함께 가자. 입장료는 내가 낼게!"라고 말할 수밖에.

역지사지는 사람과의 관계를 개선시키는 데 있어서 정말 큰 힘을 지닌 사자성어이다. 그런데 가끔은 역지사지의 역지사지를 주장하고 싶을 때가 있다. 내가 너의 입장이 되었다고 생각하는 것이 아니라, 네가 나의 입장이 되었다고 생각해 보라는 의미로 말이다. '역지사지의 역지사지'를 특히 이번 노르웨이의 여행에서는 강력하게 주장하고 싶었다.

몸은 그의 롱 다리를 쫓아가느라 지치고, 마음은 예상보다 심각하게 오버되는(친구 만나러 왔다가 피 봤다.) 노르웨이의 여행 경비에 치였다. 그러다 보니 마치 황새를 쫓아가다가 가랑이가 찢어질 것 같은 뱁새 꼴이 되었다. 하지만 중요한 건 아직까지 살면서 단 한 번도 정말 가랑이가 찢어졌다는 뱁새 이야기는 듣지도 보지도 못했다는 것이다. 비록 황새를 쫓아가다가 가랑이가 찢어질 뻔한 고통은 있었지만 미리 겁먹고 노르웨이에 올 시도조차 하지 않았더라면 이 경험들은 얻을 수 없었을 것이다. 비록 심신은 만신창이가 되었지만 영혼에나마 위로가 되어줄 말을 되새겨 본다.

"왕이 되려는 자, 왕관의 무게를 버텨라!"

EUROPE

25
유럽
with 제1차 세계 대전

중대장으로 임무를 수행하기 위해 군사 보수 교육을 받던 시절이었다. 전술학 시간에 교관님께서 김영삼 전 대통령과 박정희 전 대통령의 차이점이 무엇인 줄 아느냐고 물으셨다. 그리고 말해 주셨다. 두 전 대통령 모두 오랜 기간 대통령을 꿈꿔 왔지만 왜 대통령을 꿈꿔 왔는지에 대한 생각은 달랐다고 말이다. 한 분은 대통령이 되는 것 자체가 꿈이었던 반면, 다른 한 분은 대통령이 되고 나면 하고 싶은 일이 있어서였다는 것이다.

당시의 이 이야기는 하나의 깨달음처럼 다가왔었다. '단순히' 군 생활을 계속할 것인지 말 것인지를 고민하던 내게, 군 생활을 계속하게 된다면 '왜 더 할 것인지'에 대한 질문을 던질 수 있도록 했다.

막상 장교를 지원하기는 했지만 입대 전까지 군대의 계급 체계는 어떻게 이루어져 있는지, 사병과 부사관과 장교라는 신분이 어떻게 다른 것인지, 군에서 장교는 어떤 일을 하는 사람인지 등 군대에 대해서 아는 게 하나도 없었다. 군대에서 자주 쓰는 "개념이 없다." 또는 "무개념이다."라는 말이 정확하게 나의 상태를 뜻했다.

하지만 지금은 안다. 대한민국의 대다수가 (설령 군대를 2년 동안이나 다녀왔다고 하는 예비역 병장들이라 할지라도) 군에 대해서 아는 것보다 모르는 것이 더 많다는 사실을. 2년간 군 복무를 마친 예비역 병장조차 군에 관한 이야기를 할 때면 부대에서 축구했던 것, 악질 선임이 괴롭혔던 것 등 일상의 소소한 화제거리 수준을 벗어나지 못하는 것이 태반이다. 간혹 그들의 이야기를 듣고 있을 때면 이런 생각이 들었다. 역시 군에 대해서 잘 모르기 때문에 이런 이야기밖에 할 수 없는 거라고.

만약 그들이 한반도 초기 전쟁 양상에 따른 대응 전략이나 한미 연합 전시 동원을 위한 후방 병참선 증원 전략에 대해서, 또는 데프콘 개시 전 북한군의 주 타격 방향과 보조 타격 방향을 예측하여 적 전술에 근거한 아군의 방어 작전 계획에 대해서 이야기할 수 있다면? 아니면 좀 더 쉽게 중대급 전술에서 돌격과 돌파, 지원 소대의 개념을 구분 짓고 METT-TC 요소를 고려하여 아군의 공격 작전 명령을 구두로 하달할 수 있다면? 이런 전략과 전술, 작전 부분에 관해서 만약 예비역 병장들이 썰을 풀 수 있다면? 최소한 부대에서 축구하며 최전방 원톱으로 뛰었던 말년 병장 시절 이야기가 군대 이야기의 전부인양 대변하고 있지는 않았을 것이다.

물론 전략과 전술, 작전 관련 부분들을 연구하고, 계획하고, 교육하고, 훈련시키기 위해 군대에서 장교라는 신분이 존재하는 거지만, 또 사병들이 이런 군사 보안과 관련된 부분에 대해서 안다고 가정하는 것 자체가 앞뒤가 맞지 않는 말이라는 것도 잘 알고 있지만, 그래도 가끔은 답답하게 느껴질 때가 있다. 마치 성실하게, 열심히 자기 일을 수행하고 있는 동료가 주변 사람들에게 저평가되어 푸대접을 받고 있는 걸 옆에서 지켜보는 느낌이랄까.

작전 보안상 외부에 노출할 수는 없지만 군 내부에서는 삼국지나 손자병법 못지않게 치열한 전략과 전술들이 논해지고 모두가 불철주야 구슬땀을 흘린다. 24시간 국가 방위를 위해 전력을 다하고 있는 군대의 진짜 멋진 모습들은 모두 다 배제된 채 사병들이 자대에서 생활했던 소소한 일상의 화제거리들이 부풀려지고, 과장되고, 왜곡되어 대한민국 군대의 전부인 것처럼 비치고 있는 현실이 때로는 안타깝게 느껴진다.

"대통령이 되면 하고 싶은 일이 있었다."는 말처럼 군 복무를 더 하게 된다면 '왜 더 할 것인지'에 대한 답은 여기에서 찾을 수 있었다. 당시의 생각은 이랬다.

'한 30년쯤 군 생활을 하고 전역을 하는 거야. 그리고 군에 관한 책을 한 권 쓰는 거지. 그리고 강연을 하러 다니는 거야. 입대 전 나처럼 군에 대해서 잘 모르는 사람들에게 국가 존망에 있어 군이 가지고 있는 의미는 무엇인지, 군은 전시에 어떠한 임무를 수행하는 곳인지, 그 임무 완수를 위해서 평시에 어떠한 준비들을 하고 있는 곳인지, 무력을 다루는 군 조직의 특성상 사회 조직과는 어떠한 점이 다를 수밖에 없는 건지를 알려 주는 거지. 그렇게 군과 사회의 간극을 좁히는 데 일조하기 위해서라도 군 생활을 더 해야겠다.'

지금은 그 생각이 번복되어 세계 일주를 하고 있는 거냐고 생각할지도 모르겠지만 꼭 그런 것만은 아니라고 말해 주고 싶다. 겉으로 보기에 전혀 다른 길을 가고 있는 것 같아도 내가 그리고 있는 인생 최종 상태(End state)의 본질은 똑같기 때문이다. 내 입장에서는 그저 담아내고 싶은 콘텐츠가 달라졌을 뿐이다. 그러다 보니 생각의 한 귀퉁이에는 '어떻게 하면 주변 사람들에게 대한민국의 군에 대해 올바른 시각과 관점을 전해 줄 수 있을까?' 하는 고민이 항상 있었다.

이런 생각들 때문이었을 것이다. 유럽 여행을 시작하기 전, 유럽에서는 어떠한 주제들로 일상의 이야기를 풀어 볼까 고민하다가 "유럽 여행과 엮어 제1, 2차 세계 대전을 다뤄 보자!"라고 결심했던 이유가. 그래도 나름 장교 출신인데 전쟁사에 관해서 한 번쯤은 논해 봐야 하는 게 아닌가 싶은 묵시적 책임감 같은 것도 조금은 있었던 것 같다. 또 한편으로는 (여자) 사람들이 봤을 때 '아! 장교 출신은 사병 출신과 이런 점이 다르구나!'라고 생각하지 않을까란 부푼 기대도 있었다. (이렇게 끝맺으면 좀 그러니까…….)

전쟁사가 곧 세계사이고, 세계사가 곧 우리가 살아온 이야기이다. 그 이야기들을 되짚어 살피다 보면 역사를 공부하는 이유처럼 과거를 통해 미래를 준비하고 현재를 살아갈 수 있는 지혜를 구할 수 있지 않을까. (……라고 포장을 한다.)

#01 - 전쟁 이전

제1차 세계 대전이 왜 일어나게 되었는지를 이해하기 위해서는 다음 두 가지 배경에 대해서 이야기할 필요가 있다.

하나는 '유럽의 팽창'이고 또 하나는 '발칸 분쟁'이다.

유럽의 팽창

14세기 말부터 시작된 (고대 그리스·로마 문예 사조로 다시 돌아가자는) 르네상스 운동 이후 신 중심의 세계관에서 탈피하게 된 인류는 이전 시대와는 비교할 수 없을 만큼 진보하게 되었다. 발전된 과학 기술은 15세기 중엽 '대항해 시대'를 가능하게 만들었고 콜럼버스로 하여금 신대륙을 발견하도록 이끌어냈다. 그렇게 신대륙과 교역을 하며 유럽의 경제는 폭발적으로 성장했다.

성장의 역사는 인류 제2의 물결, 산업 혁명으로 이어졌다. 그러나 산업 혁명은 과잉 생산을 가져왔고 기업들은 상품을 내다 팔 수 있는 새로운 시장 개척이 절실해졌다. 그리고 당대의 이런 시대적 요구는 제국주의 노선을 탄생시켰다.

유럽 열강들은 더 많은 식민지를 차지하기 위해 경쟁했다. 식민지 확대 경쟁이 정점에 다다르자 이웃 나라의 식민지도 넘보기 시작했다. 그렇게 전운이 싹트기 시작해 제1차 세계 대전으로 이어졌다는 것이 중세 이후 근 500년간 이어진 유럽의 근대사다.

당시 유럽 열강의 팽창은 아시아에도 영향을 끼쳤다. 이양선을 타고 연안으로 찾아와 통상 조약을 요구하는 열강의 강요에 일본은 여타 아시아 국가들보다 먼저 메이지 유신을 선포하고 서구 문물을 받아들였다. 변화를 받아들인 일본은 정치적으로는 입헌 정치가, 경제적으로는 자본주의가, 사회·문화적으로는 근대화가 추진되었다.

개혁에 성공한 일본은 1894년 청·일 전쟁을, 1904년 러·일 전쟁을 일으키며 대륙 진출의 야욕을 드러내기 시작했다. 그리고 1910년 한일 합방을 이뤄내며 일본은 대륙 침략의 교두보를 마련하게 되었다.

한편 러·일 전쟁에서 패배한 러시아 국민들은 충격에 휩싸이며 정권을 교체하기 위한 제1차 러시아 혁명(1905년)을 일으켰다. 이에 러시아 황제 차르는 혁명의 기운을 잠재우고 국내의 관심을 외부로 돌리고자 제1차 세계 대전 참전을 결정했다.

발칸 분쟁

지중해 서쪽 끝에는 스페인과 포르투갈이 있는 이베리아 반도가, 중앙에는 이탈리아 반도가, 동쪽 끝에는 그리스, 알바니아, 마케도니아, 불가리아, 루마니아, 세르비아, 크로아티아, 보스니아헤르체고비나, 슬로베니아, 몬테네그로, 코소보, 터키 영토의 일부까지 10여 개 국가가 모여 있는 발칸 반도가 위치해 있다. 이베리아 반도, 이탈리아 반도, 발칸 반도, 이 세 반도를 유럽의 3대 반도라고 칭한다.

한반도를 통해 잘 알고 있다시피 반도는 삼면이 바다로 둘러싸여 있고 한 면이 육지와 맞닿아 있는 땅이다. 반도가 지닌 가장 큰 장점은 해양과 대륙, 양방향으로 진출이 용이하다는 것인데 반도의 이러한 장점은 단점이 되기도 한다. 반도에 위치한 대부분의 국가들은 주변국들로부터 침략의 성쇠 속에서 부침해 왔다는 공통점을 안고 있다.

발칸 반도 역시 마찬가지였다. 일찍이 해상 무역을 장악했던 이베리아 반도의 두 강대국 스페인, 포르투갈에 비해서, 또 세상에서 가장 강력한 제국을 건설했던 로마의 후예들이 살고 있는 이탈리아에 비해서 여러 민족이 혼재되어 군웅할거 하고 있던 발칸 반도는 주변국들이 보기에 상대적으로 약해 보였다. 또 유럽과 아시아를 잇는 관문에 위치해 있다는 지정학적인 이점 또한 매력적이었다. 그 때문에 발칸 반도의 주인은 고대에서부터 알렉산드로스 제국, 로마 제국, 비잔틴 제국, 오스만 제국으로 이어지며 침략과 지배의 역사 속에서 부침해 왔다.

오랜 기간 혼돈의 역사를 부침해 온 발칸 반도에는 세르비아인, 크로아티아인, 슬로베니아인과 같은 슬라브족, 375년 아시아에서 침입해 온 훈족의 압박으로 대이동을 실시했던 게르만족, 그리스인, 루마니아인, 알바니아인, 터키인 등 다양한 소수 민족들이 혼재된 채 살고 있다. 다양한 민족뿐만이 아니었다. 그리스 정교회로부터 파생된 각국의 정교회들, 가톨릭과 개신교, 오스만 제국에서 전례된 이슬람교까지 다양한 종교 또한 분포되어 있는 곳이 발칸 반도였다.

이렇게 다양한 민족과 종교가 혼재되어 있었으니 애초부터 갈등과 분쟁의 역사가 쓰여질 수밖에 없었다고 보는 게 정확할지도 모르겠다. 이런 발칸 반도 내에서의 분쟁은 현대까지도 이어졌고, 때문에 '유럽의 화약고'라는 별칭까지 생겼다.

18세기 말 발칸 반도를 지배하고 있던 오스만 제국이 쇠퇴하기 시작하면서 주변 열강들이 발칸 반도의 새로운 주인으로 등극하기 위해 움직이기 시작했다. 이 시기 발칸 반도 진출에 야욕을 드러냈던 대표적인 열강이 오스트리아-헝가리 제국과 러시아였다. 내륙국으로 바다가 절실했던 오스트리아-헝가리 제국은 발칸 반도 내 게르만족을 선동하는 범게르만주의를 주창하며 진출을 꾀하고 있던 반면, 러시아는 발칸 반도 내 다수의 슬라브족을 선동하며 동족 의식을 고취시키는 범슬라브주의를 주창해 오스트리아-헝가리 제국을 견제하고 있었다.

제1차 세계 대전이 발발하기 이듬해 전부터 발칸 반도에서는 두 차례의 군사 충돌이 있었다. 첫 번째 충돌은 세르비아를 중심으로 체결되었던 발칸 동맹국들과 오스만 제국 사이에서 벌어졌던 제1차 발칸 전쟁이었다. 이 전쟁에서 패배한 오스만 제국은 유럽에서 보유했던 대부분의 영토를 상실하게 되었다. 제1차 발칸 전쟁에서 승전한 발칸 동맹국들 사이에서는 오스만 제국으로부터 되찾은 영토 분할을 놓고 다시 분쟁이 벌어졌다. 이는 세르비아, 그리스, 루마니아가 한 편이 되어 불가리아를 굴복시키는 제2차 발칸 전쟁으로 이어졌다. 제1, 2차 발칸 전쟁에서 패전한 오스만 제국과 불가리아는 제1차 세계 대전이 발발하자 발칸 동맹국들과 상대 진영인 삼국 동맹 측에 가담하여 전쟁에 참전했다.

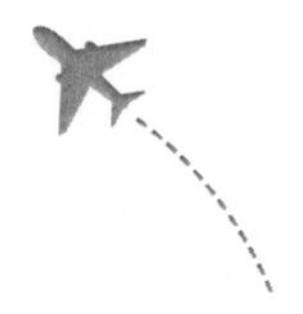

#02 - 전쟁 발발

이렇게 발칸 반도를 둘러싼 혼돈의 정세 속에서 1914년 6월 28일 오스트리아-헝가리 제국의 황태자 프란츠 페르디난트 대공이 보스니아 병합 전 사라예보로 시찰을 나가게 되었다. 이에 범슬라브주의를 따르던 세르비아 출신의 민족주의자 가브릴로 프린치프라는 청년이 페르디난트 대공을 저격, 암살하는 사건이 발생했다. 이 사건이 바로 제1차 세계 대전을 촉발시킨 사라예보 사건이다.

사라예보 사건이 터지자 오스트리아-헝가리 제국은 범게르만주의를 주창하며 독일을 배후에 두고 세르비아에 선전 포고를 했다. 이에 범슬라브주의의 큰 형님 격인 러시아는 세르비아 편에 서서 대 독일 선전 포고로 맞불을 놓았다.

영국과 프랑스가 제국주의 정책을 펴며 식민지를 개척하고 있을 당시 독일은 자국 내 통일 전쟁을 치르고 있었다. 통일 후 뒤늦게 식민지 개척에 뛰어든 독일은 빈번히 영국과 프랑스와 마찰을 빚었다. 이에 독일은 유럽 대륙 내에서 프랑스를 고립시키기 위해 이탈리아, 오스트리아와 삼국 동맹을 체결하고 프랑스와 영국을 견제했다. 독일이 발칸 반도를 차지하기 위해 러시아에 선전 포고를 전하자 영국과 프랑스는 독일의 팽창을 견제하기 위해 러시아와 손을 잡고 삼국 협상을 맺었다.

사라예보 사건 직후 전선은 독일, 오스트리아-헝가리, 이탈리아의 삼국 동맹국 대 러시아, 영국, 프랑스의 삼국 협상국으로 양분화되었다. 이후 동맹국과 협상국을 둘러싼 주변의 이권 국가들이 참전하게 되면서 전선은 발칸 반도를 넘어 유럽 전역으로 확대되었다.

#03 - 전쟁 경과(1914. 06. 28 ~ 1918. 11. 11)

기관총과 참호와 탱크의 등장, 그리고 전쟁의 장기화

제1차 세계 대전에서 빼놓을 수 없는 키워드가 '기관총'과 '참호'다.

"인류 역사상 사람을 가장 많이 살육한 무기는 기관총이다."라는 말이 있을 정도로 기관총은 제국주의 시절 식민지 개척 최선봉에 섰던 최첨단 무기였다. 영국의 윈스턴 처칠이 청년 장교 시절 아프리카 식민지 개척 전투에 참여하여 영국의 일개 보병 부대가 수천 명의 아프리카인들을 기관총 단 몇 대만으로 제압하는 모습을 보면서 "기관총은 야만인에 대한 문명의 위대한 승리다."라고 찬양했다는 일화가 남아 있다. 이는 당시 유럽인들이 어떠한 생각을 가지고 있었는지를 엿볼 수 있는 대목이다.

'참호'는 기관총이라는 신무기에 대응하기 위해 제1차 세계 대전에서 처음으로 등장했던 전투 행동이다. 참호란 '야전에서 몸을 숨기고 적과 싸우기 위해 방어선을 따라 판 구덩이'를 말한다. 혹자는 제1차 세계 대전에서 처음으로 등장한 참호를 놓고 인류 역사를 바꾸어 놓은 중대한 사건 중 하나라고 말하기도 한다. 그 이유는 참호의 등장으로 전투 양상이 이전과는 180도 달라졌기 때문이다.

이전의 전투 양상이 대부분 전방에서 공격 부대가 얼마나 전투를 잘하느냐에 따라 승패가 결정되던 단기전이었던 반면, 참호의 등장 이후 전투 양상은 현재 남북한이 전선을 가르고 대치하고 있는 것처럼 장기전으로 전환되었다. 전방 부대의 공격보다는 후방 부대가 전방으로 얼마나 보급을 잘해 주느냐에 따라서 승패가 결정되는 진지전 양상으로 바뀐 것이다. 참호의 등장 이후 전선은 진지를 따라 고착되었고, 승부는 갈리지 않는 채 지루한 대치전만이 계속되었다.

프랑스 솜강을 따라서 영국, 프랑스 연합군과 독일군이 대치하고 있었다.

영국군은 독일 참호를 향해서 일주일간 쉬지 않고 포탄을 쏟아 부었다. 이 정도 포격이면 아무리 참호 안에 숨어 있던 독일군이라도 모두 다 섬멸되었을 거라고 판단했던 영국의 보병 부대는 독일군 참호를 향해 일제히 돌격전을 개시했다. 이날 독일군의 기관총 사격에 영국군에는 2만여 명의 전사자와 4만여 명의 부상자가 생겼다. 그리고 역사상 최악의 전사상자를 낳은 전투라는 기록을 남겼다.

제1차 세계 대전에서 적의 기관총 참호를 무너뜨리기 위해 개발된 신무기가 바로 탱크였다. 영국군이 먼저 탱크 개발에 성공하며 전세는 곧 연합국 측으로 기울어지는 듯 했다. 그러나 영국의 탱크 한 대가 독일군의 참호 속으로 빠지는 사건이 발생했다. 이를 계기로 독일 역시 탱크 개발에 성공하며 전세는 다시 승패를 가릴 수 없는 공방전으로 돌입되었다.

한편 전쟁이 장기화되면 될수록 전쟁 물자를 동원해야 하는 후방의 민생은 갈수록 피폐해졌고 반전의 목소리는 높아져만 갔다.

러시아의 볼셰비키 혁명과 독일의 무제한 잠수함 작전

전쟁 발발 3년째 되던 1917년, 승패의 대세를 결정짓는 두 가지 중대한 사건이 발생했다. 하나는 러시아에서 일어난 볼셰비키 혁명이었고, 다른 하나는 독일의 잠수함이 미국인들이 타고 있던 민간 상선을 격침하는 사건이었다. 이 두 사건으로 인해 러시아는 제1차 세계 대전에서 퇴장을, 미국은 제1차 세계 대전으로 입장을 하게 되었다. 그리고 전세는 연합국 측으로 기울어기 시작했다.

1917년 3월, 러시아의 상트페테르부르크에서 전쟁 물자를 동원하느라 생활이 피폐해진 농민들에 의해 폭동이 발생했다. 농민들뿐만 아니라 제대로 된 총 한 자루 없이 전쟁터로 내몰렸던 러시아 군인들도 황제의 출병 명령을 거부하며 반란을 일으켰다. 이때 독일은 스위스 취리히에서 망명 중이던 레닌이 비밀리에 러시아로 귀국할 수 있도록 도움을 주었고, 그로부터 6개월 뒤 레닌에 의해 볼셰비키 혁명이 완성되었다.

사회주의 혁명 정부 수립에 성공한 레닌은 세 가지 혁신안을 발표했다. 첫째는 세계 최초로 여성에게도 보통 선거권을 부여한다는 것이었다. 둘째는 노동자에게 하루 8시간의 노동 시간을 보장한다는 것이었다. 마지막 셋째는 러시아의 제국주의적 식민지를 모두 독립시킨다는 것이었다. 이후 레닌은 1918년 3월에 독일과 강화 조약을 체결하며 폴란드, 우크라이나, 핀란드와 함께 발트해 3국인 에스토니아, 라트비아, 리투아니아를 모두 독립시켜 주었다.

독일은 영국에서 유럽 대륙으로 전달되는 보급선을 차단할 목적으로 "연합국으로 향하는 배는 중립국의 배라도 무조건 침몰시킨다."라며 '무제한 잠수함 작전'을 선포했다. 이에 1917년 2월, 영국의 여객선이 아일랜드 근해에서 독일 잠수함에 의해 침몰되는 사건이 발생했다. 그로 인해 미국인 탑승객 100여 명을 포함해 민간인 1,200여 명이 목숨을 잃게 되었다. 그리고 이 사건은 끝까지 중립을 고수하던 미국을 제1차 세계 대전에 참전하게 만들었다.

러시아의 퇴장과 함께 동부 전선으로부터 해방된 독일군은 모든 병력을 서부 전선으로 총집결시켰다. 그러나 장기전으로 인해 지칠 대로 지쳐 버린 독일군은 이제 막 전선에 새롭게 투입된 미국의 풍부한 병력과 군수 물자를 감당해 낼 재간이 없었다. 독일 황제 빌헬름 2세는 마지막 결사 항전을 명령하며 최종 총공격을 지시했지만 더 이상 싸울 의지를 잃어버린 독일의 군대는 총부리를 빌헬름 2세에게로 돌렸다.

이로써 러시아에 이어 독일에서도 왕정 체제가 무너지고 공화정 체제가 수립되었다. 1918년 11월, 새롭게 건국된 독일 바이마르 공화국은 11월 11일 연합국이 제시한 휴전 조약에 승인했고 4년 반이나 이어졌던 제1차 세계 대전은 드디어 막을 내리게 되었다.

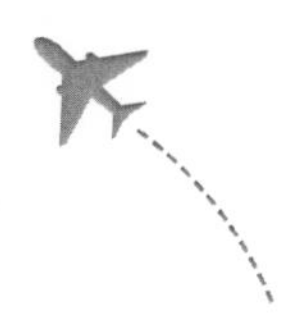

#04 - 전쟁 이후

제1차 세계 대전은 사실상 발칸 반도를 차지하기 위한 독일과 러시아의 싸움에서 발단되었다고 해도 틀린 말이 아닐 것이다. 재미있는 사실은 전쟁을 계기로 독일과 러시아 모두 혁명이 일어나 왕정에서 공화정으로 국가 체제가 바뀌었다는 것이다. 독일에서는 오늘날 세계 최초로 복지 국가라 평가받고 있는 바이마르 공화국이, 러시아에서는 볼셰비키 혁명에 의해 세계 최초로 사회주의 공화국이 수립되었다.

그리고 그보다 더 재미있는 사실이 있다. 바로 역사상 최초 복지 국가와 사회주의 국가라는 상반된 두 국가 체제의 탄생이 '마르크스'라는 한 명의 동일한 사상가의 영향력 아래에서 탄생했다는 것이다.

평생 '비욘드(beyond) 마르크스'를 외쳤던 막스 베버는 마르크스의 사상이 현실에서 실현 불가능하다며 독일 내에 사회주의 국가가 아닌 복지 국가가 수립될 수 있도록 지대한 영향력을 행사했다. 그 반면에 레닌은 마르크스의 후계자라고 불릴 만큼 독일의 마르크스가 쓴 『자본론』을 추대하며 러시아를 세계 최초의 사회주의 국가로 만드는 데 성공했다.

종전 후 미 대통령 윌슨이 주창한 민족자결주의는 우리가 살고 있는 한반도에까지 영향을 끼치며 1919년 3·1운동이 일어나도록 사상적으로 고무시켰다. 뿐만 아니라 독일과 오스트리아-헝가리 제국, 러시아의 지배를 받던 민족들에게는 독립의 기쁨을 맛보게도 해 주었다.

발칸 반도 내에서는 세르비아를 중심으로 크로아티아, 보스니아, 불가리아의 일부가 편입된 '유고슬라비아'라는 새로운 나라가 세워지게 되었고, 오스트리아-헝가리 제국이 분리되면서 헝가리와 체코슬로바키아라는 신생 국가가 탄생하기도 했다. 한편 오스만 제국은 소아시아를 제외한 대부분의 영토를 잃은 채 터키라는 이름으로 국명을 바꾸게 되었다.

제1차 세계 대전을 통해서 가장 큰 혜택을 입은 나라는 단연 미국이었다. 유럽 전역은 전쟁의 소용돌이 속에서 폐허가 된 반면에 미국 본토는 아무런 피해를 입지 않았을 뿐더러 전쟁 초부터 중립을 선언했던 탓에 연합국과 동맹국 모두에게 군수 물자를 판매하며 막대한 부를 축적할 수 있었기 때문이다. 게다가 제1차 세계 대전을 통해서 늘어난 미국의 국고는 전후 유럽의 재건 사업에 재투자되며 다시 한 번 미국의 부를 증대시켜 주었다. 또 미국의 참전과 함께 전세가 연합국 측으로 기울며 전쟁을 종결지을 수 있었던 만큼 국제 사회에서 미국의 위상은 크게 격상되었다. 이렇게 제1차 세계 대전 이후 미국은 슈퍼스타로 떠올랐고, 영국을 제치며 새로운 1인자로 등극했다.

전후 문제를 처리하기 위한 파리 강화 회의에서 독일은 천문학적인 전쟁 배상금을 보상해야만 하는 베르사유 조약에 승인했다. 이에 독일이 전쟁 배상금을 갚기 위해 막대한 양의 마르크화를 찍어내면서 공급이 확대된 마르크화의 가치는 급락했고 독일 내 물가는 천정부지로 치솟기 시작했다. 장작 대신 마르크화로 불을 지피고 빵 한 조각을 사기 위해 리어카에 돈을 실어 나르는 진풍경이 연출되는 등 독일은 역사상 최초로 하이퍼인플레이션 상태에 빠지게 되었다. 또한 대규모 실업 사태가 발생하며 독일 경제는 파국으로 치달았다. 이러한 혼란 속에서 "베르사유 조약은 무효다."라며 국민들을 선동하는 국가 사회주의 독일 노동자당(나치스)의 대표 히틀러의 인기는 나날이 상승하고 있었다.

7월에 들어서니 유럽 전역에 한국인 여행객들이 유독 눈에 띄기 시작했다. '동유럽 7개국 투어' 또는 '서유럽 5개국 투어'라는 반가운 한글 문구가 걸린 대형 버스를 타고 오신 어르신 그룹들부터 이제 막 결혼식을 마치고 신혼여행 온 듯 다정한 커플들까지. 그중에서도 단연 가장 많이 포착되는 여행자는 방학을 맞아 배낭여행을 떠나 온 대학생들이었다.

오랜만에 한국인들을 보니 그간 잊고 지냈던 나이에 관한 생각들이 떠올랐다. 대형 버스를 타고 관광 투어에 오신 어르신들을 뵐 때면 머리를 조아려 공손한 인사를 드리면서도 속으로는 (죄송한 말씀이지만) '그래, 한 살이라도 젊었을 때 오길 잘했어.' 하며 아직 젊다는 걸 찬양했다. 반면 동년배쯤 되어 보이는 신혼 부부들을 볼 때면 그저 "부럽다!"라는 외마디와 함께 '나도 늦긴 늦었어. 나는 언제 신혼여행을 가려나?' 하고 현실을 직시하게 되었다. 그리고 풋풋한 대학생들을 볼 때면 '그때가 좋았지. 그런데 그때는 왜 인생을 과감히 살아 보려 하지 못했을까?'라며 지난날에 대한 후회와 아쉬움을 느꼈다.

가만 생각해 보니 나이라는 게 그렇다. "늦었다고 생각했을 때가 가장 빠를 때다."라는 말처럼 언제나 지금이 가장 늦은 듯 보이지만 돌이켜보면 언제나 그때가 가장 빨랐었다. 그래서 해야 할지 말아야 할지 갈팡질팡할 때면 십 년 후로 먼저 가 현재의 내 나이를 한번 내다봐야겠다는 생각이 들었다. 일상에서 쉽게 내뱉어지는 '십 년만 젊었어도'가 아닌 '십 년이 늙었다면'을 적용해 보는 것이다. 그렇게 했더니 현재의 시간이 여유로워지고 젊게 느껴졌다. 삼십 대는 인생 전체에 있어서 아주 중요한 시기처럼 보일지 모른다. 그런데 사십 대가 되었다고 가정하고 삼십 대를 보면 아직 무엇을 해도 좋을 만큼 젊음으로 가득 찬 나이라는 여유가 찾아든다.

다양한 여행 그룹들 중 요즘 특히 눈에 많이 띄고 이해하기 어려운 조합이 있었다. 바로 '엄마와 딸'이었다. 왜 그렇게 많은 한국의 엄마와 딸은 단둘이 유럽 여행을 오는 걸까? 왜 한국의 다 큰 딸들은 그 나이까지도 엄마와 여행을 하는 걸까? 효녀라서? 친구가 없어서? 자립심이 부족해서? 혼자 여행할 용기가 없어서? 엄마가 친구 같아서? 도대체 엄마와 딸의 심리는 어떤 걸까? 이런저런 질문들을 던져 보지만 쉽사리 그 마음이 헤아려지지 않았다.

답을 구해 보려 이런저런 궁리를 하던 중 문득 이런 생각까지 들었다. 엄마와 딸에 대해서 어떠한 관점을 가지고 바라봐야 하는지 쉽게 해석하지 못하고 있는 건 '아빠와 딸'의 관계를 다룬 심청전이나 '엄마와 아들'의 관계를 다룬 한석봉 이야기처럼 '엄마와 딸'을 다룬 고전이 없어서 더 생소하기 때문이 아닐까.

엄마와 함께 여행을 다니는 대한민국 딸들의 심리에 대해 이해해 보려고 하다 보니 불현듯, 내가 직접 경험해 볼 수 없는 심리 관계에 대해서 이해하려는 건 어쩌면 군대를 경험해 보지 못한 여자들이 군대에 대해서 이해하려고 노력하는 것과 같은 이치가 아닐까라는 생각이 스쳤다. 또 제1차 세계 대전을 겪지 않았던 내가 그 이야기들을 되짚어 보며 무언가 얻어 내려고 노력하고 있는 것도 다 같은 이치가 아니겠는가 싶은 생각까지 들었다.

직접 겪어 보지 못한 것들, 눈에 보이지 않는 것들을 통해서 무언가 얻어 내려는 활동이라. 이러한 활동이야말로 과거를 벗 삼아 새롭게 내일을 바라볼 수 있는 통찰력을 기르기 위해 오늘날 우리가 채워 가야 할 부분이 아닐까? 생각을 갈무리하고 나니 이 글을 쓰기 위해 고민하고 고심하며 유럽 거리를 배회했던 시간들이 위안처럼 느껴진다.

26

유럽

with 제2차 세계 대전

새벽 4시, 유럽의 마지막 여행지인 러시아 모스크바에 도착. 헝가리의 부다페스트에서 밤 11시에 출발한 비행기였다. 비행기 표를 예약하면서 최소 4시간은 자고 일어날 수 있겠다고 예상했었다. 막상 2시간의 시차를 빼고 나니 잘 수 있는 시간은 겨우 2시간이었다. 비몽사몽 속에 짐을 챙기며 출국 수속을 마치면 어디에 앉아 잠부터 좀 더 자야겠다는 마음뿐이었다.

항공기 출입문 앞에 서니 새벽의 차가운 바람이 쌩하게 불어오며 살갗을 파고들었다. 순간 졸려 죽겠다는 생각은 온데간데없이 사라지고 "아우, 추워!" 소리만 입에서 연신 흘러나왔다.

"헝가리랑 러시아랑 얼마나 떨어져 있다고! 부다페스트는 한여름 찜통 더위였는데 모스크바는 왜 이렇게 추운 거야! 아무리 러시아가 겨울 나라라고 하지만 오늘이 7월 22일 한여름인데……."

출국 수속을 마치고 공항 라운지 벤치에 앉아 일단 가방 안에 있던 점퍼와 긴바지를 꺼내 입었다. 옷을 입고 벤치에 누웠지만 추위가 가시지 않는 탓에 잠이 오질 않았다. 러시아에 도착하자마자 이게 무슨 꼴인지.

겨울이 오기 전에 전쟁을 끝내겠다던 마음으로 러시아에 왔다가 혹독한 겨울 추위에 무릎을 꿇었던 역사 속 두 인물이 떠올랐다. 바로 1812년의 나폴레옹과 1945년의 히틀러였다. 나폴레옹과 히틀러 수하의 원정 부대들도 러시아의 겨울 추위를 예상치 못하고 지금의 나처럼 덜덜 떨면서 날이 밝기만을 기다리고 있었을 거라는 생각이 지난 군 생활 속에서 혹한기에 고생했던 추억들과 얽히고설켰다. 그리고 그 생각과 지난 기억이 이심전심, 동병상련, 혼연일체, 물아일체가 되던 순간 잠이 들었다.

쪽잠을 자고 일어나 기차를 탔다. 모스크바 시내로 빠져나와 지하철을 갈아타고 호스텔에 도착하니 리셉션에 동양인 남자 한 명이 앉아 있었다. 그는 내 여권을 보더니 입가에 엷은 미소를 지었다. 이름은 알렉산드로, 한국말은 못하지만 자기도 한국인이라고 했다.

언제 러시아에 왔느냐고 물었더니 할아버지께서 처음 러시아에 왔다고 한다. 자기도 카레이스키 음식을 좋아해서 카레이스키 식당에 자주 가고, 자기 여자 친구는 러시아인이지만 카레이스키어를 공부하고 있다며 시간 되면 카레이스키어로 대화를 나누어 줄 수 있겠냐고 부탁도 하는 게 아닌가. Sure! It's my pleasure!

체크인을 마치고 와이파이를 연결하여 '카레이스키'를 검색해 보았다.

> 카레이스키는 러시아어로 고려인을 뜻한다. 고려인이란 러시아를 비롯한 우크라이나, 카자흐스탄, 우즈베키스탄 등 과거 독립 국가 연합에 살고 있는 한국인 교포를 통틀어 일컫는 말이다. 한국인들이 러시아로 이주하기 시작한 것은 1863년(철종 14년)으로, 농민 13세대가 한겨울 밤에 얼어붙은 두만강을 건너 우수리강 유역에 정착하면서 시작되었다. 이후 점차 늘어나 1869년에는 4,500여 명에 달하는 한인이 이주하였다. 이후로도 이민은 계속되었고 일제 강점기에는 항일 독립 운동가들의 망명 이민도 있었다. 그러나 스탈린의 대숙청 당시 연해 지방의 한인들은 유대인, 체첸인 등 소수 민족들과 함께 가혹한 분리, 차별 정책에 휘말려 1937년 중앙아시아로 강제 이주되었다.

다큐멘터리 프로그램에서나 볼 수 있던 고려인을 만나게 될 줄이야! 할아버지가 처음으로 러시아에 왔다고 했으니까 알렉산드로는 고려인 3세가 되는 것이다. 나이가 대략 서른 전후로 되어 보였으니 얼추 1985년생으로 잡고, 그의 아버지가 그를 서른에 낳고, 그의 할아버지가 그의 아버지를 서른에 낳았다고 가정하면…… 할아버지는 대략 1925년생.

과연 할아버지는 어떻게 러시아까지 오게 되었을까?

#01 - 전쟁 이전

1918년 11월 11일 제1차 세계 대전이 끝나고 맞이하게 된 1920년대. 유럽 전역은 마셜 플랜(유럽 부흥 계획)에 의해 미국으로부터 차관을 받아 전후 복구 사업이 한창이었다. 1923년, 독일은 하이퍼인플레이션이 발생하며 또 다시 혼란의 파국 속으로 빠져들었다. 이에 미국이 개입하여 베르사유 조약에서 책정되었던 독일의 전쟁 배상금은 1,320억 마르크에서 370억 마르크로 조정되었다. 또 미국은 독일이 영국과 프랑스에 전쟁 배상금을 갚을 수 있도록 차관도 제공해 주었다. 독일은 미국으로부터 받은 차관을 영국과 프랑스의 배상금을 갚는 데 사용했고, 영국과 프랑스는 독일로부터 받은 배상금을 미국에게 빌렸던 채무를 상환하는 데 사용했다. 이렇게 미국의 돈은 유럽을 한 바퀴 돌아 다시 미국으로 돌아오고 있었다.

'재즈의 시대'라고 불리는 1920년대의 미국. 제1차 세계 대전을 통해서 축적된 막대한 경제적 부는 미국 국민들에게 풍요의 시대를 안겨 주었다. 풍요로운 삶의 즐거움에 한껏 도취되어 있던 그들에게 태평양 너머에서 날로 군비를 증강하며 군사력을 키워나가는 일본이라는 나라는 관심 밖이었다.

1920년대 일본 역시 경제 성장률 20%대를 기록하며 고공 성장을 이어가고 있었고 경제 성장으로 부가 증대될수록 군사력 또한 막강해졌다. 지난 500여 년간 세계 무대를 주름잡았던 유럽의 권위는 제1차 세계 대전 후 무너져 내린 반면, 미국과 일본은 국제 무대에서 신흥 강자로 떠오르며 그 입지를 넓혀 가고 있었다.

이 시기 중국은 장개석의 국민당이 모택동의 공산당을 토벌하려는 국공 내전이 한창이었다. 또 이탈리아에서는 베니토 무솔리니가 이끄는 파시스트가 집권하여 국가의 이익이 개인의 이익보다 우선한다는 전체주의, 국가주의 노선이 구축되고 있었다.

제1차 세계 대전과 함께 성장에 성장을 거듭해 온 미국 경제는 사람들로 하여금 적극적인 투자를 이끌어 내었고, 과감한 투자는 상품의 생산량 또한 비약적으로 증가시켰다. 그러나 문제는 시장의 수요는 한정되어 있다는 것이었다.

공급량이 수요량을 초과하면서 도산하는 기업들이 생겨났다. 기업의 도산은 실업자를 양산했고 미국 경제를 위축시켰다. 또 위축된 경제는 투자 열풍에 따라 조성됐던 주가의 거품을 빼기 시작했다. 결국 1929년 10월 29일, 뉴욕 주식 시장의 주가가 대폭락하는 사태(이를 '검은 화요일'이라 부른다.)가 벌어졌다. 미국 경제는 붕괴했고 이렇게 '재즈의 시대' 또한 대단원의 막을 내리게 되었다.

뉴욕 주식 시장 대폭락의 여파는 전 세계 자본주의 국가들로 확산되며 세계 경제를 일제히 불황의 늪으로 빠뜨렸다. 그리고 이렇게 시작된 세계 경제 대공황은 4년여간 지속되며 1933년 말까지 이어졌다.

미국의 루스벨트 대통령은 '보이지 않는 손'에 의해 움직이던 시장 경제에 '보이는 손(국가)'이 개입해야 한다는 뉴딜 정책을 도입했다. 다수의 식민지를 확보하고 있던 영국과 프랑스는 식민지 국가들끼리 특혜 관세를 맺고, 역외 국가에게는 차별 관세를 적용하는 블록 경제권을 형성하여 극복해 나갔다.

반면 식민지도 없고 자국의 시장 규모도 작았던 이탈리아, 독일, 일본은 군국주의 노선을 통해서 경제 대공황을 타계하고자 시도했다. 즉 군수 물자 생산에 주력, 군사력을 강화하고 식민지를 확보함으로써 경제 공황을 극복하겠다는 것이었다. 이러한 배경 속에서 이탈리아의 파시즘, 독일의 나치즘, 일본의 군국주의 노선은 색채가 짙어지며 침략주의적 본색을 드러내기 시작했다.

전쟁 배상금을 갚아 나가는 것만으로도 힘겨웠던 독일 국민들에게 경제 대공황의 여파는 7년 전 하이퍼인플레이션의 악몽을 되살아나게 만들었고 바이마르 공화국에 대한 신뢰를 무너뜨렸다. 이런 난세에 "베르사유 조약은 무효다! 독일은 군비를 증강해서 동부의 국토를 회복해야 한다!"라고 선동하던 국가 사회주의 독일 노동자당(나치당)의 대표 히틀러의 인기가 나날이 상승해 갔다. 나치당의 지지도 상승과 함께 결국 1931년, 히틀러는 독일 수상으로 임명되었다.

1934년에 힌덴부르크 독일 대통령이 갑자기 사망하자 히틀러는 대통령까지 겸하는 총통 자리에 등극하게 되었다. 총통에 오른 히틀러는 게슈타포(국가 비밀 경찰)를 동원해 반대파를 숙청하며 독제 체제를 구축해 나갔다. 뿐만 아니라 독일 내 '탱크 생산 금지'와 '공군 보유 금지'라는 베르사유 조약의 조항을 무시한 채 독일 재무장을 추진해 나갔다.

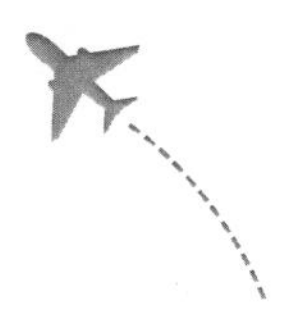

#02 - 전쟁 발발

1938년 3월, 히틀러는 오스트리아 내 나치 당원들을 배후에서 조종하여 오스트리아를 병합하는 데 성공한다.

제1차 세계 대전 후 오스트리아-헝가리 제국이 붕괴되면서 탄생한 체코슬로바키아에는 300만 명이 넘는 독일인이 포함되어 있었다. 그들은 주로 독일과 오스트리아 국경 지대인 주데텐란트 지역에 거주하고 있었는데, 히틀러는 독일인 보호의 목적을 구실로 체코슬로바키아 정부에 주데텐란트를 독일에 할양해 줄 것을 요구했다.

주데텐란트를 차지하게 된 히틀러는 다시 폴란드 내 독일인이 다수 거주하고 있는 발트 해 연안의 항만 도시 단치히를 독일에 할양하도록 폴란드 정부에 요구했고, 이에 독일의 팽창을 견제하기 위해 영국과 프랑스가 폴란드와 방위 협정을 체결했다. 1939년 4월 이탈리아가 발칸 반도의 알바니아를 점령하자 영국과 프랑스의 방위 협정은 루마니아와 그리스로 확대되었다. 이에 독일과 이탈리아는 강철 조약을 체결하여 영국과 프랑스에 대응했다.

1939년 8월 23일, 독일은 소련과 불가침 조약을 체결했다. 독일이 폴란드를 침공해도 소련은 중립을 지키겠다는 약속이었다. 대신 전후 핀란드, 에스토니아, 라트비아는 소련이, 리투아니아는 독일이, 폴란드는 양국이 분할 점령한다는 전제가 있었다.

1939년 9월 1일, 독일군 56개 사단, 150만 병력이 폴란드 바르샤바를 향해 전격전[6]을 개시했다. 이로써 제2차 세계 대전이 시작되었다. 독일군의 폭격기, 전차, 자주포로 편성된 돌격 부대가 적의 좁은 전방을 제파식으로 공격

6 전격전이란 우세한 화력으로 적을 기습하여 적진을 교란시키고 심리적인 충격을 가하는 군사 작전을 말한다. 전격전의 핵심은 적의 방어 능력을 무력화시키기 위해 통합된 공격력을 일정 지역에 집중적으로 퍼붓는 것이다.

하여 전투 대형을 무너뜨린 후, 넓은 범위에서 장갑차들이 일제히 진격하여 적을 고착시키는 전격전 전술을 선보였고 큰 성과를 거뒀다. 이런 독일군의 전격전에 폴란드는 순식간에 무너졌다.

경제 대공황을 타계하기 위한 일본의 선택은 중국 만주였다. 일본은 1931년 9월, 만주를 침략해 괴뢰 정부인 만주국을 수립하는 '만주 사변'을 일으켰다. 국제적인 비난이 쏟아졌고 국제 연맹은 일본에게 중국 내에서 철병할 것을 요구하였다. 그러나 일본은 이를 묵살한 채 국제 연맹 탈퇴를 선언했다. 그리고 만주를 중국 대륙 침략을 위한 병참 기지로 삼아 식민지화하던 일본은 1937년 7월 7일, 중국 본토를 탈취하기 위해 중일 전쟁을 개전했다.

이에 중국에서는 국민당의 장개석과 공산당의 모택동이 뜻을 합쳐 국공합작을 이루어 냈고 일본에 항전하기 시작했다. 최첨단 군사력으로 무장한 일본군은 전투기와 항공모함 한 대 조차 없던 중국군을 손쉽게 섬멸할 수 있을 거라고 판단했다. 하지만 예상과는 달리 국민당과 공산당이 합작한 중국 민중은 거세게 항전했고 전쟁은 장기전으로 이어졌다. (독일의 폴란드 침공을 제2차 세계 대전의 시작이라고 보는 견해가 다수이지만 한편에서는 중일 전쟁이 제2차 세계 대전의 실질적인 시작이라고 보는 견해도 있다.)

> 일본은 세계 유수의 강력한 제국주의 국가로 군사력, 경제력, 정치 조직에서 반식민지, 반봉건의 중국을 능가하고 있다. 그러나 오늘날 중국의 해방 전쟁은 역사의 방향을 따른 정의의 전쟁이기 때문에, 전국의 단결을 불러 일으켜 국제적인 지원을 받을 수 있다. 또한 중국에는 장기전을 버틸 광대한 국토와 인구가 있다. 이들 조건은 모두 일본과는 정반대이다.
>
> -국공 합작 후 모택동의 연설 중에서-

#03 - 전쟁 경과(1939. 09. 01 ~ 1945. 08. 15)

히틀러의 생각, 그리고 홀로코스트에서 안네의 일기까지

히틀러는 연설에서 자신에게 양대 적수와 대대로 내려오는 원수가 하나 있다고 거론하고는 했었다. 히틀러의 양대 적수는 소련의 볼셰비키와 유대계 금융 세력이라고 했다. 제1차 세계 대전 당시 볼셰비키가 독일 후방에서 폭동만 일으키지 않았어도 독일이 패전하지 않았을 거라고 히틀러는 믿고 있었다. 또 제1차 세계 대전에서 유대계 금융 세력들이 연합국에게 전쟁 자금을 지원했기 때문에 독일이 패전한 거라고, 전후 발생한 하이퍼인플레이션 또한 유대계 금융 세력들의 농간에서 발생한 거라고 믿으며 유대인에 대한 앙심을 품었다. 마음속에 대대로 내려오는 원수는 독일에게 굴욕적인 베르사유 조약을 체결하게 만들었던 프랑스라고 했다.

히틀러가 정권을 잡은 후 소련과 프랑스에 대해서는 즉각 손을 쓸 수 없었지만 유대인을 배척하는 것은 쉬웠다. 히틀러는 곧 '뉘른베르크 법'을 제정하여 독일 내 유대인 박해를 합법화시켰다. 뉘른베르크 법의 주요 골자는 유대인의 독일 국적 박탈, 유대인과 독일인의 혼인 금지, 유대인의 공무 담임권 박탈 등이었다.

홀로코스트는 제2차 세계 대전 중 히틀러가 이끈 나치당이 유대인과 집시, 장애인 등 약 천만 명의 유대인과 민간인을 학살한 사건을 말하며, 그 이름은 신에게 동물을 태워서 제물로 바치던 고대 그리스에서 유래한 것이다. 나치당은 홀로코스트를 순화하여 '유대인 문제의 궁극적 해결'이라는 표현을 주로 사용했고 당시 '궁극적 해결'이라는 말은 유대인 학살을 지칭하는 개념으로 통용됐었다.

제1차 세계 대전 후 프랑스는 독일과의 국경 지대에 총연장 750㎞에 달하는 근대적 방어벽인 '마지노선(Maginot Line)'을 약 10년에 걸쳐 완공했다. 하지만 독일의 전차는 프랑스의 예상과 달리 1940년 5월, 울창한 삼림 지대이자 언덕이 많아 전차의 기동이 불가능할 거라고 판단했던 프랑스와 벨기에의 국경 지대로 침공해 오며 마지노선을 무력하게 만들어 버렸다. 폴란드 점령 이후 서유럽 침공에 나선 독일군의 전격전은 네덜란드를 5일, 벨기에를 2주 만에 점령했다. 이에 프랑스는 문화유산을 보호하기 위해 파리를 '비무장도시'로 선언했다. 그리하여 1940년 6월 14일, 파리에 '우리는 야만인이 아닙니다.'라는 플래카드를 내건 독일군이 무혈입성했고, 이로써 서유럽 전역은 독일군에 의해 점령되었다.

'안네의 일기'가 쓰여진 것이 바로 이때다. 독일 프랑크푸르트에서 태어난 유대계 독일인 안네는 1934년 히틀러가 정권을 잡은 후 유대인 학살이 만연해지자 가족들을 따라 네덜란드 암스테르담으로 망명 중이었다. 독일이 서유럽을 점령하고 유대인을 색출해서 폴란드 아우슈비츠 수용소로 끌고 가 대학살을 자행하고 있다는 소식이 들려오자 안네의 아버지는 가족들과 함께 건물 지하실에 칩거하기로 결심했다.

지하실에서 칩거하는 동안 안네는 1942년 6월 12일, 자신의 열세 번째 생일날 선물로 받은 노트에 일기를 쓰기 시작했다. 1944년 8월 4일, 은신처가 발각되기 전까지 나치 치하에서 고통 받던 유대인의 생활 모습과 생각들을 사춘기 소녀의 관점과 감성으로 일기에 써 놓은 것이었다.

하지만 은신처가 발각되어 수용소로 끌려 간 안네는 이듬해 3월, 장티푸스에 걸려 16세의 어린 나이로 유명을 달리한다. 그러나 그녀의 일기는 훗날 가족들 중 유일한 생존자인 아버지에 의해 출판되어 전 세계인들에게 전해졌다.

아마 당신도 1년 반이나 갇혀서 지낸다면 종종 견딜 수 없게 될 때가 있을 거예요. 아무리 올바른 판단력이 있고 감사하는 마음을 잊지 않아도 마음 깊은 곳의 솔직한 느낌까지 억누를 수는 없거든요. 자전거를 타고, 춤을 추고, 휘파람을 불고, 세상을 보고, 청춘을 맛보고, 자유를 만끽하고, 나는 이런 걸

동경해요. 그러나 그런 마음을 밖으로 드러내서는 안 되죠. 하기는, 우리 여덟 사람 모두가 자신을 불쌍하게 여기거나 불만스러운 표정을 지으며 지낸다면 도대체 어떻게 될까요?

안네 프랑크, 『안네의 일기』 중에서

'육군 강국' 대 '해양 강국'의 싸움, 그리고 소련 침공

서유럽 전역을 장악한 히틀러는 영국에 강화를 제의했다. 하지만 처칠이 거부하자 이에 히틀러는 영국 침공을 명령했다. 독일 육군이 영국 상륙에만 성공한다면 영국 역시 독일의 전격전에 손쉽게 제압될 거라는 견해가 지배적이었다.

그러나 막강한 육군 전력에 비해 독일의 해군 전력은 형편없었다. 항공모함 한 대조차 보유하고 있지 못한 독일의 해군력은 해양 강국 영국의 적수가 될 수 없었다. 독일은 상륙 작전 개시 전 제해권과 제공권을 장악하기 위해 공군을 이용하여 영국 본토를 폭격하기 시작했지만 영국 공군의 반격 또한 만만치가 않았다. 이에 히틀러는 영국 침공 계획을 연기하고 발칸 반도로 먼저 진출할 것을 명령했다.

제2차 세계 대전 당시 이탈리아군의 전력은 낙후되어 있었다. 이탈리아의 포병은 제1차 세계 대전 당시 사용하던 야포를 그대로 사용하고 있었고, 전차와 장갑차 또한 중량이 가볍고 엔진이 약해서 영국과 소련의 대전차포 공격에 취약했다. 이런 이탈리아의 군대는 북아프리카의 리비아에서 이집트를 향해 진격하고 있었으나 지지부진했고, 알바니아를 병합 후 그리스를 침공했으나 그리스군의 대공세에 밀려 고전을 면치 못하고 있었다.

스탈린은 독일이 예상보다 빨리 유럽 전역을 점령하자 경악을 금치 못했다. 독·소 불가침 조약에 따라 중립을 지키고 있던 스탈린은 독일에게 그에 합당한 대가를 요구하기 시작했다.

소련군은 먼저 독일과 약속했던 에스토니아, 라트비아, 리투아니아를 점령했다. 여기에 더해 루마니아의 부코비나 지방의 병합까지 독일에 요구했다. 하지만 독일은 루마니아의 유전 지대를 보호한다는 구실로 소련의 제안을 거절했다. 그리고 루마니아 전역을 선점하여 소련의 진출을 견제하기 시작했다. 이로써 독일과 소련의 불가침 조약은 효력을 상실하게 되었고 전운의 긴장감은 고조되기 시작했다.

당초 독일의 계획은 소련을 삼국 동맹 안으로 끌어들이는 것이었고, 독일이 구상했던 사국 동맹은 세계를 4개의 세력권으로 분할 점령하는 것이었다. 독일과 이탈리아는 유럽과 아프리카를, 일본은 동아시아와 동남아시아를, 소련은 중동과 인도를 세력 범위에 두고 전 세계를 지배하겠다는 구상이었다. 이런 구상하에 히틀러는 스탈린에게 회담을 제의했다. 그러나 독일과 소련의 협상은 원만하게 이루어지지 않았다. 결국 협상은 결렬되었고 히틀러는 소련 침공을 명령했다. 소련 침공 계획 '바르바로사 작전'을 수립했던 독일군은 개전 3개월이면 모스크바를 함락할 수 있을 것이라 예상했다.

독일의 바르바로사 작전은 1941년 5월 15일에 개시될 예정이었다. 하지만 이탈리아군이 그리스군에게 고전을 면치 못하고 있자 히틀러는 먼저 발칸 반도 침공을 지시했다. 발칸 반도로 진격한 독일군은 순식간에 유고슬라비아를 점령, 그리스 아테네까지 입성하여 그리스의 항복을 받아냈다.

발칸 반도를 포함해 유럽 전역을 장악하게 된 독일은 1941년 6월 22일에 240만 병력, 120개 사단, 전차 3,600대, 항공기 2,700대, 차량 60만 대를 동원하여 소련 침공을 개전했다. 이는 독일 육군의 75%, 공군의 60%에 해당되는 전력이었다. 독일과 함께 이탈리아군, 핀란드군, 체코슬로바키아군, 루마니아군도 소련 침공에 동참했다.

하지만 바르바로사 작전은 커다란 결점을 지니고 있었다. 독일군의 수뇌부가 소련의 수도이자 군수 공업과 철도망의 중심지인 모스크바를 주요 공격 목표로 삼자고 제안했으나 히틀러의 생각은 달랐던 것이었다. 군 수뇌부의 의견과 달리 히틀러는 지난 3백여 년간 러시아의 수도였으며 광활한 곡

창 지대와 공업 지대가 있는 레닌그라드, 우크라이나 지역에 더 관심을 보였다. 히틀러는 그곳을 주요 공격 목표로 삼자고 했지만 군 수뇌부와 합의를 이루지 못했다. 결국 그대로 바르바로사 작전의 개전 명령이 내려졌다.

인도차이나 반도를 노린 일본의 진주만 타격, 그리고 미국의 참전

독일이 서유럽을 점령하자 서유럽 국가들 관할 아시아 내 식민 지역에서는 힘의 공백 상태가 발생했다. 이에 당초의 예상과는 달리 중국과의 전쟁이 장기화되면서 비축 물자가 고갈되어 가던 일본은 무방비 상태에 놓인 프랑스령 인도차이나 반도와 네덜란드령 인도네시아를 침공하여 군비 물자를 증강할 계획을 수립했다. 먼저 인도차이나 반도를 침공하기로 결정, 1941년 7월에 작전을 개시했다.

당시 동맹국인 일본뿐만이 아니라 연합국인 미국과 영국도 소련이 독일에 패배할 것이라고 예상했다. 독일이 소련을 점령하고 나면 미국에 선전 포고를 할 것이고, 그렇게 되면 미국도 독일에 점령될 것이라는 게 당시 일본 정부의 잠정 결론이었다. 이런 결론하에 일본은 북태평양 일대에서 지배권을 장악하고 일본 열도를 둘러싼 완벽한 방어벽을 구축하기 위한 준비 계획에 착수했다. 그리고 일본은 1941년 12월 7일, 미 태평양 함대가 있는 중부 태평양의 진주만과 미국의 식민지 필리핀, 말레이 반도를 동시에 기습 타격하며 태평양 일대 장악을 위한 작전을 개시했다.

일본의 기습 타격에 격분한 미국의 루즈벨트 대통령은 의회에서 일본과의 개전을 요구하는 담화문를 발표했다. 담화문은 의회에서 통과되었고 미국의 참전이 결정되었다. 당시 일본의 군사력은 양적인 면에서뿐만 아니라 훈련 숙련도, 실전 경험 등 질적인 면에서도 미국을 능가하고 있었다. 하지만 미국은 첩보 수집 능력으로 일본을 지배하고 있었다. 미국의 정보 부대는 일본의 군사 통신 전문을 감청해 내며 암호를 해독했고 일본의 차후 작전 계획을 간파했다.

미드웨이 제도는 하와이에서 북서쪽으로 약 1,800㎞ 떨어진 곳에 위치한 작은 섬으로 면적은 5㎢, 인구는 천 명 정도가 거주하고 있었다. 날짜 변경선에 가깝고 아시아와 아메리카 대륙 중간에 위치해 있다고 해서 '미드웨이'라는 이름이 붙여졌다.

진주만 타격에 성공하며 태평양 일대를 장악하게 된 일본의 해군 제독 야마모토는 당시 두 가지 이유로 미드웨이 제도를 확보해야겠다는 계획을 수립했다. 하나는 북태평양의 전략적 요충지인 미드웨이 제도를 일본이 점령하게 된다면 분명히 이를 되찾기 위한 미국의 반격이 있을 것이니 그때 총력전을 펼쳐서 미군의 함대를 격멸하겠다는 계획이었다. 둘째는 미드웨이 제도를 공군 기지로 활용하여 차후 미국의 증원 함대를 조기에 식별하고 차단함으로써 일본 열도를 보호하겠다는 계산이었다.

하지만 일본의 미드웨이 해전 작전 계획은 미국의 감청 부대에 의해 간파되고 있었다. 결국 미드웨이 해전에서 미국에 패배한 일본은 반격을 노리며 과달카날 섬 쟁탈전에 나섰지만 또 다시 패배했고, 개전 이후 처음으로 치명적인 전력 손실을 입게 되었다.

소련의 동장군에 패배, 그리고 노르망디 상륙 작전과 원자 폭탄 투하

소련은 모두의 예상과는 달리 쉽게 무너지지 않았다. 동부 전선에서 독일의 공세를 막아내고 있던 스탈린은 미국과 영국에게 프랑스 북부 지역에 상륙 작전을 전개하여 전선을 양분화하자는 제안을 했다. 이에 루즈벨트, 처칠, 스탈린이 테헤란에서 회담을 가졌다.

스탈린은 노르망디 상륙 작전을 수행하여 북프랑스 지역에 제2전선을 형성하자고 주장했다. 하지만 처칠이 발칸 반도에 제2전선을 구축하자고 주장하며 의견이 엇갈렸다. 이에 루즈벨트가 상륙 작전에 찬성표를 던짐으로써 미국과 영국의 연합군은 노르망디에 상륙하기로 합의를 보았다. 상륙 작전의 최고 사령관으로 미국의 아이젠하워 장군이, 지상군 사령관으로 영국의 몽고메리 장군이 임명되었다. 그리고 전후 독일은 분할하여 통치하기로 합의했다.

10월 중순이 되자 가을비가 억수같이 쏟아지기 시작했다. 비가 그친 뒤 기온은 급하강했다. 겨울이 오기 전 전쟁을 끝내겠다는 생각으로 소련 침공에 나섰던 독일군은 동계 전투복 한 벌 없이 소련의 겨울 동장군과 맞서야만 했다. 겨우내 소련군의 거센 반격이 있었지만 독일군은 모스크바로부터 100km 정도 떨어진 곳에서 전선을 유지한 채 버텨 냈다. 그리고 이듬해 다시 봄이 찾아오자 히틀러는 대공세를 명령했다. 하지만 모스크바는 쉽게 함락되지 않았다. 겨울은 다시 찾아왔다.

스탈린그라드에서 포위된 독일군은 보급선이 끊겨 추위와 굶주림에 허덕이고 있었다. 꽁꽁 얼어붙은 동토는 바람을 피할 참호조차 팔 수가 없었고, 하루에도 수백 명 씩 동사해 전사상자가 속출했다. 1943년 1월 8일 아침, 세 명의 소련군 장교가 백기를 들고 독일군 진영으로 찾아왔다. 더 이상 가망이 없어 보이는 독일군에게 항복을 권고하는 최후의 통첩이었다. 이 소식은 베를린에 있던 히틀러에게도 보고되었다. 하지만 히틀러의 답변은 결사 항전하라는 것이었다. 겨울이 오기 전까지 30만 명에 달하던 독일군은 스탈린그라드 전투에서 패배 후 9만 명만 남았다. 그리고 그들은 모두 시베리아 포로수용소로 끌려갔다.

1944년 6월 6일, 미국과 영국의 연합군이 노르망디에 상륙했다. 예상치 못한 상륙 작전에 독일은 서부 전선에서도 밀리기 시작했다. 전투에서 패전한 지휘관들을 문책하던 히틀러는 결국 자신이 직접 전투 지휘에 나섰다. 하지만 이미 전세는 연합국 쪽으로 기울어진 상태였다. 연합군은 1944년 8월 25일에 파리 탈환을 성공했다. 이로써 노르망디 상륙 작전은 제2차 세계 대전에서 연합국의 승리를 결정짓게 만든 사건으로 기록되었을 뿐만 아니라 히틀러와 나치의 치하로부터 유럽 대륙을 해방시켜 준 기념비적인 역사로 남게 되었다.

1945년 4월 30일, 스탈린그라드 전투에서 승리한 이후 사기가 충전된 소련군은 승전보를 이어가며 베를린까지 진격했다. 베를린 시민들이 나서서 방어선을 구축했지만 소련군을 막기에는 역부족이었다. 베를린 함락에 최후의 공세만을 남겨 둔 소련군은 히틀러에게 최후의 통첩을 보냈다.

지하 총통 관저에 머물고 있던 히틀러는 그날 오후 3시경 그의 연인 에바 브라운과 함께 권총으로 동반 자살을 했다. 이날 독일의 모든 방송은 바그너의 오페라 '니벨룽겐의 반지 4부, 신들의 황혼'만을 반복해서 틀었다.

포츠담 선언을 통해 연합국으로부터 최후통첩을 받은 일본은 성명을 발표했다. "일본은 포츠담 선언에 중요한 의미가 있다고 보지 않는다. 단지 묵살할 뿐이다."라고. 일본의 반응에 미국은 원자 폭탄을 투하하기로 결정했다.

8월 6일, 히로시마에 제1차 원자 폭탄이 투하되었지만 일본은 미국의 항복을 받아들이지 않았다. 그리고 3일 후 8월 9일, 나가사키에 제2차 원자 폭탄이 투하되었다. 항복을 하지 않으면 일본 전역을 잿더미로 만들겠다고 미국은 강력한 의지를 표명했다. 결국 1945년 8월 15일, 일본 천황은 '무조건 항복'이라는 담화를 발표했다. 이로써 6년간 지속되었던 제2차 세계 대전이 드디어 막을 내리게 되었다.

#04 - 전쟁 이후

전후 독일은 미국, 소련, 영국, 프랑스, 4개국에 의해 분할 점령되었다. 소련의 점령 지구에 위치해 있던 수도 베를린은 공동 관리 구역으로 지정되었고, 미국, 영국, 프랑스가 관할하는 서베를린과 소련이 관할하는 동베를린으로 나뉘어졌다.

서독이 통화 개혁을 실시하고 경제를 부흥시키는 과정에서 상대적으로 동독의 경제는 혼란에 빠지게 되었다. 이에 소련은 1946년 6월, 서베를린에서 서독으로 연결되는 모든 통로를 차단하며 서독을 배척하기 시작했다. 이듬해 5월에 서베를린 봉쇄는 해제되었지만 미국, 영국, 프랑스의 점령 지구인 서독에서는 자유주의 진영의 '독일 연방 공화국'이, 소련의 점령 지구인 동독에서는 사회주의 진영의 '독일 민주 공화국'이 선포되며 두 국가로 분단되었다.

분단 후 군사 분계선을 넘어 동베를린에서 서베를린으로 탈주하려는 인파가 늘어나기 시작하자 동독 정부는 경계 지역에 장벽을 쌓아 올리기 시작했다. 이렇게 1961년에 쌓이기 시작한 베를린 장벽은 1989년까지 독일의 심장부를 반으로 나누었다. 그리고 자유주의와 사회주의라는 이데올로기에 의해 양분되었던 당대를 대변하는 역사적 상징물이 되었다.

전승국인 미국, 영국, 프랑스, 소련, 중국을 중심으로 국제 연합(UN)이 창설되었다. 전쟁으로 무너진 경제 질서를 회복하기 위해 브레튼 우즈 협정이 체결되며 미국의 달러화는 세계의 기축 통화로 등극되었고, 세계 경제는 미국 중심으로 완전히 재편되었다. 미국이 서유럽 국가들과 군사 동맹을 강화하는 북대서양 조약 기구를 결성하자 소련은 동구권의 국가들과 동맹을 강화하는 바르샤바 조약 기구를 창설하며 대응했다. 이렇게 세계는 미국과 서유럽을 중심으로 한 자본주의 진영 대 소련과 동유럽, 중국을 중심으로 한 공산주의 진영으로 양분되며 '냉전 시대'를 맞이하게 되었다.

1960년대에는 식민지 상태에 있던 대부분의 국가들도 독립을 이루어 냈다. 신생 독립국의 정상들은 인도네시아 반둥에 모여 미국과 소련, 어느 진영에도 포함되지 않는 제3세계를 구축하겠다는 성명을 발표했다. 이로써 세계는 다시 냉전 체제에서 제1·2·3세계로 삼등분되며 격변하기 시작했다.

1925년생이라고 추측했던 알렉산드로의 할아버지. 할아버지가 태어났다고 가정했던 해인 1925년만 하더라도 대한민국이 일제 치하에 놓인 지 벌써 15년이나 지난 시절이었다. 조선인이라는 이유만으로 온갖 박해와 차별을 받아야만 했던 시절이었을 것이다.

할아버지는 어떠한 노력을 해도 대일본 제국을 위한 종노릇에서 벗어나지 못하는 현실에 수많은 좌절감을 맛봐야 했을지도 모르겠다. 그리고 그렇게 15년이라는 시간이 흘러 할아버지가 열다섯 살이 되던 해인 1940년에는 하루가 멀다하게 나라 밖에서 전쟁 소식이 들려오기 시작했을 것이고, 불안과 공포 속에 하루하루를 살았을 것이다.

어느 날은 일제가 사할린이라는 섬의 탄광을 개발하기 위해 전쟁 노무자를 강제 동원하고 있다는 소식이 들려왔을 수도 있을 것이다. 이렇게 대책 없이 있다가는 사할린으로 끌려갈지도 모른다는 두려움에 밤잠을 이루지 못했을지도 모르겠다. 전쟁 노무자로 끌려가느니 차라리 나라 밖으로 도망치고 싶다는 생각도 들었을 테고, 어차피 죽을 거라면 차라리 연해주로 독립군을 찾아가자는 생각도 했었을 수도 있을 것이다. 고민 끝에 한밤중 꽁꽁 얼어붙은 두만강을 건너 연해주에 찾아갔다가 스탈린의 강제 이주 정책에 휘말려 시베리아 허허벌판에 내버려졌을지도 모르겠다. 그렇게 한평생을 살다가 조국을 그리워하며 돌아가셨을지도 모를 일이다.

프랑스 파리에서 독일 베를린으로 넘어가는 버스 안. 유럽 인터내셔널 버스의 수준은 비행기를 능가한다. 달리는 버스 안에서도 와이파이를 연결하여 인터넷을 이용할 수 있었고, 의자마다 영화를 볼 수 있는 개별 스크린에 휴대 전화를 충전할 수 있는 전원 플러그, 간단한 식사와 음료를 주문해서 끼니를 해결할 수 있는 서비스까지 갖추고 있었다.

버스의 기내식으로 간단히 아침 식사를 해결하고 나니 버스를 타기 위해 서둘러야 했었던 피로감이 몰려왔다. 그러다가 이내 잠이 들었다. 한참을 자고 일어나 여기가 어디쯤일까 싶어 창밖을 내다보니 낯선 이름의 슈퍼마켓 하나가 눈에 들어왔다.

'프랑스에 저런 이름의 슈퍼마켓도 있었나? 파리에서는 한 번도 못 본 것 같은데, 시골에만 있는 건가?'

그 슈퍼마켓을 유심히 바라보고 있는데 슈퍼마켓의 이름뿐만 아니라 주변의 풍경들이 모두 생경하게만 느껴지는 것이 아닌가. 도대체 여기가 어디일까. 지명을 찾기 위해 주변 표지판들을 살폈더니 표지판에 적혀 있는 글자의 생김새들도 왠지 지난 며칠 동안 보아 왔던 불어들과는 다른 느낌이었다.

'역시 프랑스는 대표적인 다문화 국가라 지역별로 분위기가 많이 다른가 보다.'라고 어림하며 넘기려고 하던 찰나였다. 어느 건물 앞에 게양되어 있던 독일 국기가 눈에 띄었다. 그러고 보니 표지판에 적혀 있는 거리의 이름들이 오스트리아에서 보았던 '-strabe'로 끝나는 지명들과 똑같았다. 크로아티아에서 야간 버스를 타고 슬로베니아를 거쳐 오스트리아로 넘어갈 때에도 국경 절차 한번 거치지 않고 통과하더니 프랑스에서 독일로 넘어오던 길도 마찬가지였던 것이었다.

솅겐 조약은 인적 교류를 위해 국경에서 검문검색 폐지 및 여권 검사 면제 등 국경 절차를 철폐하자는 조약을 룩셈부르크 솅겐에서 선언했다고 해서 이름 붙여진 유럽 국가들 간의 국경 개방 조약이다. 생각해 보니 오스트리아에서 이탈리아로 넘어가던 공항에서도, 또 이탈리아에서 프랑스로 넘어가던 공항에서도 국내선을 이용할 때처럼 단 한 번도 출입국 절차를 거치지 않았다. 세상에, 아무리 그래도 그렇지! 어떻게 나라와 나라를 이동하는데 아무런 확인 절차가 없을 수 있을까?

세르비아에서 보스니아헤르체고비나로 이동할 때에만 하더라도 운전기사가 승객들의 여권을 모두 걷었다. 마치 고속도로 톨게이트 요금을 내듯 창문 너머 국경 세관원에게 여권들을 제출하자 세관원이 보지도 않고 꽝! 꽝! 꽝! 도장을 찍어 주었다. 그 모습을 보면서 얼마 전까지 이 두 나라가 유고슬라비아라는 한 나라였기 때문에 그런가 보다 생각했었다. 솅겐 조약 안에서는 그런 초간단 국경 절차조차도 생략되어 있었다.

솅겐 조약으로 국경도 허물어지고 화폐도 유로화라는 단일 화폐를 사용하고 있는 유럽 연합. 이렇게 한 국가처럼 되려고 두 차례의 큰 싸움이 있었던 건지 아니면 두 차례의 싸움을 통해서 미운 정까지 더해져 더 돈독해진 건지도 모르겠다. 한 가지 재미있는 건 두 차례씩이나 큰 싸움을 일으키며 절대 용서받지 못할 법한 잘못을 저질렀던 독일이라는 나라가 현재는 보란 듯이 재기에 성공하여 세계 일류 국가 중 하나로 우뚝 성장해 있을 뿐만 아니라 유럽 연합 내에서도 가장 영향력 있는 국가로 발돋움해 있다는 사실이다.

두 차례의 전쟁사와 오늘날의 독일이라는 나라를 살펴보면서 이런 생각이 들었다.

'세상에 용서받지 못할 잘못이란 게 과연 있을까?'

지난 3월, 제2차 세계 대전 종전 70주년을 맞이하여 독일의 메르켈 총리가 일본을 내방했었다. 일본의 아베 총리와의 동반 기자 회견 자리에서 메르켈 총리는 "일본은 과거사를 직시하라. 과거사 정리는 화해를 위한 전제이다. 독일은 세계에 나치 시대라는 비참한 상황을 안겼지만 국제 사회는 독일을 받아들여 줬다. 이는 독일이 과거사를 확실히 정리했기 때문이다. 역사를 무시하는 것은 현실을 회피하는 것이다. 일본도 역사 문제를 정시하기 바란다."고 직언했다. 그 말에 아베 총리가 곤혹스러워하던 장면이 여과 없이 방송을 타고 전파된 적이 있었다.

제1, 2차 세계 대전을 합쳐 도합 10년이라는 시간 동안 전 세계 사람들을 전쟁이라는 공포 속에 떨게 만들었던, 인류 역사상 가장 많은 사람들의 목숨을 앗아 갔던, 70년이라는 긴 시간이 흘렀지만 아직도 많은 사람들을 전쟁의 상처로 괴롭게 만들고 있는, 그래서 절대 용서받을 수 없을 것 같던 독일이 오늘날과 같이 화려하게 재기할 수 있었던 것은 메르켈 총리가 말했듯 국제 사회가 독일의 진심 어린 사과를 받아줬기에 가능했을 것이다. 독일의 총리들은 피해 국가를 찾아가 무릎 꿇고 사죄했다. 금전적 보상도 아끼지 않았다. 독일의 학교는 제2의 히틀러를 배출하지 않기 위해 교육 방식 체계를 전면 수정했다. 여러 방면에서 노력을 아끼지 않았던 독일의 반성적 태도를 국제 사회는 너그러운 마음으로 용서하고 받아 주었던 것이다. 그래서 독일은 재기할 수 있었다.

독일은 우리에게 세상에 용서받지 못할 잘못이란 없다는 교훈과 함께 위안을 준다. 세상 어느 누가 독일보다 더 큰 잘못을 저지를 수 있겠는가? 어떤 범죄를 저질러도 독일이 했던 것보다 더 큰 죄를 저지를 수는 없을 것이다. 그렇기에 독일을 통해서 어떤 실수와 잘못을 저지르더라도 용서받을 수 있다는 위안을 받을 수 있지 않을까? 물론 실수와 잘못 뒤에 취해야 할 반성과 책임이라는 무게가 결코 만만하지 않겠지만 그래도 세상은 우리가 생각하는 것만큼 그렇게 냉혹하지 않다는 것이 느껴진다. 그래서 '세상은 살아 볼 만한 가치가 있는 곳이다.'라는 말이 통용되는 건지도 모르겠다.

『네가 어떤 삶을 살든 나는 너를 응원할 것이다』라는 공지영 작가의 책 제목처럼 우리가 어떤 실수와 잘못을 저지르더라도 세상은 언제나 우리에게 용서를 준다는 마음을 품고 다음 여행지인 아시아를 향해 간다.

27
인도

#01 - 슬럼독 밀리어네어와 타지마할

“안 좋은 일들은 한꺼번에 온다더니, 여기가 바닥인가? 아직 더 내려가야 하나? 얼마나 더 감당하기 버거운 일들이 생기려고…….”

연이어 버거운 일들이 터지며 심적으로 상당히 고단했던 시절이 있었다. 그때는 왜 그렇게 하는 일마다 꼬였던 건지. 언제쯤 이 악순환에서 벗어날 수 있을까 하며 그저 어둠 속에 침잠해 있는 터널을 걷고 있는 기분이었다.

다 지나고 나서야 그때가 9년에 한 번씩 인간에게 찾아와 세 가지 재난을 주고 간다는 삼재였다는 걸 알았다. 미신을 믿는 건 아니지만 그래도 진작 알았더라면 좀 더 조심하지 않았을까하는 미련이 남는 것도 사실이다. 다 끝나고 난 지금에 와서 그때를 회상해 보면 아마도 어른이 되기 위한 인생의 시험 기간이 아니었나 하는 생각이 든다.

그동안 살면서 했던 나쁜 짓들, 잘못했던 것들을 한꺼번에 벌 받고 있는 기분이었다. 누군가에게 상담을 받거나 하소연을 한다고 해서 특별히 나아질 것 같지도 않았다. 세상이 오직 나에게만 주는 삶의 무게처럼 여겨졌다. 하루에도 몇 번씩 “이것도 곧 지나가리라.” 하거나 “시간은 모든 것을 소멸시킨다.”라고 되뇌이며 그저 시간이 빨리 흘러가기만을 바랄 뿐이었다.

그러던 중 하루는 서점에 들러 마음의 답답함을 위로해 줄 만한 책이 있을지 찾고 있었다. 책의 제목들을 훑어가던 중 두툼한 소설 한 권이 눈에 들어왔다. 『슬럼독 밀리어네어』였다. 힌두교, 이슬람교, 기독교의 종교적 색채를 모두 띠고 있는 ‘람 모함마드 토마스’라는 이름을 가진 청년이 주인공이었다. 청년의 이름은 “인도에서는 100㎞만 이동해도 새로운 언어와 문화권이 펼쳐진다.”는 말처럼 인도의 다양성을 여실히 대변해 주고 있었다.

뭄바이의 빈민가에서 고아로 자라난 토마스는 청년이 되어 술집 바텐더로 일하고 있었다. 그러던 중 TV에서 ‘Who Wants to Be a Millionaire(누가 10

억의 주인공이 될 것인가)?'라는 퀴즈쇼를 보게 되고, 어릴 적 헤어진 소녀를 찾기 위해 그 퀴즈쇼에 출연하기로 결심한다. 그런데 우연인지 운명인지 출제되는 모든 문제가 토마스의 지난 인생의 행적과 연결되어 있었다. 운 좋게 마지막 문제까지 모두 다 맞힐 수 있게 된 토마스는 역대 최고 상금의 주인공이 된다.

하지만 퀴즈쇼가 끝나자마자 경찰은 토마스를 연행한다. 정규 교육도 받지 못한 가난한 빈민가 출신의 바텐더가 정당한 방법으로 퀴즈를 풀었을 리 없었을 거라는 부정 의혹에 휘말린 것이다. 연행된 토마스는 자신의 결백을 증명하기 위해 지난 삶의 순간들을 하나씩 이야기하고, 그렇게 소설은 전개된다.

어릴 적 종교 전쟁에서 어머니를 잃게 된 토마스는 앵벌이 집단에서 생활하고 있었다. 그러던 어느 날 앵벌이 조직들이 한밤중 자는 아이들을 마취시킨 후 눈을 실명시키는 장면을 목격하게 된 토마스는 그 길로 탈출을 감행한다. 탈출을 시도하며 무작정 올라탄 기차는 광활한 인도 대륙을 달려 타지마할로 인도해 주었고, 그때부터 토마스는 타지마할의 관광 가이드를 시작하게 되었다. 처음에는 귀동냥으로 주워들은 내용을 흉내 내는 엉터리 관광 가이드였지만 3년여 정도의 경력이 쌓여 가자 타지마할에 관해서만큼은 어느 전문가 못지않게 정통해졌다.

그랬던 토마스에게 최종 상금이 걸린 마지막 문제로 "뭄타즈 마할이 샤자한 황제의 부인이었다는 사실을 모르는 사람은 없을 겁니다. 또 샤자한 황제가 뭄타즈 마할을 기리기 위해 타지마할을 세웠다는 것도 널리 알려진 사실입니다. 그럼 뭄타즈 마할의 아버지 이름은 무엇일까요?"라는 문제가 출제된 것이었다.

세계 7대 불가사의로도 선정된 타지마할은 무굴 제국의 황제 샤자한이 사랑했던 아내 뭄타즈 마할의 죽음을 애도하기 위해 무려 22년간이나 공을 들여 쌓아 올린 사랑의 금자탑이다. 세상에서 가장 아름다운 무덤을 지어 주겠다던 한 남자의 맹세가 인류 역사에 길이 남길 위대한 걸작을 탄생시킨 것이었다. 타지마할은 사람의 착시 현상까지 고려하여 완벽한 좌우 대칭의 균형미를 이루고 있을 뿐만 아니라 태양의 각도에 따라서 순백의 대리석들이 매 시각 다른 자태를 뿜어내는 걸로도 유명하다.

이런 타지마할이 하루 중 가장 아름답게 빛나는 시간은 아침 동이 틀 무렵이라는 말을 듣고는 6시 개장 시간에 맞추어 찾아갔다. 그러나 내게는 타지마할이 전해 주는 아름다운 찬란함보다는 고단했던 시절 깊은 위로를 전해 주었던 소설 속 배경에 실제로 서게 되었다는 감격이 더 크게 다가왔다.

『슬럼독 밀리어네어』를 읽으며 '평생에 한 번은 타지마할에 가 볼 수나 있을까?'라고 막연하게 동경하던 시절이 떠올랐다. 그래서 마치 비현실이 현실이 된 기분과 함께 오지 못할 곳에 와 있는 듯한 초현실적인 황홀감이 찾아들었다. 아마도 이런 황홀감을 맛보고 싶어서 인도에 도착하자마자 가장 먼저 타지마할에 찾아왔던 건지도 모르겠다.

이렇게 『슬럼독 밀리어네어』는 나에게 처음으로 인도 여행을 꿈꾸게 만들었고, 또 평생에 한 번은 꼭 타지마할에 가 봐야겠다는 꿈을 꾸도록 만들기도 했던 소설이었다. 그래서 타지마할에 가게 되면 『슬럼독 밀리어네어』를 읽던 힘든 시절을 상기하며 "여기까지 오느라고 대단히 고생 많았다."라며 나에게 따뜻한 위로의 한마디를 건네주고 돌아와야겠다는 꿈을 꾸기도 했었다.

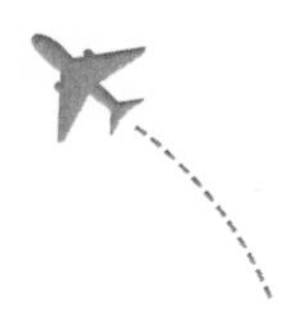

#02 - 미묘한 삼각관계

석 달 정도 깨끗하고 조용하고 고풍스러운 유럽에서 품격 있는 유로피안들을 흉내 내며 고상한 척을 떨다가 이곳에 왔다. 익히다가 만 고기처럼 반쯤은 날것 같고, 문명이라는 포장지가 씌워지다가 만 것처럼 보이기도 하는 이 인도에 말이다.

페트라의 협곡 길 수준은 좁은 길 축에도 들지 못한다는 듯이 건물과 건물 사이에 미로처럼 나 있는 골목길을 헤매고 다녔다. 개똥을 피하려고 발을 옮기다 질퍽한 소똥을 밟고는 정신이 혼미해져 있는 상태에서 끊임없이 울려대는 툭툭(인도를 대표하는 트레이드 마크 중 하나라고 할 수 있는 삼발이 오토바이 택시)의 경적 소리에 결국 짜증이 폭발했다. "아우! 시끄러!"라고 비명을 내질러 봐도 내 목소리 데시벨은 옆에 지나가던 신성한 인도 소의 '음메!'보다도 못하게 파묻혔다.

말년에 떨어지는 낙엽도 조심하라는 군대의 고전 격언을 벗 삼아 귀국 4개월을 앞둔 시점에 여행의 기조를 열정과 모험, 도전과 용기에서 첫째도 안전, 둘째도 안전, 셋째도 안전으로 전환해 안전하게 유종의 미를 거두자고 다짐하며 인도에 왔다.

인도에 온 가장 큰 목적이었던 타지마할을 보고 나니 인도에 대해 더 알아보고 싶다는 마음이 사그라진 상태였다. 하지만 인도에 오기 위해 비자를 받으려고 헝가리와 러시아에서 인도 대사관을 찾아다니며 고생했던 시간과 적잖은 비자 비용을 지불했던 것을 고려하니 이대로 인도를 떠나 버리면 분명 후회할 것 같았다.

그러던 중 호스텔에서 4개월 전 세계 일주를 시작했다는 마리노라는 일본인 여자 배낭여행객을 만나게 되었다. 도미토리였지만 손님이 없어서 마리노와 한방에서 단 둘이 자야만 하는 행운이 벌어졌다……라고 생각할지도

사람과 소와 툭툭이 한데 어우러져 인도가 없는 인도의 거리 풍경

모르겠지만, 막상 그런 상황이 닥치니 남자가 훨씬 더 불편하다는 걸 새롭게 알게 되었다. 아무튼 어색한 상황을 무마시키기 위해 아는 일본어를 총동원해 가며 마리노와 대화를 시도했다.

마리노는 올해 스물일곱 살로 부모님이 일본 최고봉 후지산 밑에서 게스트 하우스를 운영하고 있다고 했다. 대학 졸업 후 줄곧 부모님과 함께 게스트 하우스에서 일을 하다가 다른 나라의 게스트 하우스들은 어떻게 운영되고 있는지 궁금해져 공부도 할 겸 세계 일주를 시작했다는 것이다. 그리고 자신의 꿈은 여행 후 계속 대를 이어 게스트 하우스를 운영해 나가는 것이라고도 했다. 일본에서는 가업을 지켜 가는 가정들이 많다고 하던데, 일본 가족 경영의 산증인을 직접 만나게 된 것이었다.

또 마리노는 인도에 온 지 벌써 한 달이 다 되어 간다고도 했다. 혼자서 인도의 이곳저곳을 돌아다녔다는 그녀의 여행담을 듣고 있으니 인도에 온 이후 안전만을 생각하며 너무 소극적으로 활동했던 게 아니었나 하며 스스로에게 반성이 들었다.

결국 그녀의 이야기를 듣다가 결심했다. 먼저 서쪽 최기 도시 자이풀로 가

보자고! 그곳에 가서도 인도에 대해 별다른 흥미가 생기지 않는다면 그때 가서 어떻게 할지 다시 결정하자고! 그리고 이틀 후 마리노와 함께 자이풀로 이동했다.

경비를 절약하기 위해 여행자들끼리 삼삼오오 조인해서 투어 상품을 함께 이용하는 일은 여행 중 간간히 있는 일이었다. 400루피면 기사가 딸린 툭툭을 한 대 렌트해서 자이풀 시티를 투어할 수 있다고 하길래 마리노와 비용을 각출해서 시티 투어를 하기로 했다.

그러나 이번 조인 과정은 과히 매끄럽지 못했다. 처음엔 400루피면 된다고 하더니 한 시간쯤 후 호스텔로 다시 연락이 와서는 500루피가 아니면 안 되겠다고 번복을 하는 것이 아닌가. 갑자기 왜 100루피나 더 올리냐고, 500루피면 너무 비싸다고 따졌다. 그런데 옆에 있던 마리노가 자기는 전혀 비싸다고 생각하지 않는다며 그냥 500루피를 내자고 하는 것이었다.

물론 500루피는 원화로 환전하면 1만 원도 채 되지 않는 적은 돈이었다. 하지만 Here is in India! 여기는 인도였다! 하루 호스텔 방 값이 50루피인 걸 감안한다면 500루피라는 일일 투어 비용은 너무 비싸다는 것이 나의 주장이었다. 반면 마리노의 주장은 운전기사까지 포함된 데다가 기사가 가이드 역할까지 해 주는 것을 고려한다면 500루피는 결코 비싼 돈이 아니라는 것이었다. 결국 견해의 차이는 의견 충돌을 넘어서 한일 감정의 충돌로까지 치달을 뻔……하다가 그래도 오빠인 내가 참아야지 싶어 양보했다.

하지만 마리노와는 냉전일 수밖에 없었다. 마음을 가다듬고 생각해 보았다. 100루피면 원화로 1,800원 정도였다. 1,800원? 아무리 생각해도 내가 너무 쪼잔했나 싶은 생각이 드는 것이었다. 여행을 하다 보면 이럴 때가 있다. 현지 물가에 완전히 적응돼서 한국에서는 과히 상상하지 못할 돈에도 운명을 걸 때가.

다음 날 아침, 호스텔 주인이 오늘은 인도의 68주년 독립 기념일이라며 야간에 작은 이벤트 행사를 준비했다고 했다. 그제서야 달력을 보았다. 8월 15

일, 광복절이었다. 한국이 70주년 광복절이라고 하니 인도가 우리보다 2년 늦게 영국으로부터 독립한 셈이었다. 그나저나 오늘 일본인 마리노와 함께 시티 투어를 하기로 약속했는데. 아뿔싸! 내가 광복절에 일본인과 함께 여행을 하게 될 줄이야!

작년 광복절에 있었던 일이 떠올랐다. SNS를 하던 중 이자카야에서 사케를 마시다가 사진을 찍어 올린 후배의 모습을 보면서 속으로 엄청나게 욕을 했었다.

"왜 하필 1년 365일 중 광복절에 이자카야에 가서 술을 마셔? 그리고 마셨으면 조용히 마실 일이지! 그걸 왜 SNS에 올려? 얜 도대체 역사적 개념이 있는 거야, 없는 거야? 아무리 사케가 마시고 싶어도 그렇지! 웬만하면 삼일절과 광복절은 피해서 마셔야 하는 게 대한민국 국민 정서에 부합된 행동 아닌가?"

그렇게 욕을 했던 나였는데! 어떻게 내가 조국이 일본 식민 치하로부터 해방된 이 기쁜 날에 일본인과 함께 놀러 가기로 약속을 했단 말인가! 오, 신이시여! 왜 저에게 이런 시련을!

이래서 남이 하면 불륜, 내가 하면 로맨스라고 하는 건가. 한참 동안 마리노와의 약속을 취소할까 고민하다가 결국 그냥 예정대로 가기로 마음을 정했다. 그래야 내가 지은 죄가 더 커져서 앞으로 삼일절과 광복절에 이자카야에 가서 사케를 마시는 사람들에게 괜한 꼬투리 잡는 쉰 소리를 못 하지.

생각해 보니 지금이 어느 시대인데 아직도 그런 고리타분한 사고 방식을 품고 있던 건지. 귀에 걸면 귀걸이, 코에 걸면 코걸이 같은 말도 안 되는 주장이었다는 생각이 들었다. 삼일절과 광복절에 이자카야에 가서 사케를 마신 것이 대한민국 국민 정서상 조금 거슬렸을 뿐이지, 친일을 했다거나 범법을 저지른 것은 아닌데 말이다. 이제는 타국의 문화라고 하기에도 무색할 정도로 대중화되어 버린 술집에서 그저 술을 한잔했을 뿐인데 내가 괜한 시비를 걸었다는 반성이 들었다.

일본인 마리노와 함께 보낸 70주년 광복절

마리노와 함께 자이풀의 야경을 감상할 수 있는 마하마할 성에 올라 대화를 나누던 중 그녀가 나에게 한국어와 일본어의 똑같은 발음과 똑같은 뜻을 지닌 말을 알고 있느냐고 물었다. 전혀 모른다고 답하자 똑같이 쓰이고 있는 말이 있다며 그중 하나가 '미묘한 삼각관계'라고 했다.

'미묘한 삼각관계'라는 말을 듣는 순간 나도 모르게 그만 실소가 터져 나왔다. 안 그래도 속으로 광복절에 일본인과 함께 여행을 하고 있는 것이 자꾸만 마음이 걸려서 대화를 나누는 중에도 속으로는 '왜 일본은 지난 역사를 부정하려고만 드는 걸까. 언제쯤 한일 감정이 개선될 수 있는 걸까.' 같은 한일 관계의 불편한 진실에 대해서 생각하고 있었다. 일본인과의 자리는 참 '미묘한 관계구나.'라면서 말이다. 그런 찰나에 마리노가 '미묘한 삼각관계'라는 말을 아느냐고 물어오니 '설마 독심술을 구사할 줄 아나?' 싶은 생각이 들어 뜨끔했었다.

이렇게 광복 70주년에는 인도에서 일본인 마리노와 함께 미묘한 삼각관계처럼 영원히 풀릴 것 같지 않은 한일 관계를 되돌아보며 기념행사를 거행하고 돌아왔다.

#03 - 인도인의 혼을 지배하는 힌두교와 카스트 제도

인도인의 83%가 힌두교 신자라고 한다. 인구가 12억 명이 넘으니 힌두교 신자만 해도 얼추 10억 명에 육박한다는 계산이다. 인도 여행의 마지막 방문지는 이런 힌두교도의 혼을 가장 잘 엿볼 수 있다는 갠지스 강가의 바라나시였다.

힌두교도들은 갠지스 강물에 몸을 담그면 전생과 이생의 업이 씻긴다고 믿고 있다. 그래서 바라나시에는 연간 100만 명이 넘는 순례자들이 찾아온다. 바라나시에 머무는 동안에는 아침저녁으로 갠지스 강가를 거닐며 인도인들의 혼을 지배하고 있는 힌두교의 종교 의식 행사를 지켜보았다.

힌두교도들의 종교 의식 풍경은 인도인의 혼을 가장 잘 엿볼 수 있게 했을 뿐만 아니라, 이번 세계 일주 전체를 통틀어 가장 이국적이고 생경한 감각을 느껴볼 수 있게 했다. 그래서 누군가 인도를 여행하고 싶은데 어디가 가장 좋겠냐고 묻는다면 단연 바라나시에 가 보라고 이야기해 주어야겠다는 생각을 했다.

힌두교와 함께 12억 인도인의 혼을 옭아매고 있는 또 하나의 정신 체계가 바로 카스트 제도이다. 카스트 제도는 1947년에 법적으로 완전히 폐지되었다. 하지만 여전히 인도인들의 정신을 옭아맨 채 그들의 삶 전체를 지배하고 있다.

카스트 제도는 기원전 1300년경 아리안족이 인도에 침입하여 원주민인 드라비다족을 정복하고 지배 계층으로 군림하게 되면서 '바루나'라고 불리는 신분 제도를 만든 것에서 기원했다. 이후 사회적 기능에 따라 승려 계급인 브라만, 군인·통치 계급인 크샤트리아, 상인 계급인 바이샤, 천민 계급인 수드라로 크게 나누게 되었고, 네 계급 안에서 다시 세부 직업에 따라 등급

바라나시의 풍경

이 분화되어 바이샤와 수드라의 경우 약 2천여 개 이상의 하위 카스트가 만들어졌다고 한다.

세계 3대 종교 중 하나인 불교의 발상지는 인도이다. 불교를 창시한 고타마 싯타르타 역시 고대 인도 지역이었던 룸비니(오늘날은 네팔로 편입)에서 태어난 인디언이었다. 불교에서 강조하는 자비와 평등사상이 인도의 카스트 제도를 부정하며 기존의 토속 신앙이었던 브라만교의 정신을 위협하기 시작하자, 4세기 굽타 왕조 때 불교를 포함해 모든 민간 신앙을 하나로 묶어 새롭게 탄생시킨 종교가 바로 힌두교다. 이런 힌두교의 핵심 사상은 자신의 카스트에 따른 의무를 충실히 지켜야만 종교적 구원을 받을 수 있다는 윤회 사상이었다. 굽타 왕조 이후 힌두교의 세력은 더욱 확장되었고 그 이후로 힌두교와 카스트 제도는 인도를 지탱하는 정신 체계로 자리 잡게 된 것이다.

갠지스 강기슭 계단에 앉아 흐르는 강물을 하염없이 바라보고 있으니 어느 틈엔가 웬 인디언 청년이 내게 다가왔다. 겉모습만 보아서는 특수 부대 요원이라고 해도 손색이 없을 정도로 다부지고 우람한 체격이었지만 그의 왼손에는 주전자가, 오른손에는 일회용 플라스틱 컵이 들려 있었다. 그는 내게 가까이 다가와서 “짜이! 짜이!”라고 외쳤다.

짜이는 인디언들이 커피보다 더 즐겨 마시는 밀크티를 말한다. 한 잔에 5루피짜리 짜이를 받으며 주변을 둘러보니 그 청년처럼 주전자를 든 또 다른 청년들이 강 주변에 부지기수였다. 어쩜 저렇게 건장하고 멋진 청년들이 하나같이 주전자를 들고 나와 "짜이! 짜이!"를 외치고 다니는 건지. 그 모습을 지켜보고 있으니 종교가 한 사회에 미치는 영향이 얼마나 지대한지 다시금 생각해 보게 되었다.

만약 4세기 굽타 왕조 때 힌두교가 아닌 여타 종교가 인도에 뿌리를 내렸더라면, 만약 자비와 평등사상을 기반으로 했던 불교가 인도에 정착했더라면, 아니면 기독교나 이슬람교가 인도에 들어왔더라면 오늘날 인도는 또 다른 모습이 아니었을까? 아마도 최소한 이렇게 건장하고 잘생긴 청년들이 주전자를 든 채 "짜이! 짜이!"를 외치고 다니지는 않았을 것 같다.

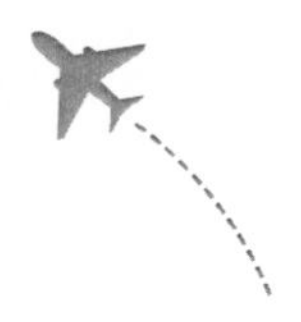

#04 - 절망은 생산력을 낳는다

서른 살, 삶의 무게에 짓눌려 고뇌하던 시기에 『슬럼독 밀리어네어』를 통해 알게 된 '람 모함마드 토마스'의 굴곡진 인생은 나에게 동병상련의 위로를 전해 줬었다. 나이가 들면 바람 소리에도 눈물이 난다고 한다. 이는 사물을 바라보는 관점이 바뀌기 때문이라고 했다.

멀어지는 서른 살만큼이나 그 사이 나의 관점도 성숙한 탓인지 『슬럼독 밀리어네어』를 다시 읽으며 마음속에서 전에는 보지 못했던 새로운 인물에 대한 심적 공감이 불러일으켜졌다. 그 주인공은 바로 샤자한이었다.

절망은 위대한 생산력을 낳는다고 한다. 22년이나 공을 들여 세상에서 가장 아름다운 무덤을 지어낸 샤자한. 그 역시 사랑하는 여인의 죽음 앞에서 깊은 절망감을 맛보았기 때문에 타지마할을 만들어 낼 수 있지 않았을까 싶은 생각이 들었다.

그렇다. 샤자한은 아내의 죽음 앞에서 깊이 절망했던 것이다. 한 제국을 통치하는 왕의 권좌에 있었지만 그 역시도 사랑하는 여인의 죽음 앞에서 세상을 다 잃은 듯한 깊은 절망감에 빠져들 수밖에 없었다. 바로 그 절망감이 샤자한으로 하여금 타지마할이라는 위대한 생산력을 낳게 한 것이라는 생각이 이전과는 달리 두 번째 책을 읽으며 마음속으로 파고들었다.

돌이켜보니 그랬다. 서른 살, 사회라는 이름의 거대한 톱니바퀴 안에 갇혀 하나의 작은 부속품이 되어 버린 듯 초라하게만 느껴지던 시기가, 현실과 이상의 갈등 사이에서 갈 길을 정하지 못하고 허우적거리던 시기가, 어떤 삶을 살 것인지 결정하지 못하고 방황하던 그 시기가 없었더라면, 이렇게 세계 일주를 하게 된 날들도, 또 지금처럼 인도에 와서 타지마할을 바라보며 지난 시절을 회고하게 된 날들도 분명 오지 않았을 것이다. 그런 의미에서 현재의 세계 일주는 내 서른 살의 절망감이 낳은 타지마할이라고 할 수 있겠다.

세계 7대 불가사의 인도의 타지마할

이렇게 여행은 예전에 읽었던 소설 속 배경에 직접 서 보게 만들어 주면서, 광복절에 일본인과 함께 여행하는 예상치 못한 일들을 발생하게 해 주면서, 새로운 종교의식에 참여해 새로운 신분 제도를 관찰해 볼 수 있게 해 주면서, 침잠해 있던 나의 의식과 무의식을 자극하고 일깨워 내 안에서 새로운 사조가 형성될 수 있도록 이끌어 주었다. 또 여행은 보지 않고는 얻을 수 없는 시야를 볼 수 있도록 해 주었고, 가 보지 않고는 얻을 수 없는 관점을 형성하도록 나를 성장시켜 주고 있었다.

바라나시에 와서 갠지스 강에 몸을 담그며 전생과 이생의 업보를 씻어 낸다는 인도인들처럼 내게도 이제 여행의 때를 슬슬 벗겨야 할 때가 다가오고 있는 듯하다. 내 삶에서 또 다른 타지마할을 지을 수 있도록 이제는 또 다른 절망감에 빠져들 마음의 준비도 해 두어야겠다.

28

중국

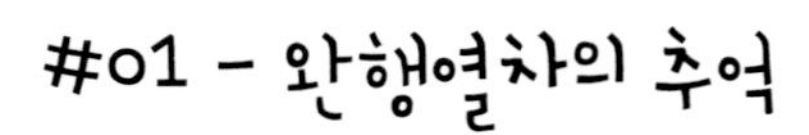

베트남에서 마음 졸이며 천신만고 끝에 중국 비자를 발급받아서 더 그랬을 것이다. 드디어 2년이나 걸린 세계 일주 대단원의 막을 내릴 수 있다고 생각하니 중국으로 가는 내내 마음이 그렇게 요동쳐 올 수가 없었다. 이미 마음은 집으로 향하고 있는 듯 기쁨과 즐거움과 뿌듯함과 행복함으로 가득 찼다.

중국 기차는 특급, 급행, 쾌속, 완행 이렇게 네 등급으로 크게 구분되어 있다. 미리 기차표를 예약해 놓으려고 중국 철도 예약 사이트를 살피던 중 아직까지 단 한 번도 완행열차를 타 본 적이 없었다는 생각이 불현듯 스쳤다. 어릴 적 통일호까지는 타 본 적이 있었지만 통일호보다도 한 등급 아래였던 비둘기호는 단 한 번도 타 본 적이 없었다. 이참에 완행열차의 추억을 한 편 만들어야겠다는 생각이 들었다. 그래서 난닝-지우린의 6시간, 지우린-상하이의 24시간, 상하이-베이징의 22시간, 베이징-칭다오의 13시간 구간을 모두 완행열차로 예약했다.

광활한 중국 대륙을 완행열차로 횡단할 상상을 하니 러시아에서 시베리아 횡단 열차를 타지 못했던 아쉬움을 달랠 수 있을 것 같았고, 또 난생 처음 타보게 될 완행열차를 통해서는 어떤 새로운 추억들이 쌓일지 내심 기대도 되었다. 너무 불편하지 않을까 하는 걱정이 든 것도 사실이지만 이렇게 고생할 날들도 이제 얼마 남지 않았다 생각하며 기꺼이 불편을 감내하기로 했다.

하지만 첫 번째 구간이었던 난닝에서 지우린행 완행열차를 타고는 경악을 금할 수가 없었다. 처음에는 내가 식당 칸에 잘못 탄 줄로만 알았다. 6명이 마주보고 앉아야 하는 좌석 가운데에 테이블이 놓인 모습이 영락없는 식당 칸처럼 보였기 때문이다. 아무리 완행열차라고 하지만 너무하다 싶었다.

옆 사람과 따닥따닥 붙어 앉아야 하는 것도 모자라 앉으면 앞사람과 무릎

마지막 나라 중국으로 가는 길, 베트남과 중국의 국경 앞

이 맞닿았다. 등받이 또한 뒤로 젖힐 수 없도록 고정되어 있었다. 설상가상으로 중국 남자들이 차내에서 담배까지 피워댔다. 다리도 펴 보지 못하고 허리조차 젖힐 수 없는 상태에서 밤새 담배 냄새를 맡아야 한다고 생각하니 완행열차의 추억이 아니라 완행열차의 고문 같았다. 후회가 물밀듯이 밀려오고 있었다. 다음 구간부터는 돈을 좀 더 내더라도 등급을 올려 편하게 가자는 마음이 들끓었다.

하지만 이내 그러면 안 된다고, 이 상황을 인내해야만 한다며 내 자신을 달래기 시작했다. 내게는 잠시 경험 삼아 타고 마는 기차이지만 13억 중국인 중 최소 10억 명은 좋든 싫든 이 열차를 무조건 탈 수밖에 없을 거라는 사정을 헤아렸다. 이 불편을 감내하지 못하면 그들의 마음을 헤아릴 수 있는 기회를 내 스스로 상실시키는 것이나 마찬가지라는 생각이 들었다. 앞으로 중국을 상대로 비즈니스를 성공시켜 보겠다고 꿈꾸고 있는 이상 이걸 내 자신에 대한 자질 테스트로 받아들여야 한다며 이 또한 감내하기로 했다.

내 앞 좌석에는 아이 셋을 데리고 탄 젊은 엄마가 앉아 있었다. 아직 얼굴에 앳된 티가 가시지 않은 걸로 보아 나보다 어릴 것 같았다. 그녀와 아이들의 모습을 바라보면서 어릴 적 추억 하나를 되새겼다. 어머니가 우리 삼남매와 외할머니를 모시고 부산과 마산, 밀양의 외삼촌, 이모 댁으로 기차 여행을 갔던 추억이었다.

당시 내가 유치원에도 들어가기 전이었으니까 5살이나 6살쯤이었던 걸로 기억이 난다. 희미하지만 어렴풋하게나마 남아 있는 당시의 기억이 지금 타고 있는 기차 내부의 정경과 매우 흡사하게 느껴졌다.

그러던 중 불현듯 '그때 우리 어머니는 과연 몇 살이었을까?'라는 의문이 떠올랐다. 내 앞에 앉아 있는 젊은 엄마의 모습처럼 그때의 우리 어머니도 젊지 않았을까 싶어진 것이다. 현재 어머니의 연세를 역추적해서 계산해 보니 아니나 다를까! 그때 어머니 역시 지금의 나보다 더 어리셨던 것이다.

늘 가족노동의 무한 대리인이자 가족을 향한 사랑의 화수분 같은 모습으로만 존재하던 어머니에게도 지금의 나처럼 젊음을 만끽하고 싶었을 때가 있었을 거라는 사실에 대한 뒤늦은 인지가 마음속을 애잔하게 물들였다. 어머니에게도 그런 청춘의 때가 있었을 거라는 마음을 그간 단 한 번도 헤아려 보지 못했었다는 자식으로서의 원죄가 내 마음을 파고드는 순간이었다.

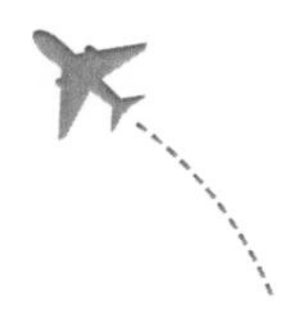

#02 - 대국다운 중국의 위용

중국 남서부의 지방 도시 난닝과 지우린을 둘러보며 또 다시 놀랐다. 내 예상과는 달리 중국의 지방 도시들이 너무나 번화해 있었기 때문이다. 지방 도시들이 이렇게 번화하고 발전된 경관을 갖추고 있다면 과연 중국 최대의 경제 도시 상하이나 수도 베이징은 어떤 모습인 거지? 가히 기대하게 만드는 중국이었다.

인구 2,400만 명이 넘는 거대 도시 상하이의 1인당 평균 GDP는 1만 5천 불이 넘는다고 한다. 상하이뿐만이 아니다. 베이징, 텐진, 저장, 장쑤, 네이멍구, 광둥성, 푸젠성 등 중국 8개성의 1인당 평균 GDP가 이미 1만 불을 넘어섰다고 한다. 이런 경제 지표들이 말해주듯이 중국은 여타 동남아시아 국가나 웬만한 중남미의 국가들하고는 비교도 할 수 없을 정도로 발전된 사회적 인프라를 갖추고 있었다. 괜히 중국이 미국과 함께 G2 자리에 올라 있는 것이 아니었다. 전 세계 전문가들의 예상치를 30년이나 앞당겼을 만큼 초고속 성장을 이룩했던 중국의 발전도가 어떤 모습이었는지 상하이의 초고층 빌딩들이 그 위용을 대변해 주고 있는 것 같았다.

그동안 듣고 상상해 왔던 중국의 이미지와 실제 본토에 들어가서 확인하게 된 중국의 이미지 사이에는 커다란 간극이 있어 보였다. 대륙 밖에서 그려 왔던 이미지가 무질서와 혼돈으로 점철된 낙후된 이미지였다면 본토에서 확인하게 된 중국의 이미지는 그와는 대조적으로 질서 있고 안정된 느낌이었다. 왜 오래전부터 중국을 대국이라고 칭하며 주변국들이 중국의 제도와 사상을 받아들이려고 애써 왔던 건지, 왜 중국인들이 스스로를 세계의 중심이라고 칭하며 중화사상을 내세워 왔던 건지, 광활한 중국 대륙을 횡단하며 이모저모를 살펴보니 조금씩 이해와 공감의 요소들이 만들어졌다. 이렇게 중국은 그간 상상해 왔던 것과는 180도 다른 새로운 이미지로 각인되고 있었다.

#03 - 평생의 도전을 축약한 2년

베이징에 도착 후 가장 먼저 찾아간 곳은 중국 근현대사의 상징적 장소인 천안문 광장이었다. 그동안 책과 TV 속에서만 보아 왔던 역사적 현장에 직접 서 보니 묘한 희열감이 찾아들었다. 역사적 장소를 찾아가 현장의 숨결을 직접 호흡해 보는 순간 당시의 역사가 눈앞에서 되살아나며 현재와 교감하는 가운데 새로운 미래까지 꿈꾸게 만드는 희열감이었다.

하노이에서 호치민의 영묘를 방문해 실존 모습 그대로 보존되어 있는 베트남의 민족 영웅 호치민을 만났을 때 그랬었다. 천안문 광장에 위치한 마오쩌둥의 영묘를 찾아가 마오쩌둥의 실물과 마주 서게 됐을 때도 마찬가지였다. 역사적 장소를 찾아가 역사적 인물과 마주 선 순간, 역사는 더 이상 과거가 아닌 현재로 되살아나 재생되고 있었다.

베이징에서의 둘째 날, 마지막 세계 7대 불가사의인 만리장성을 찾아갔다. 만리장성 입구에 서서 이제 이 계단만 오르고 나면 내가 계획했던 세계 일주의 종지부를 찍는구나 생각하니 주체할 수 없는 감격에 젖어들었다.

만리장성에 오르며 이 여행에 대해서 하나씩 정리해 보았다. 먼저 이번 세계 일주가 가져다 준 가장 큰 성장점은 무엇일까 자문해 보았다. 답은 의외로 쉽게 나왔다.

첫째, 바로 '세상에 안 되는 일은 없다.'라는 교훈을 온몸에 새겨 넣었다는 것이다. 숱한 우여곡절 속에도 굴하지 않고 지구를 한 바퀴 돌아 마지막 완주 지점까지 왔다는 성취감은 거대한 만족감과 자신감이 되어 내 온몸을 감쌌다. 그리고 그 자신감과 자부심은 앞으로 내가 무슨 일을 하든 쉽게 포기하지 않는 사람으로 나를 이끌어 줄 것 같았다.

두 번째 성장점은 세상이 손바닥 들여다보듯 훤해졌다는 것이다. 여행이 다 끝나 가고 있는 지금, 내 머릿속에는 세계 지도 한 장이 새겨져 있다. 그지도 안에는 내가 여행했던 3대양 6대주, 50여 개국에 대한 정보와 경험들이 고스란히 녹아 있었다. 이렇게 내 머릿속에 각인되어진 나만의 세계 지도는 내 평생 무엇과도 바꿀 수 없는 가장 큰 자산이자 위대한 자력이 되어 앞으로 내 인생을 이끌어 나갈 것이다. 그리고 이 위대한 자력은 나만의 자부심이 되어 앞으로 내 삶의 중요한 원동력으로 작용할 게 분명했다.

여행과 관련해 제일 많이 받았던 질문이 "여행 중 가장 좋았던 곳은 어디였냐?"였다. 너무 많이 받은 탓에 진부하게만 느껴지는 이 질문은 내가 다른 여행자를 만나게 되었을 때도 가장 먼저 묻고 싶었던 질문이었다. 그러니 이 질문은 여행자라면 반드시 대답해야만 하는 통과 의례와도 같은 것이다. 그렇게 생각하는 게 차라리 마음 편할 것 같았다.

위의 질문에 나는 늘 두 가지로 답변했었다.

첫 번째 대답은 "여행 중 가장 좋았던 곳은 장소가 아름다웠던 곳이 아니라 아름다운 사람들과 함께였던 곳이었다."였다. 어디를 가느냐보다 어떤 사람들과 함께 하느냐가 더 중요하다는 말처럼 여행 중 늘 좋았다고 기억에 남는 장소는 아름다운 사람들과 동행했었던 장소였다. 그런 의미에서 마사이족을 위해 자신의 모든 삶을 헌신하고 계셨던 선교사님을 만난 탄자니아와 세상의 수많은 약자들의 삶을 개선시키기 위해 노력을 아끼지 않고 있었던 NGO 단체를 만난 과테말라는 단연 내 여행에서 가장 좋았었던 곳이라고 손꼽힌다.

두 번째 답변은 "여행 중 가장 좋았던 곳은 나에게 특별한 의미를 부여해 주었던 곳이었다."였다. 여행을 시작하고 가 본 나라 중 좋지 않았던 곳은 단 한 곳도 없었다. 모든 곳이 나에게는 호기심 가득한 배움의 놀이터와도 같았다. 그렇게 애정 가득했던 여행지 중 유독 더 애착을 느끼게 한 장소는 페루의 마추픽추, 그리고 지금 오르는 중국의 만리장성이다. 여행에 지쳐 정신적, 육체적으로 슬럼프에 빠져 있을 때 마추픽추는 여행을 재개할 수 있도록 영혼의 생기를 불어 넣어 주었다. 그리고 지금의 만리장성은 내 여행의 만리장

마지막 세계 7대 불가사의, 만리장성

성이 완공되어 가고 있는 역사적 순간과 함께 하고 있기에 평생 소중하게 간직될 것 같았다.

'우리는 내 삶의 주인공이 되기 위해 나 자신을 실험할 수 있는 권리가 있다.'라는 프리드리히 니체의 말마따나 내 안에 존재하는 일말의 가능성들에 대해서 실험해 보고 싶었다. 과연 나도 세계 일주를 완주할 수 있을지, 여행 이야기를 책으로 쓸 수 있을지, 여행을 통해서 새로운 사업 아이디어를 얻어 낼 수 있을지, 모두 다 직접 해보지 않고서는 알 수 없는 일들이었다. 그래서 내 자신에게 기회를 줘 봐야겠다는 생각에서 여행을 시작했었다.

여행 전에는 아득하고 멀게만 느껴지던 허상들이 여행이 다 끝나 가고 있는 지금에 와서는 다르게 느껴졌다. 어찌 됐든 간에 나도 지구를 한 바퀴 돌게 되었고, 여행 이야기를 한 권의 책으로 묶기 위해 애를 쓰고 있었고, 또 여행에서 얻어 낸 아이디어를 수익성 있는 사업 모델로 현실화시키기 위해 고민하고 있었다. 그런 내 자신과 맞닥뜨리고 있으면 세계 일주를 하기 참 잘했다는 생각이 든다.

내 안의 미세한 가능성들이 드넓은 세상을 향해 마음껏 날개를 펼쳐 보일 수 있도록 스스로에게 기회를 주었던 지난 여정은 내 인생 전체를 통튼 최고의 선택이자 내 운명을 스스로 개척하기 시작했다는 인생의 결정적 지점으로 남게 될 것이다. 이렇게 지난 2년은 내 평생의 도전을 축약한 2년이었다고 갈무리하며 이로써 나의 모든 세계 일주 여행기를 끝맺는다.

가슴이 떨릴 때 떠나자
늦게 떠나면 다리가 떨린다

죽기 전에 꼭 한 번은 해야 할 일이라고 생각했었다. 세상에 태어나 세상을 한 번도 돌아보지 못하고 돌아간다면 그처럼 허망한 일이 또 있을까 싶었다. 하루라도 먼저, 한 살이라도 더 젊었을 때 떠나는 것이 현명한 선택이라는 결론이었다.

삼십 대는 왕성한 경제적 활동을 하는 시기이다. 또 인륜지대사인 결혼과 양육의 토대를 마련해야 하는 중요한 시기이기도 하다. 그러한 삼십 대에 새로운 인생 여정에 도전한다는 건 철없고 무모한 선택이 아닌가도 싶었다. 하지만 인생 전체를 조망해 보니 꼭 그런 것 같지도 않았다. 삼십 대에 새로운 갈림길에 서서 고민하다 자신만의 길을 찾아 행복한 삶을 살게 된 인생들이 의외로 많다는 걸 확인하게 되었다. 또 삼십 대에 하지 못하면 사십 대에는 더더욱 어렵다는 걸 알게 되었다.

직장 생활을 하고 있는 내 또래의 지인들의 꿈은 하나같이 은퇴 이후 얼마나 잘 사느냐에 있었다. 말 그대로 미래의 행복을 위해 현재의 행복을 유보하고 있는 셈이었다. 하지만 이 또한 연장된 평균 수명으로 인해 충분한 경제적 여유가 뒷받침되지 않는 한 불투명한 미래이다. 이러한 현실 속에서 현명한 노후 대비는 젊어서 열심히 일해 넉넉한 노후 자금을 마련하는 것이 아니라, 노후에도 계속해서 일을 할 수 있는 능력을 계발하는 게 더 현실적인 것 같았다. 어차피 인생의 궁극적 목표가 놀기 위함이라면 "젊어서 일하고 노후에 노느냐, 젊어서 놀고 노후에 일하느냐?" 중 나는 "노세, 노세, 젊어서 놀아."를 택한 것이었다.

그렇다고 지금 당장 놀기 위한 심산에서만은 아니었다. 이건 일종의 재투자였다. 30년 후 내 삶이 여전히 윤택했으면 좋겠다는 바람에서 투자된 나만의 직업 개발 프로젝트인 셈이었다. 이렇게 30년 후를 내다보며 구상했던 준비 사항의 출발점이 바로 세계 일주였던 것이다.

자동차 vs 세계 일주

2년간 3,000만 원으로 떠난 여행이었다. 항공료 500만 원을 제외하고 일일 평균 3만 원씩 총 700일은 2,100만 원이라는 산정하에 예비 400만 원이라는 심플한 계산 속에서 짜여진 예산안이었다. "일일 3만 원씩이면 전 세계 어딜 가서라도 하루는 살 수 있지 않을까?"라는 무작정식의 속셈도 있었던 반면에, 선경험자들의 사례와 대륙별 차등 경비의 평균치를 고려한 나름의 치밀함도 스며 있는 계산법이었다. 무엇보다 이 예산안은 실경비와 거의 정확히 맞아 떨어졌다. 예상치 못했던 총기 사고로 지불해야 했던 치료비 500만 원만의 추가 비용을 제외하고는 3,000만 원 경비로 2년간의 세계 일주를 끝마칠 수 있었다.

인생을 살면서 3,000만 원이란 돈이 과연 얼마나 큰 가치가 있을까? 아무리 생각해 보아도 나에겐 세계 일주를 포기할 만큼 더 큰 가치가 있어 보이진 않았다. 설령 여행을 다녀온 후 직업을 구하지 못하더라도 5년간 차를 사지 않는다면 충분히 만회하고도 남을 것 같다는 계산이었다. 자동차 대신 세계 일주라? 충분히 맞바꾸고도 남을 가치가 있는 선택이었다.

혼자 떠났지만 결코 혼자가 아니었다

'총성 한 발에 모든 계획은 백지화된다.'라는 군대 격언처럼 필리핀에서 오른쪽 허벅지를 관통했던 총알 한 발은 나의 여행 전체의 향방을 크게 뒤바꾸어 놓은 외형적 전환점이었다. 여행과 무역을 엮어 어떻게 성공해 볼까를 고심하던 나에게 필리핀에서의 사고는 '뜻을 이루려면 먼저 사람이 되어야 한다.'는 말을 되새겨 보도록 만들어 주었다.

그 후 여행의 초점은 세상의 성공보다는 내가 누구인지를 먼저 알아야겠다는 관점으로 바뀌게 되었다. 어떻게 하면 내 자신을 바꿀 수 있을지를 갈구하기 시작하는 내면적 전환점을 맞이하게 된 것이다. 그렇게 마음을 바꾸고 사람들을 만나기 시작했더니 여행의 판도 또한 전혀 예상치 못했던 방향으로 흘러갔다.

표면적으로는 2년간 혼자 한 여행이었지만 내용적으로는 결코 혼자가 아니었다. 오히려 혼자였기에 더 많은 사람들을 만날 수 있었다. 혼자여서 두렵고 떨리고 위험한 순간들도 많이 있었지만 그 순간들을 모두 이겨내고 나니 결과물은 참으로 위대했다. 모든 과정을 이겨내고 내가 여행으로부터 받은 선물은 '세상에 이루지 못할 일이 또 무엇이 있을까.' 라는 성취감이었다.

2년간 혼자 여행을 한다는 게 결코 쉬운 일은 아니었다. 2년간의 여행은 2년간의 군 생활보다 더 힘들었다고 자부할 정도로 고달펐었다. 어디로 갈 것인지, 어떻게 갈 것인지, 어디서 머물 것인지, 어디를 둘러볼 것인지, 무엇을 먹을 것인지, 이 모든 일들을 매일같이 혼자서 고민하고 결정하는 게 결코 쉬운 일만은 아니었다.

아침에 눈을 떠서 잠자리에 들 때까지 모든 의사결정을 혼자 해야 한다는 주체성과 모든 결과를 혼자 짊어져야 한다는 책임감은 늘 사람들과 함께 생활하며 때로는 주변인들에게 의지할 수 있었던 군 생활보다도 나를 더욱 독립적 개체로 설 수 있게 만들었다. 그러니 남자든 여자든 군대보다 더 나를 성장시키고, 성숙시킬 수 있는 환경에 스스로를 보내 보고 싶다면 평생에 한 번은 장기 여행을 떠나 보라고 권하며 여행에 관한 나의 모든 이야기를 끝맺는다.

〈여행은 삶이다〉

신발은 닳았다
머리는 복잡다
할일은 쌓였다
갈길은 멀었다

주변은 붐빈다
마음은 허하다
육신은 쑤신다
정신은 버틴다

난관은 벅차다
시련은 아프다
때로는 무섭다
귀국은 멀었다

인연은 반갑다
사람은 중하다
인연은 귀하다
친구는 그립다

여행은 재밌다
여행은 힘들다
여행은 즐겁다
여행은 괴롭다

여행은 그렇다
여행은 삶이다